Éthologie appliquée

Comportements animaux et humains, questions de société

Éthologie appliquée

Comportements animaux et humains, questions de société

Alain Boissy,
Minh-Hà Pham-Delègue,
Claude Baudoin,

coordinateurs

Collection Synthèses

La forêt face aux tempêtes,
Yves Birot, Guy Landmann et Ingrid Bonhême,
2009, 470 p.

Génétique moléculaire des plantes,
Frank Samouelian, Valérie Gaudin et Martine Boccara,
2009, 224 p.

La multifonctionnalité de l'agriculture. Une dialectique entre marché et identité,
Groupe Polyani,
2008, 360 p.

Summer mortality of pacific oyster. *Crassostea gigas*. The Morest Project,
Jean-François Samin, Helen Mc Combie, editors,
2008, 400 p.

Virus des solanacées. Du génome viral à la protection des cultures,
Georges Marchoux, Patrick Gognalons, Kahsay Gébré Sélassié, coord.,
2008, 896 p.

Éditions Quæ
c/o Inra, RD 10, 78026 Versailles Cedex

© Éditions Quæ, 2009   ISBN : 978-2-7592-0191-4   ISSN : 1777-4624

Table des matières

Préface

Le comportement est ce qui fait la spécificité du règne animal. C'est à travers le comportement que l'individu s'anime, se déplace, recherche, évite, agit et réagit, qu'il fait face aux aléas de son environnement. La rapidité des adaptations comportementales joue un rôle majeur dans l'évolution des espèces. Mais le comportement n'ayant pas de forme matérielle directement identifiable, il fallut attendre le milieu du XXe siècle pour que la nécessité d'une étude biologique du comportement se fasse jour et que l'éthologie s'impose comme une science à part entière. Aujourd'hui, l'étude du comportement représente le carrefour obligé des autres sciences de la vie qu'elle vient fertiliser par son approche de l'adaptation.

Mais à quoi sert l'éthologie ? Il nous arrive souvent à titre privé ou professionnel de devoir répondre à cette interrogation, et à dire vrai nous la redoutons. Pour justifier notre travail, nous nous lançons dans des explications aussi directes que possibles sur les fondements de notre discipline, sa quête du déterminisme des comportements, leur fonction, leur origine évolutive, leurs mécanismes, leurs causes écologiques ou neurobiologiques. Comme nous sommes aussi amenés à enseigner, nous illustrons nos propos par des exemples sur les signaux de communication, les capacités d'apprentissage des animaux, la diversité de leurs organisations sociales… Néanmoins, à l'issue de nos explications, c'est avec inquiétude que nous percevons comme une expression de perplexité sur le visage de notre interlocuteur. Et c'est alors que revient la question assassine : « Oui, mais l'éthologie ça sert à quoi ? ».

Ce livre vient répondre à cette interrogation. Lorsque la Société française pour l'étude du comportement animal (Sféca) a décidé de promouvoir la rédaction d'ouvrages consacrés à l'étude du comportement, il nous a paru naturel de commencer par expliquer l'utilité de l'éthologie et de confier la réalisation de ce volume aux éditions Quae qui assurent désormais les missions éditoriales de l'Inra, du Cirad, du Cemagref et de l'Ifremer. C'est ce souci didactique qui a animé les trois coordonnateurs de cet ouvrage. De par leur complémentarité et s'étant entourés des meilleurs spécialistes du domaine, ils ont parfaitement abouti dans leur tâche.

L'adaptation de l'animal à son milieu est au cœur de l'éthologie appliquée. Comment améliorer les rapports entre l'homme et l'animal dans un monde en perpétuelle mutation ? Comment diminuer les facteurs de stress dans les conditions de l'élevage moderne ? Comment améliorer les productions animales, favoriser la pollinisation des cultures ou lutter contre leurs parasites ? Comment assurer le maintien de la biodiversité tant dans le règne animal que végétal ? Comment participer à l'amélioration de la santé humaine ? Et enfin, comment mieux comprendre les comportements humains ? Autant de problèmes dont la solution passe par l'étude du comportement, que l'on doit maintenant intégrer aux pratiques de l'agronomie, de la zootechnie et de l'écologie. La connaissance du comportement animal apporte également des clés qui concernent plus directement l'être humain. C'est par l'éthologie que l'on peut aborder les communications non verbales dans les groupes humains. C'est par analogie avec le monde vivant que l'on peut construire des modèles de robotique. Et pour mettre au point de nouveaux traitements des pathologies humaines, il faut trouver chez l'animal des modèles de comportement qui permettent de tester les molécules actives ou les nouvelles méthodes.

Si l'éthologie appliquée se veut utilitaire, on ne doit pas la réduire pour autant à la simple exploitation de l'animal à des fins de production. Depuis ses origines, l'éthologie a pour vocation de comprendre comment l'animal perçoit le monde et agit sur lui. Savoir ce qui est pertinent pour les individus, connaître leurs besoins physiques et sociaux permet de contribuer à l'amélioration de leur bien-être et de répondre en termes concrets aux questions d'éthique que fait surgir l'utilisation d'êtres sensibles. L'éthologie se met également au service de l'animal lorsqu'il s'agit de gérer la faune sauvage et de faire face à la situation de crise que connaissent de nombreuses populations animales dans leur milieu naturel. À l'heure où le développement des populations humaines menace gravement les habitats et l'équilibre même des écosystèmes, il est indispensable de connaître les modes de reproduction et de dispersion des individus pour définir des stratégies de conservation visant à éviter les extinctions massives.

L'éthologie appliquée est une science à multiples finalités qui doit servir l'être humain mais également l'animal. C'est ce que nous enseignent les auteurs de ce livre.

Bernard THIERRY,
président de la Sféca de 1998 à 2005
Vincent FOURCASSIÉ,
président de la Sféca de 2005 à 2008

Préface

Pendant de nombreuses années, j'ai été membre de la commission scientifique vétérinaire qui œuvrait à Bruxelles à la Communauté européenne au sein de la DG XXIV, devenue par la suite la DG VI, pour élaborer les rapports scientifiques sur lesquels sont censées s'appuyer les directives européennes en matière de bien-être animal. Je me revois encore revenant harassé de Bruxelles, après de longues journées passées à discuter les résultats scientifiques disponibles sur la physiologie et le comportement des animaux d'élevage, entre autres le canard à gaver, et répondant à ma fille qui m'interrogeait sur ce que j'avais fait, que nous avions passé beaucoup de temps à discuter pour savoir si le canard à gaver devait avoir accès ou non à une mare. Ma fille m'avait alors demandé si j'étais sérieux et si on me payait vraiment pour cela !

Cette anecdote résume bien la problématique de l'éthologie appliquée. Comme c'est souvent le cas pour la psychologie, cette discipline a pour vocation de mettre en évidence de façon objective, car scientifique, ce qui est censé être évident pour le bon sens populaire. Je me limiterai, dans cette préface, à ce qui concerne les applications de l'éthologie dans le domaine du bien-être animal. En raison de son statut et de son objet, l'éthologie appliquée se heurte à plusieurs difficultés, dont la moindre n'est certainement pas la recherche de la fameuse objectivité. Qu'une discipline scientifique soit convoquée par le politique pour inspirer ses décisions n'a rien d'exceptionnel. Que les chercheurs qui œuvrent dans cette discipline, fassent comme s'ils ne risquent pas d'être instrumentalisés, en prétendant que leurs préoccupations relèvent uniquement de la Science avec un grand S, n'est pas non plus inhabituel.

Le grand mérite de l'action menée au cours des dernières années au sein de la communauté française des chercheurs travaillant dans le domaine du bien-être animal, au travers d'un programme incitatif engagé au sein de l'Institut national de la recherche agronomique (programme « Agri Bien-être animal[1] »), a certainement été d'éveiller la conscience de cette communauté sur les enjeux réels de leur recherche et sur les limites de la prétendue objectivité de la recherche dans le domaine du bien-être animal. La réflexion épistémologique sur la démarche scientifique engagée pour

---

1. Site web : http://wcentre.tours.inra.fr/BienEtre/accueil.htm (consulté le 15 mai 2009).

étudier le bien-être animal et sur la façon même dont cette démarche cerne son objet, montre de façon évidente que la réponse est contenue dans la question. En outre, il convient de s'interroger sur la question elle-même plutôt que de se cantonner à la mise en œuvre des observations et des expérimentations censées répondre à cette question. Certes, les éthologistes appliqués ont quelques raisons de ne pas toujours avoir fait ce travail, ne serait-ce que du fait de leur appartenance à un institut de recherches dans lequel le point de vue des producteurs a longtemps été majoritaire. À leur décharge, il faut aussi dire que la démarche scientifique elle-même n'était pas donnée au sens où elle se devait de rassembler des disciplines scientifiques, et donc des méthodologies, très minoritaires dans le domaine de la recherche agronomique. En effet, convoquer à la fois l'éthologie, la psychologie expérimentale, les neurosciences, la médecine vétérinaire, la zootechnie et les sciences sociales et humaines au chevet du bien-être des animaux d'élevage n'était pas, et même encore aujourd'hui n'est toujours pas, une entreprise facile pour un chercheur le plus souvent isolé ou, dans les meilleurs cas, appartenant à un groupuscule débordé par le quotidien. C'est certainement à ce niveau que se situe le goulet d'étranglement de l'éthologie appliquée. Nous débordons de connaissances sur le comportement du rat, de la souris et parfois même de certains primates non humains. Par contre, les animaux d'élevage dans leur environnement banalisé n'ont pas su inspirer autant de recherches en éthologie, leur cerveau étant davantage considéré comme un abat que comme un réel et noble objet d'étude.

Malgré toutes ces difficultés, il est réconfortant de voir que la communauté scientifique des éthologistes appliqués a su s'organiser, et qu'elle progresse et s'approche de plus en plus de son objet. L'ouvrage que je préface aujourd'hui en témoigne amplement, puisqu'il présente non seulement les apports traditionnels de la biologie des comportements, mais également ceux des sciences sociales et humaines, en même temps qu'il introduit une réflexion sur les états mentaux susceptibles d'être associés aux manifestations comportementales et physiologiques mesurées par les biologistes, voire même d'en être à leur source. Cet ouvrage vient compléter d'autres ouvrages de synthèse voire de réflexion sur le bien-être animal, qu'ils émanent de la communauté scientifique ici représentée ou de personnes appartenant à la société civile, pour ne pas dire citoyenne, et en particulier les associations de protection animale. La seule question qui subsiste encore dans ce magnifique concert est de savoir si tous les efforts développés par les scientifiques pour cerner le bien-être animal ne peuvent avoir une portée plus générale, à l'heure où l'on s'intéresse également au bien-être de l'homme. Que cette question soit abordée d'un point de vue particulier, par exemple la façon dont l'alimentation peut contribuer au bien-être, ou d'un point de vue plus général, les relations entre bien-être et adaptation. Dans ce dernier cas, le courant de l'éthologie appliquée gagnerait certainement à se rapprocher du courant des recherches sur le stress ou son avatar moderne, l'allostasie, non pour se contenter de s'en inspirer pour son propre objet, mais pour y contribuer activement.

L'accent mis dans cette préface sur l'éthologie appliquée au bien-être des animaux d'élevage ne saurait faire oublier les autres champs d'application de cette discipline qui sont bien représentés dans cet ouvrage. C'est particulièrement le cas de la psychopharmacologie et de la psychopathologie. Cela est d'autant plus nécessaire que l'envahissement nécessaire de ces domaines par la biologie et la génétique moléculaire a tendance à réduire les approches comportementales au rang de tube à essai, comme si la complexité des objets étudiés pouvait se résumer à un test comportemental.

Robert Dantzer,
fondateur du programme transversal Inra « Agri Bien-être animal »

Avant-propos

Si l'éthologie appliquée commence à être reconnue en France avec de réelles possibilités d'emploi pour les jeunes diplômés, il est toutefois encore utile d'en exposer les différentes facettes à un large public. C'est l'objectif de cet ouvrage qui présente les domaines, aussi variés que possible, de cette approche du comportement visant les applications sans négliger les aspects fondamentaux. À l'heure du développement de nouvelles disciplines et technologies (robotique, réalités virtuelles, etc.), l'approche éthologique peut utiliser les solides acquis du secteur de la biologie intégrative pour innover et répondre aux attentes exprimées par notre société.

Depuis les travaux fondateurs de Konrad Lorenz, Nikolaas Tinbergen et Karl von Frisch, qui se sont vus tous les trois attribuer en 1973 le prix Nobel de médecine et de physiologie, l'éthologie a rapidement évolué en bénéficiant de l'influence de disciplines voisines, notamment celle de la physiologie et des neurosciences comportementales, de la zoologie et des sciences de l'évolution, et de la psychologie expérimentale, voire des sciences humaines. Très vite plusieurs orientations de recherche se sont développées selon que l'on s'intéresse aux facteurs de causalité et aux mécanismes du comportement (éthologie fondamentale et appliquée) ou aux fonctions du comportement au sein des populations animales (éthoécologie, socioécologie et écologie comportementale).

Parmi les sciences du comportement, l'éthologie animale appliquée est une discipline moderne qui se définit comme *l'étude du comportement des animaux dans leur milieu habituel et en interaction plus ou moins constante avec l'homme, ses productions ou son environnement*. L'animal est alors décrit en fonction de son utilité sociale pour l'homme : animal de rente, de compagnie, de laboratoire ou encore de sport, ou animal sauvage maintenu en captivité, entomofaune utile ou nuisible. L'éthologie appliquée recouvre ainsi de nombreux champs d'application définis selon les catégories animales précédentes. Plus récemment, l'éthologie appliquée s'intéresse également aux comportements humains dans des situations variées, y compris dans les relations de l'homme avec les animaux. La richesse des champs d'application est à l'image de la grande diversité des questions sociétales auxquelles l'éthologie tente aujourd'hui de répondre. Ainsi, le bien-être constitue une forte préoccupation de la société, qu'il s'agisse du bien-être de l'homme, ou qu'il s'agisse du bien-être de l'animal d'élevage, d'expérimentation ou familier. Par ailleurs, la préservation de l'environnement et de la biodiversité, l'aménagement durable du territoire et l'amélioration de la santé humaine constituent d'autres demandes de la société auxquelles l'éthologie appliquée s'emploie également à répondre. Outre la diversité de ses champs d'application, de multiples méthodes y sont mises en œuvre pour analyser les comportements animaux et humains.

Malgré la richesse des modèles et des méthodes, l'éthologie appliquée est une discipline dont l'identité est encore insuffisamment établie en regard des disciplines voisines, et dont les acteurs demeurent souvent dispersés en France. Contrairement aux pays anglo-saxons et aux pays d'Europe du Nord, l'éthologie appliquée reste peu connue en France, comme en témoigne le faible nombre d'ouvrages en langue française, qui sont dédiés à cette discipline[1]. Pourtant l'impact international des recherches en comportement, actuellement développées en France, est loin d'être négligeable. Ce développement est favorisé par des actions incitatives au sein des organismes publics de recherche, tels que l'Institut national de la recherche agronomique (réseau d'animation scientifique « Agri Bien-être animal ») et le Centre national de la recherche scientifique (GDR « Éthologie »), et par des actions de formation supérieure, comme celle du master « Éthologie appliquée » de l'université Paris 13. Le présent ouvrage, unique en son genre, a donc pour principal objectif de mieux faire connaître cette discipline en sensibilisant le public, en approchant une définition identitaire de l'éthologie appliquée, et en contribuant à renforcer ses fondements scientifiques. Son originalité repose sur une approche transversale qui permet d'embrasser la richesse des modèles étudiés, la diversité des questions abordées et la variété des approches développées. Cet ouvrage dont la taille reste modeste, ne saurait en aucun cas prétendre être une synthèse parfaite et exhaustive sur tous les aspects de la discipline. Chaque texte constitue néanmoins une introduction détaillée et documentée à un champ d'application donné, et l'ensemble des textes ainsi rassemblés contribue à offrir une vision intégrée et contemporaine de cette discipline et de ses multiples apports tant finalisés qu'analytiques.

Cet ouvrage de synthèse s'adresse bien sûr aux biologistes, mais il est également destiné aux divers acteurs que sont les professionnels de l'élevage et de l'agronomie, ceux de l'industrie pharmaceutique et vétérinaire, ou encore les gestionnaires de la faune sauvage, et également les spécialistes du *marketing* et de l'éducation. Chacun dans son domaine appréciera d'avoir une vue synthétique de la discipline tout en trouvant un premier niveau de réponse à ses propres attentes. Cet ouvrage intéressera également les enseignants et les étudiants de l'enseignement supérieur, qui trouveront là une introduction à l'éthologie appliquée tout en ayant accès à des références spécifiques leur permettant d'approfondir un aspect particulier de la discipline. Enfin, il s'adresse aussi aux associations œuvrant pour le bien-être animal et même à un public plus large, sensible au comportement des animaux et de l'homme. Le lecteur découvrira ici des éléments de réflexion concrets et argumentés, qui lui permettront de se forger une opinion personnelle sur des grandes questions de société, celles en particulier qui traitent de la qualité de vie des animaux, du développement durable, de la gestion de la biodiversité et de la santé humaine. Puisse

---

1. Le premier ouvrage paru en langue française est « L'éthologie appliquée aujourd'hui », sous la direction de C. Baudoin, trois volumes publiés aux éditions ED en 2003 (vol. 1 – Bien-être, élevages et expérimentations ; vol. 2 – Gestion des espèces et des habitats ; vol. 3 – Éthologie humaine).

cet ouvrage contribuer à mieux faire connaître et reconnaître l'éthologie appliquée en tant que discipline scientifique à part entière, dont les apports finalisés mais aussi théoriques sont multiples et plus que jamais d'actualité.

Fruit d'un long travail collectif, cet ouvrage regroupe différentes contributions de scientifiques reconnus et d'éthologistes professionnels choisis pour la complémentarité de leurs compétences dans la discipline. Les contributions sont organisées en six grandes parties reprenant les principaux domaines d'application de l'éthologie : 1) l'agronomie, 2) l'élevage, 3) la protection de la flore et de la faune sauvage, 4) la santé humaine et l'industrie, 5) les questions d'éthique et juridiques liées à l'élevage et à l'expérimentation animale, et enfin 6) de manière ponctuelle les comportements humains. Face à la diversité des domaines d'application, la contribution de chacun des auteurs a été tout à fait déterminante et nous les remercions pour leur engagement, leur persévérance et leur efficacité. Nous tenons également à remercier très sincèrement la Société française pour l'étude du comportement animal et particulièrement Bernard Thierry, son président d'alors, pour avoir dès le début cru en cet ouvrage, soutenu sa réalisation et nous avoir fait confiance en dépit d'une durée d'élaboration beaucoup plus longue que celle initialement envisagée. Enfin, nous sommes reconnaissants aux éditions Quae pour nous avoir permis de concrétiser ce projet d'ouvrage.

La première partie s'emploie à montrer comment des études du comportement des insectes peuvent susciter des applications agronomiques existantes ou en voie de développement. Les insectes sont très étudiés en raison de leur impact sur la santé humaine et animale, sur les cultures et l'habitat. Ils sont caractérisés par leur abondance, leur diversité et l'étendue de leur distribution géographique. Parmi les Invertébrés, ils font exception par la richesse de leur répertoire comportemental. Ainsi l'étude du comportement d'insectes a contribué aux fondements théoriques du comportement animal, comme en témoigne le prix Nobel attribué à Karl von Frisch pour ses travaux sur le « langage » des abeilles. Appliquée aux insectes, l'éthologie cherche à comprendre les causes et les conséquences de leurs comportements en relation avec de possibles applications. Face à l'apparition de résistances aux traitements chimiques et aux dangers de pollution, les recherches actuelles s'intéressent à la fois aux insectes dits « utiles », dont on peut améliorer l'efficacité, et aux insectes dits « nuisibles », que l'on cherche à leurrer quand la lutte chimique échoue.

En ce qui concerne les insectes utiles, **Jacqueline Pierre** et **Minh-Hà Pham-Delègue** (chapitre 1) ont d'abord procédé à une revue des études menées chez l'abeille domestique pour mieux comprendre les mécanismes qui régissent son comportement de butinage et, à terme, mieux le maîtriser afin de procéder à une pollinisation contrôlée des cultures. Les modalités de reconnaissance par l'abeille des critères visuels, olfactifs et gustatifs produits par les plantes, et les processus d'apprentissage et de mémoire qui sont mis en jeu par l'abeille, sont décrits. Puis l'application de ces connaissances à la conduite d'une pollinisation contrôlée est montrée dans différentes conditions agronomiques. Enfin, les méthodes d'évaluation des risques encourus et les méthodes pour protéger l'entomofaune pollinisatrice vis-à-vis de produits phytosanitaires ou de produits de gènes exprimés dans des plantes transgéniques, sont évoquées.

Concernant les espèces phytophages et entomophages dit nuisibles, **Laure Kaiser** et **Frédéric Marion-Poll** (chapitre 2) montrent que les études se sont orientées principalement vers trois catégories d'interactions comportementales : 1) la découverte du partenaire sexuel et l'orientation olfactive, 2) la recherche et l'appréciation des plantes pour s'alimenter ou pondre, et 3) les comportements de prédation ou de parasitisme. Les insectes ont ainsi développé des comportements d'exploration de l'environnement qui associent des capacités sensorielles de discrimination très fines à des capacités d'apprentissage associatif parfois très développées.

La deuxième partie est consacrée à la place qu'occupe l'éthologie en élevage. Trois textes illustrent l'importance des travaux sur le comportement des animaux d'élevage, et offrent un aperçu des nombreuses applications de l'éthologie favorisant une meilleure gestion non seulement des élevages mais également de leur impact sur l'environnement dans le respect d'une durabilité.

Chez les Vertébrés, le processus de domestication des espèces résulte du remplacement des contraintes de la sélection naturelle par celles de la captivité et d'une sélection plus ou moins consciente, ou volontaire, exercée par l'éleveur. La domestication a permis à l'homme de s'assurer un approvisionnement régulier en ressources, et dans le même temps elle a assuré aux espèces choisies une explosion démographique souhaitée et une extension de leur aire de répartition. Dans le chapitre 3, **Jean-Michel Faure** et **Pierre Le Neindre** montrent que la domestication n'a concerné que des espèces présentant déjà des caractères favorables telles que de faibles réactions de peur et une grande tolérance sociale ; ces caractères ont été accentués au cours de la domestication. Ce processus est en constant changement et il est réversible comme le montre l'existence de populations « marron » pour pratiquement toutes les espèces domestiquées. La réduction des contacts homme/animal, l'impossibilité pour l'éleveur de connaître l'ensemble de ses animaux et la sélection fréquemment effectuée dans des milieux différents du milieu de production rendent indispensable l'utilisation des méthodes modernes de la génétique quantitative afin d'améliorer l'adaptabilité des animaux dans ces contextes.

Puisque les animaux domestiqués appartiennent pour la plupart à des espèces grégaires, il est évident que les comportements individuels sont fortement façonnés par le groupe où la communication entre les individus est primordiale. **Alain Boissy** *et al.* (chapitre 4) rappellent que l'organisation sociale de la plupart des mammifères domestiques est basée en partie sur des relations stables de dominance-subordination qui assurent, en élevage, la résolution de nombreux conflits inhérents à la promiscuité entre les animaux. L'organisation sociale repose également sur des relations d'affinité qui assurent la cohésion du groupe et accroissent la tolérance entre les animaux dans les situations de conflit. Ces relations d'affinité s'établissent tout au long de la vie de l'animal avec certains partenaires. Une première partie du texte est consacrée aux déterminants de la relation mère-jeune. L'approche comparative permet de comprendre pourquoi le degré d'attachement maternel varie selon l'espèce considérée. Une seconde partie traite de la diversité des autres relations d'affinité qui influencent la vie en groupe. L'accent est mis sur l'intérêt de considérer la dynamique des liens sociaux afin de proposer des aménagements de conduite qui répondent mieux aux caractéristiques sociales des animaux. Enfin, une troisième partie s'intéresse aux liens qui peuvent s'instaurer entre l'animal et son éleveur. Une meilleure compréhension de ces liens facilitera à la fois l'acceptation de l'homme par l'animal et le travail de l'éleveur auprès de ses animaux. Une meilleure connaissance des mécanismes qui participent à la construction des relations sociales, permet ainsi de proposer des systèmes de conduite d'élevage plus respectueux des besoins sociaux des animaux. En outre, la construction dynamique des liens d'affinité laisse entrevoir certaines périodes clefs au cours de la vie de l'animal, dont une meilleure exploitation en élevage faciliterait l'intégration de l'animal aux conditions de vie ultérieures. Ainsi, que ce soit par l'aménagement de conduites plus respectueuses des besoins sociaux des animaux ou par l'action sur les périodes clefs, le bien-être des animaux en élevage s'en trouvera considérablement accru et le travail de l'éleveur facilité.

Par ailleurs, au travers des actions pastorales visant à conserver ou à restaurer localement des milieux naturels, les herbivores domestiques répondent également à une autre demande sociétale, celle relative à la protection de l'environnement, à la valorisation et au maintien de la biodiversité, et plus généralement à l'aménagement du territoire (voir également le chapitre 6). Dans le chapitre 5, **Bertrand Dumont** décrit comment les herbivores réalisent leurs choix alimentaires dans ces milieux par nature hétérogènes, où certains de leurs traits comportementaux s'expriment particulièrement : leur mobilité et leur mémoire en plus de leurs affinités sociales. Il décrit les principaux mécanismes qui régissent le comportement des animaux au pâturage, et comment des processus liés au temps (rythmes journaliers, apprentissages individuel et social), à l'espace (mémoire spatiale, conflits de motivation) et au groupe social (cohésion, *leadership*) modulent leurs choix alimentaires et la manière dont les troupeaux occupent l'espace. Ainsi, les prairies pourraient être utilisées d'une manière plus équilibrée afin d'éviter la dégradation de certaines zones par les effets directs et indirects du pâturage. Notamment, la prise en compte de tout ce qui est susceptible d'orienter la motivation alimentaire de l'animal peut servir de base de réflexion pour la gestion de nombreux espaces pastoraux.

Les questions actuelles liées à la gestion de l'environnement et de la biodiversité conduisent à élargir l'approche éthologique à d'autres modèles animaux. Dans la troisième partie de cet ouvrage, le comportement animal est considéré dans le cadre d'actions de conservation *in situ* (chapitre 6) et *ex situ*. Une difficulté d'ordre juridique de dernière minute nous oblige malheureusement à retirer le second texte qui faisait référence à l'approche appliquée à la conservation *ex situ* dans les parcs zoologiques. Il y était rappelé les différentes missions des parcs zoologiques (conservation des espèces, relations éducatives avec le public, recherche). Le rôle des éthologistes y était également précisé en soulignant l'impact sur les espèces en termes de conservation et de bien-être. Les nombreux résultats acquis dans ce domaine constituent une évidence du bien-fondé de l'approche éthologique et plaident pour un développement accru des interactions entre éthologistes et autres acteurs des parcs zoologiques. Nous mettrons tout en œuvre pour que le texte qui fait défaut dans cette édition, puisse être publié dans une éventuelle prochaine édition de cet ouvrage. Car la demande sociétale et celle des jeunes passionnés par ce secteur sont fortes et laissent entrevoir, dans les années à venir, un développement important de l'éthologie appliquée à la conservation des espèces dans les parcs zoologiques.

Pierre Joly traite la question d'actualité du risque de perte de résilience des systèmes écologiques, c'est-à-dire de leur capacité à restaurer leur fonctionnalité, suite à une réduction de biodiversité. Dans le cadre d'une conception écobiologique qui considère la biodiversité à un niveau local, les mécanismes comportementaux impliqués dans la dynamique de celle-ci sont étudiés par les éthologistes. Il s'avère que le comportement joue en effet un rôle majeur dans l'adaptation des individus et des populations aux modifications des habitats induits par les activités humaines. P. Joly examine le rôle de différents comportements (sexuel et social, de dispersion, migrateur, etc.) dans le cadre d'actions de conservation, et il considère en particulier, dans ce contexte, la prise en compte de l'héritage évolutif des espèces (traits biologiques et potentiel adaptatif). Il examine enfin les actions d'éthologie, appliquées à la fragmentation et à la dégradation des habitats, selon deux approches. La première cherche à découvrir les modalités et les règles de déplacement et de reproduction des animaux dans l'espace et dans le temps, et la seconde approche, plus interventionniste, conduit à changer les situations locales de façon à faire éviter, aux animaux, certaines zones et à en coloniser d'autres. Il ressort clairement que la contribution de l'éthologie à la gestion des populations naturelles est bien une réalité que les jeunes prennent d'ailleurs de plus en plus en compte dans leurs projets professionnels.

La quatrième partie illustre une autre finalité des études en éthologie animale qui participent à l'amélioration de la santé humaine (chapitre 7) et au développement de nouveaux modèles tant en recherche médicale (chapitre 8) que dans l'industrie (chapitre 9).

Hubert Montagner, qui a joué un rôle fondateur pour le développement de l'éthologie humaine en France et en particulier pour l'éthologie des jeunes enfants, traite du rôle des animaux dans le développement de l'enfant (affects, comportements relationnels et cognition) et sur sa santé. Promoteur des études longitudinales pour étudier les enfants en prenant en compte leurs histoires individuelles, H. Montagner fait ressortir la qualité des interactions et des relations qui peuvent s'ensuivre entre les enfants et les animaux. Il analyse les caractéristiques des signaux, des échanges, et la qualité « d'accordage » des émotions et affects en fonction des codes plus ou moins partagés entre l'enfant et l'animal. Différentes espèces animales sont considérées avec leurs potentialités respectives de mise en accord. Certaines représentations de relations privilégiées avec telle ou telle espèce (cheval, chat, etc.) sont discutées sur la base d'études objectives des comportements réalisées par les éthologistes. Il reste néanmoins encore beaucoup à connaître de ces relations entre enfants et animaux, des mécanismes impliqués, et des applications possibles au bien-être et à la santé dans les cas d'enfants handicapés. Dans ce domaine complexe, l'éthologie, comme discipline intégrative de la biologie des comportements, est à ce titre incontournable à la fois dans ses apports cognitifs et dans ses possibilités d'applications.

L'utilisation de modèles animaux, généralement murins, est indispensable pour la compréhension des mécanismes biologiques qui sont à la base de différents désordres neurologiques et psychiatriques ainsi que pour la mise au point de nouveaux traitements. **Catherine Belzung** nous rappelle que pour être considéré valide, un modèle animal doit satisfaire à trois critères : le critère de validité phénoménologique, le critère de validité d'homologie et celui de validité prédictive. Le premier porte sur la similitude des symptômes (mêmes symptômes dans le modèle animal et dans la pathologie humaine), le second sur la similitude des facteurs étiologiques et des altérations biologiques dans le modèle et dans la maladie, et le troisième sur un parallélisme en ce qui concerne les traitements (les traitements efficaces dans la clinique doivent aussi atténuer les symptômes mesurés dans le modèle alors que les traitements inefficaces dans la pathologie humaine doivent être sans effet dans le modèle). Ces notions sont discutées de façon critique et il ressort clairement que, s'il est relativement simple de modéliser certaines pathologies à l'étiologie bien connue (par exemple des maladies à déterminisme génétique) ou certains comportements (par exemple le comportement anxieux), il est beaucoup plus délicat de modéliser des maladies mentales. Cette difficulté se retrouve aussi bien en qui concerne l'aspect comportemental qu'en ce qui concerne l'aspect neurobiologique. Dans ce cas, en raison de la complexité du phénomène et de l'ignorance de ses causes, on modélise certains symptômes de la maladie plutôt que la pathologie elle-même. Ce type de modélisation est naturellement borné par de nombreuses limites, entre autres en raison du fait qu'une pathologie est probablement bien autre chose que la somme des symptômes. Il ressort néanmoins que l'éthologie, de par les techniques d'observation et les concepts sous-jacents, a beaucoup contribué à l'élaboration de nouveaux modèles intégratifs.

La recherche sur les robots semblables aux animaux prend une ampleur considérable. **Claire Detrain** et **Jean-Louis Deneubourg** s'emploient à montrer que les roboticiens ont beaucoup à apprendre du comportement animal, et *vice versa*. De tout temps, l'homme a effectivement construit des systèmes artificiels capables d'interagir avec des organismes vivants et d'en contrôler le comportement. Ainsi, de simples leurres mimant la réalité permettent d'attirer l'animal pour la pêche et la chasse, ou de l'écarter des cultures vivrières et des zones d'habitation dans le cas d'animaux ravageurs ou vecteurs d'agents pathogènes. Plus récemment, ces systèmes artificiels se sont perfectionnés dans la mesure où ils sont dotés d'une spécificité, d'une flexibilité et d'une autonomie leur permettant d'interagir avec l'animal de façon dynamique. En outre, ils sont susceptibles d'offrir une aide efficace à la gestion des espèces animales d'intérêt économique qui, pour la plupart, se caractérisent par un mode de vie sociale ou du moins grégaire. Ces leurres peuvent alors induire de nouveaux comportements, synchroniser les activités d'un élevage ou au contraire freiner des phénomènes de panique collective. Si la robotique offre au biologiste un outil puissant pour étudier et contrôler le comportement animal, les sociétés animales et leurs mécanismes de fonctionnement sont en retour des sources d'inspiration pour les informaticiens et les roboticiens à la recherche de systèmes artificiels autonomes, moins dépendants d'un contrôle permanent par un opérateur. Ainsi, plusieurs robots de conception simple mais capables d'interagir selon des règles inspirées des sociétés d'insectes possèdent des propriétés remarquables de robustesse, de flexibilité et d'adaptation à un environnement changeant et imprévisible. À l'avenir, la création de sociétés mixtes de robots et d'animaux semble un moyen élégant et innovant de concrétiser une telle synergie entre robotique et éthologie, et ouvre de nouvelles perspectives dans la gestion du vivant.

La cinquième partie, de conception transversale au regard des parties précédentes, est consacrée à la problématique du bien-être animal. Après les « demandes sociétales » de production de viande ou de lait à bas coût, et de qualité sanitaire des produits animaux, le respect du « bien-être » des animaux, considérés désormais comme des êtres sensibles à part entière, correspond à une attente croissante des sociétés occidentales[2]. En effet, au fur et à mesure que nos connaissances du comportement animal se sont améliorées, la différence de sensibilité perçue entre l'homme et les animaux s'est considérablement réduite. Néanmoins, l'enjeu du bien-être animal dépasse le stade des connaissances scientifiques. Par exemple, le respect du bien-être des animaux de ferme fait l'objet de polémiques entre les différents acteurs de la société allant des producteurs aux consommateurs, en passant par les associations de protection des animaux. Compte tenu de la multiplicité et la diversité des acteurs, la mise en place d'une stratégie cohérente dans le domaine du bien-être animal devrait être coordonnée entre les organismes de recherche et de développement, les établissements d'enseignement vétérinaire et agronomique ou autres, les filières de production, les protecteurs des animaux et les associations de consommateurs. Puisse cette cinquième partie stimuler la réflexion du lecteur sur le statut de l'animal dans nos sociétés et lui permettre ainsi de porter un autre regard sur les animaux au contact de l'homme.

Comme dans le domaine de la santé de l'homme, la mesure de ce qu'il convient de faire ou de ne pas faire en terme de bien-être animal dépend de l'« acceptabilité sociale ». En prenant l'animal de ferme comme base de réflexion, **Raphaël Larrère** et **Florence Burgat** (chapitre 10) s'interrogent sur la spécificité de cette demande pour montrer qu'elle excède un problème zootechnique et engage autre chose qu'une norme socialement admise. En effet, ce qui est en question ici est l'animal lui-même ; c'est cette dimension désintéressée qui autorise à parler d'une intrusion de considérations éthiques dans ce qui jusqu'alors relevait de considérations économiques, hygiéniques, diététiques... Trois positions sur la question du bien-être des animaux peuvent ainsi être distinguées : 1) l'entreprise réglementaire, issue d'un compromis entre les impératifs de production et les normes zootechniques, qui cantonne la question à l'acceptabilité sociale ; 2) la position protectrice qui, sans remettre en cause le fait d'élever des animaux pour les consommer, refuse que ceux-ci ne bénéficient pas de bonnes conditions de vie durant le temps de leur élevage ; et 3) la position végétarienne qui n'admet pas l'élevage des animaux pour la boucherie et reconnaît leur droit à vivre comme un droit fondamental. Les auteurs montrent en quoi la thématique du bien-être animal ouvre une brèche dans le dispositif de l'élevage dont certaines modalités sont remises en cause. C'est, au bout du compte, à une réflexion sur les limites des droits que l'homme s'octroie sur le monde animal, qu'invite l'interrogation sur le bien-être animal.

Les animaux sont habituellement considérés comme n'étant pas des êtres de droit mais des sujets de droit (le droit à la vie, le droit au bien-être...). Ces droits correspondent à autant de devoirs de la part de l'homme. Dans le chapitre 11, **Sonia Desmoulin** et **Pierre Le Neindre** décrivent l'arsenal législatif et réglementaire. Le droit applicable aux activités humaines utilisant des animaux, comme les activités scientifiques ou agricoles, a nettement évolué depuis le début du XXe siècle. Après avoir surtout pris en considération les sentiments des hommes confrontés aux violences exercées

---

2. Voir la réglementation européenne sur le bien-être des animaux en élevage et au niveau national les rencontres Animal et Société qui se sont déroulées durant l'année 2008 sous l'égide du ministère de l'Agriculture et de la Pêche (http://www.animal-societe.com, consulté le 15 mai 2009).

publiquement sur des animaux, le législateur français, appuyé et encouragé par le législateur communautaire, a décidé de protéger l'animal en tant qu'être sensible. Toute une réglementation visant à préserver les animaux dans le cadre du transport, de l'élevage, de l'abattage, des expériences scientifiques, mais aussi du piégeage, a été élaborée. Des conditions minimales de vie doivent être garanties, tandis que les mauvais traitements infligés sont condamnés sous différentes qualifications pénales. Le rôle du Conseil de l'Europe et de l'Union européenne est devenu primordial dans le domaine du bien-être animal. Après l'adoption de multiples directives visant à harmoniser les règles protectrices des animaux dans les États membres, la proposition d'intégrer un nouveau critère, prenant en considération le bien-être animal dans la politique agricole commune et dans les discussions de l'Organisation mondiale du commerce, démontre l'intérêt croissant que les décideurs portent au sort des animaux.

Aborder la question du bien-être animal sur un plan scientifique permet de considérer l'attente sociétale en dépassionnant le débat, et de tenter d'y apporter des réponses objectives. Comme le soulignent **Isabelle Veissier** et **Alain Boissy**, nombre d'animaux sont capables d'interpréter le monde qui les entoure, voire de ressentir des émotions (chapitre 12). Renouant avec les problématiques classiques de la psychologie animale mais à la lumière de l'éthologie cognitive, le bien-être peut alors être défini comme un état idéal d'harmonie entre un individu et son environnement. Il est atteint lorsque l'animal peut s'adapter aisément et satisfaire ses motivations, ce qui se traduit par l'absence d'émotions négatives prolongées, voire par des émotions positives. À l'inverse, l'accumulation d'émotions négatives entraîne un état de « mal-être ». La recherche d'une appréciation objective du niveau de bien-être d'un animal a pour objet de déterminer où ce dernier se situe entre ces deux extrêmes. Récemment, une approche d'ordre psychologique (passage de l'observé à l'inféré) tente d'appréhender plus précisément les états affectifs ou émotionnels sous-tendant les réactions de peur, de douleur et de frustration ; l'évaluation de cette dimension subjective reste néanmoins à formaliser au moins pour les espèces animales utilisées en élevage. Actuellement, deux démarches complémentaires peuvent être suivies. La première consiste à rechercher les éléments qui permettent l'harmonie dans le système individu-environnement. Ainsi, l'ergonomie aide à concevoir des installations respectueuses de la taille et des mouvements des animaux alors que les tests de choix ou de conditionnement permettent de connaître les motivations de l'animal. La seconde démarche consiste à évaluer les efforts d'adaptation de l'animal placé dans un environnement qui s'éloigne des conditions idéales : des critères comportementaux, physiologiques, zootechniques et sanitaires sont ainsi classiquement utilisés pour évaluer le degré de mal-être. Dans ce domaine, la compréhension des éléments qui composent le bien-être animal implique une étroite coopération entre différentes disciplines. Enfin, les auteurs soulignent à juste titre que les futures recommandations en élevage devront concilier bien-être animal et objectifs de production pour être mieux appliquées.

L'éthologie humaine appliquée est une approche encore peu développée en France malgré les travaux précurseurs — entre autres — de H. Montagner sur l'éthologie de l'enfant et de J. Cosnier sur les communications non verbales chez l'adulte. Les méthodes et concepts qui sont utilisés, sont ceux de l'éthologie fondamentale. Les domaines d'étude concernent tous les aspects des comportements observables :

communications non verbales, occupation de l'espace et déplacements, interactions et relations sociales, relations avec l'animal, adaptation à des environnements habituels ou extrêmes, etc. Les situations privilégiées sont celles où le langage n'est pas ou peu utilisé. La sixième et dernière partie de cet ouvrage présente un aperçu de l'étendue du champ d'investigation d'intérêt social ou économique. Traditionnellement, l'éthologie humaine s'est intéressée au développement des comportements sociaux en vue d'améliorer la santé et le bien-être de l'homme. Récemment, l'approche éthologique a gagné divers secteurs économiques tels que le monde de l'industrie et la grande distribution. Cependant comme toute discipline émergente, l'éthologie humaine nécessite encore des efforts méthodologiques importants pour aborder avec rigueur et objectivité la complexité des comportements qui y sont étudiés.

Dans le chapitre 13, **Claude Baudoin** *et al.* dressent la démarche générale de l'approche éthologique appliquée aux comportements humains, qui est utilisée dans différentes situations concrètes : analyse de la demande, principes d'observation et d'échantillonnage des comportements étudiés, collecte et analyse des données, interprétation des résultats et recommandations, aspects déontologiques et éthiques. En outre, les auteurs examinent les relations avec quelques disciplines voisines : l'ergonomie, l'analyse sensorielle et les études de marché. Pour parvenir à une réelle prise en compte à la fois du ressenti, des discours et du comportement des personnes en situation, les auteurs préconisent d'améliorer les méthodes et les outils, et de développer des formations de nature multidisciplinaire, alliant notamment sciences de la vie et sciences de l'homme et des sociétés.

Le domaine de la santé fait l'objet d'études des comportements humains. Comme dans beaucoup d'espèces animales, les odeurs contribuent fortement à modifier les comportements et les émotions chez l'homme. Pour **Jean-Louis Millot**, les odeurs mises en cause ont de multiples origines et caractéristiques : agréables ou désagréables, de connotations florales, animales, alimentaires ou encore corporelles (chapitre 14). Les réactions comportementales peuvent être simples comme la répulsion ou l'attraction. Elles peuvent être plus complexes, liées à des modifications du niveau de vigilance ou de l'humeur, et intervenir dans des réactions sociales ou encore dans l'exécution de tâches et activités quotidiennes. Diverses études éthologiques menées chez l'homme évaluent les effets de la valence hédonique (plaisante, déplaisante) des odeurs ambiantes sur de multiples réactions comportementales (amplitude de réponses réflexes, temps de réaction à des stimulations auditives et visuelles, mimiques faciales, timbre de voix, durée de présence de sujets dans un lieu public, attitude à l'égard d'un tiers…). À titre d'exemple, des odeurs putrides associées à la pollution peuvent diminuer les performances évaluées dans diverses tâches professionnelles. Par ailleurs, l'odorisation d'un produit, comme par exemple un produit d'entretien, peut changer l'utilisation qu'en fait le consommateur. D'autres études éthologiques se sont intéressées aux effets des odeurs corporelles sur la communication sociale chez l'homme. Ainsi les odeurs maternelles s'avèrent attractives pour le nouveau-né dès sa naissance et pourraient avoir un rôle sécurisant pour l'enfant en certaines circonstances au cours des premières années de vie. De même, les odeurs axillaires jouent un rôle important chez l'adulte dans les processus d'attraction sexuelle et de séduction.

Parallèlement à ces applications, l'approche éthologique est également utilisée dans le secteur économique de la distribution. En amont de la consommation, la conception d'un produit innovant qui doit être adapté aux besoins et attentes du consommateur, nécessite les apports conjoints de nombreuses disciplines. **David Benhaïm** et **Claudine Koch-Schott** (chapitre 15) soulignent que, parmi les disciplines spécialisées dans l'analyse du facteur humain, l'éthologie a trouvé récemment sa place en France. Elle permet de définir et d'analyser le comportement des consommateurs face aux produits à tester, avant même leur mise en vente sur le marché. Il en va de même en aval de la consommation. L'étude des comportements humains avec les méthodes de l'éthologie apporte une nouvelle vision du comportement d'achat traditionnellement évalué par les études de marché : elles apportent un éclairage original du fait du décalage existant entre le discours du consommateur et son comportement réel et permettent ainsi l'obtention de données objectives. Ces auteurs illustrent leurs propos à l'aide de différents exemples d'applications en amont et en aval de la consommation. En plus de son implication dans le secteur de la distribution, les auteurs passent en revue de nombreuses autres applications potentielles de l'analyse éthologique des comportements humains, que ce soit en milieu scolaire pour les enfants, ou que ce soit dans des environnements professionnels variés et dans des environnements inhabituels pour les adultes.

C'est donc à un vaste tour d'horizon de l'éthologie appliquée que nous convions le lecteur tant les domaines d'application sont nombreux et variés. Nous espérons que cet ouvrage de synthèse sera suffisamment informatif et cohérent, et qu'il répondra aux attentes du lecteur, qu'il soit chercheur, professionnel au contact de l'animal, spécialiste de l'éducation ou de la santé ou encore du *marketing*, ou simplement préoccupé par la place de l'animal dans nos sociétés. L'évolution de cette jeune discipline est en plein essor, aussi avons-nous cherché à esquisser quelques perspectives non exhaustives pour un futur proche. Nous souhaitons enfin que les différents textes de cet ouvrage suscitent auprès des jeunes une réflexion et puissent les aider au moment où ils doivent définir leur projet professionnel. Si tel est le cas, nous aurons réussi notre entreprise.

Alain BOISSY
Minh-Hà PHAM-DELÈGUE
Claude BAUDOIN

Partie 1

Agronomie et environnement : les insectes

Chapitre 1

Utilisation et protection des insectes pollinisateurs

Jacqueline Pierre et Minh-Hà Pham-Delègue

Chez les plantes supérieures, la fécondation exige le transfert des grains de pollen (éléments mâles) jusqu'aux organes femelles. C'est ce transfert qu'on désigne sous le terme de pollinisation. Les insectes, ainsi que le vent, constituent les principaux vecteurs de pollen. Lorsque le pollen est transporté par les insectes, la plante est dite entomogame et la pollinisation entomophile.

Bien que de nombreux ordres d'insectes participent à la pollinisation (Diptères, Lépidoptères, Coléoptères), les Hyménoptères jouent un rôle prédominant et, parmi eux, principalement les abeilles au sens large (abeille domestique *Apis mellifera*, bourdons *Bombus* sp., diverses espèces d'abeilles solitaires comme les mégachiles et les osmies).

En terme d'efficacité pollinisatrice, il faut distinguer les Hyménoptères sociaux et solitaires. En effet, leur mode de vie détermine leur motivation à butiner du nectar et du pollen pour se nourrir et nourrir les larves, ce qui a des conséquences sur l'intensité et l'organisation du butinage. Ainsi, les espèces solitaires visitent les fleurs pour satisfaire des besoins individuels et à court terme, tandis que les espèces sociales, dont les colonies peuvent être annuelles (bourdons) ou pérenne (abeille domestique), couvrent des besoins collectifs et constituent des réserves, ce qui entraîne une activité de butinage intense.

De longue date, l'homme a exploité les capacités de l'abeille domestique à produire du miel à partir du nectar floral, ce qui a amené au développement d'une véritable domestication de cet insecte à partir du XVIIIe siècle en Europe. Plus récemment, l'intérêt de l'abeille dans la pollinisation des cultures est apparu : elle peut être exploitée pour cette unique fonction pollinisatrice. De même, d'autres espèces, comme les bourdons ou certaines abeilles solitaires, se sont révélées très utiles dans la production de fruits ou de semences et font désormais l'objet d'élevage.

Les insectes pollinisateurs interviennent également dans la reproduction de plantes sauvages et jouent un rôle essentiel dans le maintien de la biodiversité végétale. Ces pollinisateurs sauvages, mais aussi les espèces domestiques, sont particulièrement menacées par la modification des agro-écosystèmes (disparition de haies-refuges, monocultures) et les pratiques agricoles, notamment l'utilisation d'insecticides. Ceci a conduit à une prise de conscience récente de la nécessité de protéger les populations de pollinisateurs natifs et domestiques.

Les bénéfices apportés par les insectes pollinisateurs, en particulier l'abeille domestique, et à moindre égard les bourdons, ont suscité de nombreuses études permettant de mieux comprendre les mécanismes qui régissent le comportement de butinage pour, à terme, mieux le maîtriser.

Dans ce texte, nous nous attacherons à présenter d'une part l'état des connaissances dans le domaine de la biologie du comportement de l'abeille principalement, tant au niveau individuel que collectif, et d'autre part les apports de l'éthologie dans la maîtrise de la pollinisation et la protection des insectes pollinisateurs.

▸▸ Le comportement de butinage

Le butinage est une interaction insecte pollinisateur-plante qui peut être qualifiée de mutualiste car elle bénéficie à la fois à l'insecte qui collecte de la nourriture et à la plante dont la pollinisation est assurée. Ce lien entre l'insecte et la plante dépend du niveau de socialité de l'insecte.

L'abeille domestique fait partie des insectes eusociaux qui se caractérisent par un haut degré d'organisation sociale. On observe ainsi une répartition des tâches entre, d'une part, des individus reproducteurs (reine et mâles) et, d'autre part, des ouvrières. Les tâches des ouvrières dont la durée de vie est de l'ordre de trois semaines évoluent au cours du temps (polyéthisme d'âge). Les jeunes réalisent des tâches à l'intérieur du nid alors que les activités extérieures, comme le butinage, d'une durée de 4 à 9 jours, sont réservées aux individus les plus âgés. Les principaux éléments ramenés à la ruche par les butineuses sont le pollen et le nectar (transformé en miel) récoltés sur les fleurs. Ils couvrent l'essentiel des besoins nutritionnels.

Les relations abeilles-plantes reposent sur un processus individuel et collectif se déroulant selon plusieurs étapes (figure 1.1) :
– un apprentissage par conditionnement associatif individuel. Des abeilles pionnières quittent la ruche à la recherche de nourriture et atterrissent sur une fleur offrant nectar et/ou pollen. Au cours de la prise alimentaire chaque abeille associe la présence d'une nourriture favorable et les caractéristiques olfactives et visuelles (forme, couleur) de la fleur. Elle mémorise ainsi un ensemble de signaux qui lui permettront de s'orienter spécifiquement vers cette ressource florale lors de vols de butinage ultérieurs. Cet apprentissage est un processus dynamique complexe faisant appel à différents types de mémoire (voir Menzel, 1999 pour une revue bibliographique) ;
– une communication collective. De retour à la ruche les abeilles pionnières transmettent à leurs congénères des informations sur la localisation et l'abondance de

la source alimentaire par le biais des danses (von Frisch, 1967) et sur ses caractéristiques olfactives et gustatives grâce à des contacts antennaires et à des échanges de nourriture par trophallaxie. Il en résulte un recrutement de nouvelles butineuses qui se répartiront sur diverses aires de butinage selon les indications données par les danseuses. Une fois le butinage établi, il est à noter que chaque individu fera preuve d'un haut degré de constance florale tant que la fleur visitée sera exploitable (Free, 1993).

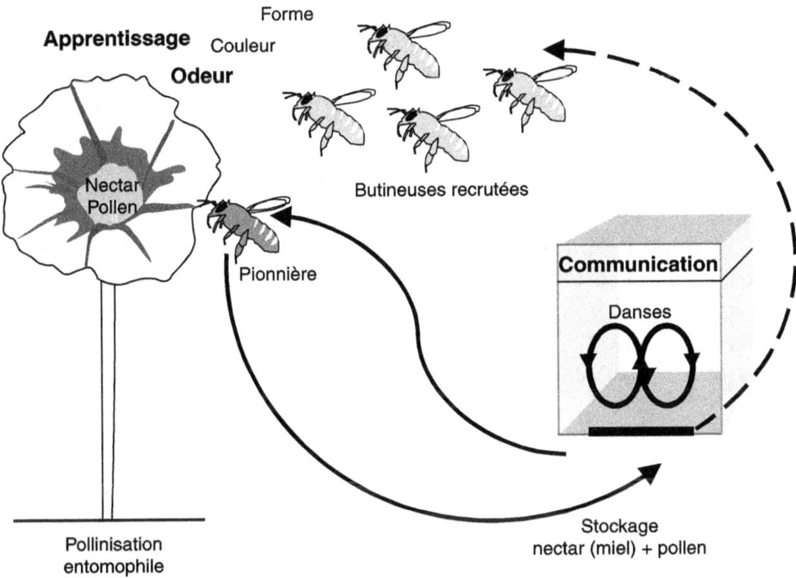

Figure 1.1. Les différents processus individuel (apprentissage associatif) et collectif (communication et recrutement) impliqués dans les relations abeilles-plantes.

Chez les bourdons, en particulier *Bombus terrestris*, dont la taille de la colonie est limitée à une centaine d'individus, les processus sont assez similaires. Cependant, les modalités de recrutement sont beaucoup plus rudimentaires (Dornhaus et Chittka, 2001) et le niveau de fidélité à la fleur est moindre.

Diverses études éthologiques, associées à des analyses chimiques, neurophysiologiques ou génétiques, ont permis de caractériser des facteurs influençant les stratégies de butinage tant au niveau de l'individu que de la colonie.

Facteurs liés à l'attractivité de la plante

L'intensité du comportement de butinage est directement liée à l'abondance, à la qualité et à l'accessibilité de la nourriture proposée par les fleurs.

Les nectars

Les nectars floraux sont produits par des cellules sécrétrices propres aux végétaux supérieurs. Ils sont composés en très grande majorité de sucres (plus de 90 % de la matière sèche), dont les plus courants sont le glucose, le fructose et le saccharose. Ces sucres constituent un apport énergétique pour les besoins du vol des butineuses et sont la base de l'alimentation glucidique des larves et des ouvrières de la ruche. La composition relative du nectar en sucres est suffisamment stable pour permettre de caractériser les plantes d'une même espèce (Percival, 1961). Au contraire, la quantité de nectar sécrétée dépend de très nombreux facteurs, comme la taille de la fleur, sa position sur une inflorescence, la durée de la floraison, le sexe de la fleur, son état physiologique (avant ou après la fécondation), son origine génétique, ainsi que des facteurs externes (humidité, nature du sol, température, etc.). Or, des études conduites sur des sources alimentaires artificielles ou naturelles indiquent clairement que l'activité de butinage varie en fonction de l'abondance de la source (Waddington, 1980), du rythme de sécrétion (Williams, 1997) et de la qualité des sucres du nectar (Gupta *et al.*, 1984).

Une étude menée sur une large gamme de génotypes de colza, une plante mellifère très attractive pour l'abeille, met en évidence une variation des volumes de nectars sécrétés et de la composition en sucres, qui confirme un déterminisme génétique de la composition nectarifère (Pierre *et al.*, 1999). Ce type de variation inter-génotypes dans la composition en sucres des nectars a également été montré chez le tournesol : une relation entre l'attractivité d'un génotype pour les abeilles et la présence d'un sucre majoritaire, le saccharose, a été établie (Pham-Delègue *et al.*, 1990).

Les pollens

Le pollen représente la principale source de protéines et d'acides aminés libres, nécessaire au développement larvaire et à l'alimentation des jeunes ouvrières qui jouent le rôle de nourrices.

Les pollens ne présentent pas tous le même degré d'attractivité, comme le montrent plusieurs études proposant des choix entre les pollens de différents genres. Les raisons de ces préférences sont diverses et peuvent être liées à la présence de composés phagostimulants ou répulsifs. Le lien entre préférence et qualité nutritive des pollens, en particulier leur teneur en protéines, n'est pas clairement démontré (voir Pierre et Chauzat, 2005 pour une revue bibliographique). Par contre, la morphologie du pollen intervient dans le choix : les abeilles évitent de collecter du pollen difficile à agglutiner en pelotes. C'est le cas du cotonnier dont les grains de pollen présentent une surface épineuse (Vaissière et Vinson, 1994).

Chez le bourdon *Bombus terrestris* L., des études sur les préférences alimentaires ont également été menées dans la perspective d'améliorer l'élevage de ces insectes. Ainsi, Aupinel *et al.* (2001) ont montré que des reines de bourdons collectées au printemps avaient consommé les pollens de 15 espèces végétales, le pollen de prunier étant majoritaire. Des expériences complémentaires effectuées au laboratoire par ces auteurs ont montré que la consommation de pollen de prunier entraîne une meilleure reproduction de la colonie en terme de maturation ovarienne, d'apparition de mâles et de réduction de l'oophagie. Ces meilleures performances seraient à associer à un taux de protéines plus élevé du pollen de prunier.

Le choix et la reconnaissance des sources alimentaires adéquates sont donc vitaux. C'est grâce à la mémorisation de différents signaux rencontrés au cours des premières visites que les butineuses peuvent s'orienter vers des sources alimentaires appropriées. De nombreux travaux ont été consacrés à l'étude de la mémoire chez l'abeille, et des signaux qu'elle mémorise. Il s'agit le plus souvent de méthodes expérimentales assez éloignées de la réalité de l'environnement naturel de l'abeille, mais elles ont permis des analyses fines des mécanismes de la mémoire chez l'abeille, qui constitue un modèle en neurobiologie de la mémoire et de l'apprentissage.

Les couleurs et les formes

Le spectre des couleurs visibles par l'abeille est décalé vers les basses longueurs d'ondes par rapport à celui de l'être humain. Ainsi, elles ne voient pas la couleur rouge, mais perçoivent l'ultra violet. Certaines fleurs possèdent sur leurs pétales des marques réfléchissant dans l'ultra violet, invisibles pour l'œil humain, qui servent de guides à l'abeille lors de son atterrissage pour accéder à la source de nectar. Toutes les couleurs visibles peuvent être apprises, mais certaines couleurs sont mémorisées plus rapidement que d'autres.

L'aptitude des abeilles à apprendre les couleurs a été découverte par von Frisch, au début du XXe siècle : il dressait des abeilles à visiter une coupelle remplie de sirop posée sur un papier coloré, puis proposait des choix entre des cibles de différentes couleurs. Il a ainsi montré que les abeilles visitaient de préférence les cibles correspondant à la couleur proposée lors de la phase de conditionnement en présence de nourriture. Par la suite, ses élèves (Menzel, 1984) ont précisé que, pour être mémorisée, la cible colorée devait être présente au moment de l'atterrissage sur la coupelle de sirop et que cette durée de présentation devait être au minimum de 3 secondes. Cet apprentissage d'une couleur nécessite au moins trois visites à la source alimentaire colorée.

L'existence de différentes phases de la mémoire, bien connue chez les Vertébrés, a également pu être mise en évidence chez l'abeille, au cours du processus d'apprentissage des couleurs et l'on a pu décrire une mémoire à court terme, très sensible à des perturbations, une mémoire à moyen terme et une mémoire à long terme, plus stable (Menzel, 1990 et 1999).

Toutefois, la présence de pétales et leur couleur ne sont pas les facteurs déterminants de la visite par les insectes. Il a en effet été démontré que du colza sans pétales était tout aussi attractif que du colza normal à fleur jaune car les lignées apétales offraient autant de pollen et de nectar que le colza conventionnel (Pierre *et al.*, 1996). C'est donc le renforcement alimentaire qui confère à la plante sa valeur attractive.

La forme de la fleur peut influer également sur la capacité de l'insecte à la distinguer parmi d'autres, la mémoriser et l'exploiter préférentiellement. Les fleurs de formes symétriques ou en croix sont les mieux perçues et apprises. D'autre part, la morphologie florale (profondeur et largeur de la corolle, degré de fermeture des fleurs) détermine l'accessibilité au pollen ou au nectar et rend la fleur plus ou moins manipulable et exploitable. Ainsi certaines morphologies florales conviennent mieux à certaines espèces de pollinisateurs que d'autres (tableau 1.1).

Tableau 1.1. Insectes utilisés pour la pollinisation en France ou à l'étranger (États-Unis, Canada, Japon).

	Élevage*	Type de plante pollinisée
Hyménoptères		Toute plante pollinifère ou nectarifère à fleur pas
Abeille domestique	+	trop profonde
(*Apis mellifera*)		Papilionacées à fleur fermée ou profonde
Bourdons à langue longue		Trèfle violet, fève
Bourdons à langue courte	+	Tomate
(*Bombus terrestris*)		Melon, concombre
Xylocope		Fruit de la passion
Abeilles solitaires		
Mégachilidés	+	Luzerne, tournesol, pommier, cerisier, amandier,
Halictidés	+	myrtille
Diptères		
Calliphoridés	+	Carotte porte-graine
Syrphidés	+	Poivron

* (+) indique que l'élevage est maîtrisé.

Les odeurs florales

L'aptitude des abeilles à se servir de signaux odorants pour se guider vers une source de nourriture a été montrée en dressant des abeilles à visiter un nourrisseur diffusant un parfum. Les abeilles choisissent ultérieurement les sites diffusant ce parfum plutôt que ceux offrant un autre parfum, même s'il n'y a pas de nourriture. En règle générale, les odeurs florales sont mémorisées plus rapidement que les autres odeurs. Toutefois, n'importe quelle odeur associée à de la nourriture peut être mémorisée, y compris des odeurs initialement répulsives, comme l'odeur putride de l'acide butyrique (Lindauer, 1976).

L'apprentissage des odeurs a été étudié de façon particulièrement détaillée en utilisant une méthode permettant de conditionner des abeilles immobilisées (photo 1.1). L'expérience consiste à déclencher une réponse-réflexe d'extension du proboscis (langue de l'abeille) en touchant les organes qui assurent la détection du goût situés sur les antennes, les pièces buccales ou les pattes. Si on envoie simultanément,

Photo 1.1. Extension du proboscis abeille en réponse à l'odeur émanant d'une source alimentaire.

une odeur et qu'on laisse l'abeille se nourrir, on obtient ensuite une extension du proboscis lorsqu'on présente l'odeur seule. L'ensemble de la procédure ne prend que six secondes. Cette forme d'apprentissage est appelée conditionnement classique ou pavlovien (Bitterman *et al.*, 1983). Ce conditionnement entre en jeu lorsque l'abeille se pose sur une fleur à la recherche de nourriture : dès que les récepteurs du goût situés sur les pattes ou les antennes entrent en contact avec le nectar, elle étend son proboscis pour prélever la nourriture. Ce faisant, elle mémorise le parfum de la fleur et elle utilise ce souvenir pour retrouver la fleur lors de visites ultérieures. Le conditionnement olfactif de l'abeille en conditions de laboratoire a permis de montrer que l'abeille pouvait apprendre une odeur en un seul essai au cours duquel odeur et nourriture sont associées. Cette acquisition peut perdurer toute la vie de l'abeille.

On sait aussi que l'abeille peut apprendre successivement différentes odeurs : elle cesse de répondre aux odeurs apprises précédemment pour ne répondre qu'à la dernière odeur associée à de la nourriture (Koltermann, 1973). Cela ne signifie pas pour autant qu'elle ait oublié les odeurs précédentes, qui seront reconnues beaucoup plus vite si elles sont présentées à nouveau. Ce type de comportement permet de comprendre comment l'abeille visite une espèce florale tant qu'elle y trouve une nourriture satisfaisante mais est capable, dès que la ressource s'épuise, de s'orienter très vite vers une nouvelle fleur en apprenant le nouveau parfum diffusé par celle-ci.

La procédure de conditionnement olfactif a permis de déterminer précisément les structures nerveuses impliquées dans la mémoire des odeurs. Dans les minutes qui suivent l'apprentissage, la mise en place de la mémoire se déplace du lobe antennaire, partie du cerveau qui reçoit les informations venant de l'antenne stimulée par l'odeur, vers le lobe *alpha* des corps pédonculés (centres supérieurs du cerveau). Enfin, l'information est traitée dans une autre partie des corps pédonculés, le calice. Six heures après l'apprentissage, la consolidation est achevée et l'information est stockée dans la mémoire à long terme (Menzel, 1990).

La même procédure de conditionnement olfactif a également permis de comprendre comment l'abeille utilisait une odeur de fleur, qui est un mélange de plusieurs dizaines de produits. La composition de ce mélange varie selon les espèces florales, et pour une même espèce florale au cours de la floraison ou au cours de la journée. Il apparaît que très peu de composés (environ 10 %) sont reconnus parmi ceux qui constituent les mélanges floraux et pourraient être considérés comme une signature de la fleur (Pham-Delègue *et al.*, 1990). Le fait de mémoriser un petit nombre de constituants caractéristiques du parfum de la fleur est un moyen économique pour identifier avec certitude la fleur sur laquelle l'abeille a trouvé de la nourriture. De plus, des composés qui varient en fonction de l'état de la plante pourraient renseigner l'abeille sur l'abondance du nectar associé à la présence de tel ou tel composé et lui permettre de visiter la fleur au moment le plus favorable.

La prédominance des signaux odorants répond bien à la variabilité des fleurs dans la nature. En effet, l'odeur est un critère spécifique d'une grande fiabilité, alors que la couleur et la forme sont beaucoup plus variables d'une fleur à l'autre au sein d'une même espèce florale.

Facteurs liés à l'attractivité d'un ensemble de plantes

Outre les facteurs d'attractivité propres à la fleur, le choix des pollinisateurs au cours de leur recherche de nourriture et leur comportement de butinage sont influencés par le paysage végétal.

Ainsi, une grande surface homogène est plus facilement détectée et la masse florale (densité de fleurs par unité de surface) influe quasi directement sur la densité d'insectes butineurs (Dreisig, 1995). Cette relation entre densité de ressource et densité d'insectes est à relier à une des composantes de la théorie de l'approvisionnement optimal, la « distribution libre idéale », selon laquelle les fourrageurs tendent à se distribuer sur une aire de ressource de manière à ce qu'en moyenne le gain énergétique de chacun soit équivalent. Cependant, la question se pose de savoir comment cette répartition spatiale et temporelle se réalise et quels sont les effets de compétition entre les divers pollinisateurs dont les besoins énergétiques sont différents.

Les effets de contrastes entre les espèces végétales et le degré de fragmentation du paysage ont également une incidence sur la répartition spatio-temporelle des pollinisateurs. De plus, l'hétérogénéité du paysage varie avec l'évolution temporelle des floraisons. La fragmentation du paysage influence aussi la manière dont les pollinisateurs exploitent la ressource : les déplacements des bourdons de fleur en fleur sont moins directionnels et les fleurs plus souvent revisitées quand les plantes sont isolées en agrégat (*patch*) que lorsque ces mêmes plantes sont présentes sur une surface plus grande. Les auteurs ayant étudié les trajets des vols en fonction du degré d'agrégation des plantes mettent en avant les coûts énergétiques des déplacements pour expliquer la limitation des mouvements des insectes (Plowright et Galen, 1985). Une relative fidélité spatiale de la part des abeilles et de certains bourdons est rapportée.

Tous ces éléments sont à prendre en compte non seulement en agronomie, comme nous le verrons plus loin, mais aussi pour les aspects écologiques voire évolutifs. En effet dans les cas où la reproduction de la plante est totalement dépendante de l'insecte, on peut imaginer que cette fidélité spatiale et les préférences des insectes pourraient conduire à la spéciation. Cette hypothèse a été proposée lors de l'étude d'une espèce végétale pouvant pousser soit à l'ombre soit au soleil mais visitée par des pollinisateurs qui diffèrent par leur besoin en lumière (Moore, 1997) : à terme, des croisements ne seraient plus assurés par les insectes entre les deux types végétaux.

▶▶ Les apports de l'éthologie du butinage pour la maîtrise de la pollinisation

Maîtriser la pollinisation contribue à améliorer la production végétale. Ceci peut se faire selon deux objectifs en apparence contradictoires : soit en augmentant les échanges de pollen entre plantes pour favoriser la fécondation, soit au contraire en diminuant ou supprimant les échanges indésirables de pollen de manière à obtenir une production végétale indemne de toute contamination génétique.

Accroître les transferts de pollen

En agronomie, une bonne pollinisation ne se traduit pas seulement par les quantités de fruits ou de graines produites. Une pollinisation réussie se mesure aussi en terme de qualité : un fruit mal pollinisé peut présenter des déformations préjudiciables pour la vente. De même la qualité des semences (capacité germinative, teneur en huile pour les oléagineux par exemple) dépend de la manière dont s'est déroulée la pollinisation depuis le dépôt pollinique (par l'insecte en l'occurrence) jusqu'à la fructification, terme ultime d'un processus physiologique complexe.

Le choix de l'espèce d'insecte à utiliser est donc le premier élément intervenant dans ce processus. Nous avons vu que divers insectes font l'objet d'élevage pour la pollinisation. Le choix de l'espèce dépend de la plante et des objectifs visés (production de semences pures ou hybrides, production de fruits, production de semences à des fins de sélection, etc.) et dépend par conséquent des conditions dans lesquelles elle s'effectue : production en plein air ou en enceinte fermée. Ainsi, les abeilles domestiques, voire certaines abeilles solitaires importées en grande quantité (nichoir de *Megachile rotundata*, bande de sol de nids terricoles de *Nomia melanderi*), seront à privilégier pour la production de semences en grande culture ou dans les vergers. Par contre, on pourra préférer les bourdons pour la pollinisation sous serre en raison du faible effectif de leur colonie. Enfin, les mouches dont l'activité de butinage est restreinte (elles ne font pas de stock) et beaucoup plus aléatoire pourront être des pollinisateurs suffisants pour produire quelques graines dans des enceintes de faible volume ou seront utilisés en complément d'Hyménoptères.

Le choix dépend également de la morphologie de la fleur à manipuler (tableau 1.1) : les bourdons à langue longue seront exploités pour polliniser des fleurs fermées d'assez grande taille comme certaines Papilionacées, ce qui sera quasi impossible avec des bourdons à langue courte. Ces derniers ont tendance à percer des trous dans la corolle avec leurs mandibules pour atteindre le nectar (butinage négatif), comme c'est le cas avec *Bombus terrestris* sur la fève. De même, les abeilles prélèvent le nectar par le côté sur la fleur de luzerne afin d'éviter la gêne due au déclenchement des étamines, alors que les mégachiles, de petite taille, sont de bons pollinisateurs car ils pénètrent dans la fleur pour collecter le pollen.

Le choix de l'insecte à utiliser se fait encore souvent sur la base de résultats empiriques, mais des études analytiques de la pollinisation entomophile, où l'approche éthologique tient une grande part, se développent. La majorité de ces études repose sur le principe selon lequel l'insecte en tant qu'individu est vecteur du pollen. Notons que la problématique sera différente selon le système reproducteur de la plante considérée : plantes hermaphrodites (plus ou moins autogames selon le niveau de compatibilité entre pollen et stigmate), ou plantes avec séparation des sexes (plante dioïque vraie ou génétiquement sélectionnée pour acquérir une stérilité mâle). C'est ce dernier cas, où l'insecte est le plus utile voire indispensable, que nous prendrons comme exemple pour illustrer les différentes phases de la pollinisation croisée (figure 1.2). Les conditions requises pour que celle-ci soit efficace sont les suivantes :
− attraction de l'insecte par la plante mâle au stade où celle-ci présente du pollen viable et disponible ;

– visite par l'insecte de la plante mâle s'accompagnant d'une charge pollinique sur le corps de l'insecte ;
– attraction de l'insecte par la plante femelle au stade où celle-ci est réceptive et accessible à l'insecte ;
– visite par l'insecte de la plante femelle s'accompagnant d'une décharge pollinique, ceci peu de temps après la visite de la fleur mâle car le pollen peut perdre une partie de sa viabilité après un contact trop long avec l'insecte (Mesquida et Renard, 1989).

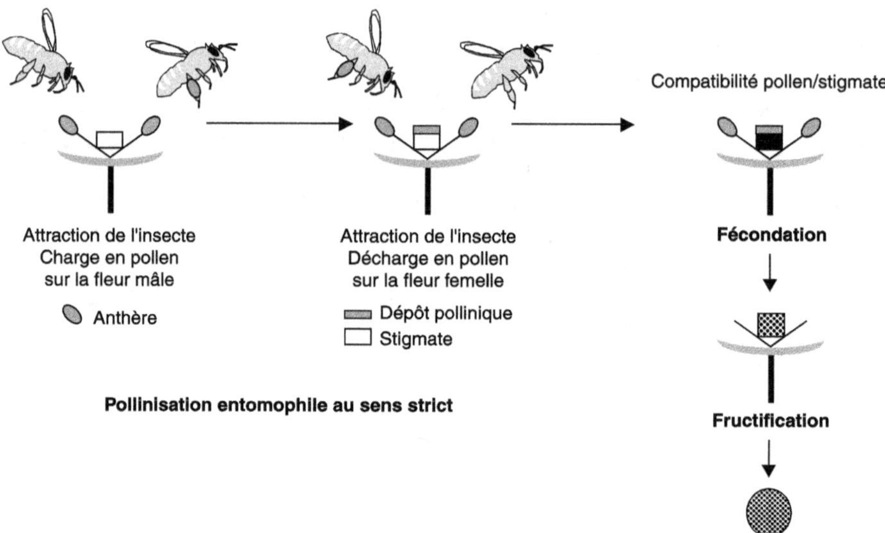

Figure 1.2. Les différentes étapes de la pollinisation au sens large. Cas de la pollinisation entomophile croisée.

Les charges et décharges polliniques dépendent de plusieurs facteurs tels que :
– la morphologie de l'insecte (taille de l'individu, importance de la fourrure, présence d'une brosse ventrale) ;
– le type de butinage effectué. Le butinage de pollen qui aboutit à la formation de pelotes chez les abeilles et les bourdons n'est pas forcément le meilleur pour la pollinisation car celui-ci n'est pas à l'état libre ; le butinage de nectar peut parfois être plus efficace malgré une charge et une décharge passive ;
– la posture adoptée lors du butinage de la fleur. Les postures doivent permettre le contact avec les organes reproducteurs des deux sexes.

En revanche, le temps passé à visiter la fleur ne semble pas influencer la quantité de pollen déposé.

La valeur attractive respective des fleurs mâles et femelles et leur disposition spatiale peuvent jouer un rôle dans l'ordre et la durée des séquences des visites. Dans le cas le plus simple, on cherchera par exemple à estimer le nombre de fleurs femelles susceptibles d'être pollinisées après une seule visite de fleur mâle. De telles études montrent le plus souvent que la décharge se fait rapidement (5 à 10 visites, Carré *et al.*, 1998) ; une recharge fréquente est nécessaire pour poursuivre la pollinisation, à moins que l'on ne compense ce phénomène en augmentant la probabilité de visites par un accroissement de la densité d'insectes. Les *scenarii* sont multiples et on peut imaginer des modèles plus complexes de charge, décharge, perte de pollen en cours de vol puis recharge etc., ceci sur des fleurs génétiquement différentes appartenant à la même espèce ou à des espèces différentes.

Le choix de l'espèce d'insecte à préconiser peut également se faire à partir de l'estimation de l'intensité pollinisatrice journalière de la population butineuse, plutôt que sur des critères individuels du comportement. Elle tient compte de :
— l'efficacité pollinisatrice de l'insecte, mesurée par le nombre de grains de pollen viables qu'il dépose lors d'une visite ;
— la vitesse de butinage (nombre de fleurs visitées par unité de temps) ;
— la durée journalière de butinage ;
— la densité d'insectes par fleur pollinisable par jour.

L'intensité pollinisatrice journalière est donc définie par le produit de ces 4 composantes. Il ne s'agit pas d'une valeur absolue mais d'une valeur comparative permettant de discuter de l'intérêt respectif des diverses espèces d'insectes pour une culture donnée dans des conditions précises ou bien de la valeur d'utilisation d'une espèce donnée pour une culture plutôt qu'une autre.

Outre le choix de l'espèce d'insecte, il faut également être en mesure de définir la quantité de butineurs à apporter par rapport à la quantité de fleurs à polliniser. Les observations effectuées selon les méthodes précédemment décrites peuvent aider à cette évaluation. Cependant, des difficultés peuvent persister : les préconisations en abeilles et bourdons ne peuvent être faites qu'en terme de nombre de colonies alors qu'il faudrait pouvoir considérer le nombre de butineuses effectives. De plus, la densité de fleurs à polliniser évolue au cours du temps et le problème est très différent selon que l'on est en milieu confiné ou en milieu ouvert où les insectes peuvent se répartir librement et aller se disperser sur d'autres cultures plus attractives.

Dans la pratique, les méthodologies principalement utilisées sont celles de l'étude du comportement par les moyens classiques (analyse des postures, durée et vitesse de butinage, séquences comportementales, détermination des phases d'activité, trajectométrie, test de choix, analyse hiérarchisée ou combinée des facteurs d'attractivité), associées à la quantification des charges et décharges polliniques, voire à la production végétale finale (quantité et qualité des graines ou fruits).

Exemples d'utilisation des insectes pollinisateurs en agronomie à des fins de production

En grande culture

Nous prendrons pour principal exemple la production de semences hybrides de colza. Le colza classique est une plante hermaphrodite partiellement autogame, mais il existe actuellement des colzas hybrides dont la production de semences sur de grandes surfaces fait appel à des dispositifs consistant à alterner des bandes de colza mâle-fertile MF (en fait hermaphrodites) et des bandes de colza femelle

ou mâle-stérile MS. Les abeilles sont utilisées pour transférer le pollen entre ces bandes. L'étude de leur comportement a permis de montrer que, pour optimiser la production de semences, il fallait résoudre deux problèmes :
– rendre la plus équivalente possible la valeur attractive des bandes MF (fournissant du pollen et du nectar) et des bandes MS (ne fournissant à l'origine que très peu de nectar) car les abeilles avaient tendance à se maintenir sur les bandes MF ;
– définir au mieux, non seulement la distance entre les bandes de culture MF et MS, mais aussi le *ratio* bande MF/bande MS de manière à tenir compte à la fois de la décharge progressive des butineuses passant de fleurs MF en fleurs MS, et de la nécessité d'avoir le maximum de bandes femelles. En effet, c'est uniquement sur celles-ci que sont récoltées les semences hybrides.

Par ailleurs, il s'est avéré impossible d'obtenir, *via* les abeilles, une pollinisation croisée entre du colza sans pétales (sélectionné pour sa résistance à une maladie) et du colza classique, bien que le colza sans pétales soit tout aussi attractif que le colza à fleurs normales. Ceci est dû au fait que le colza sans pétales est exploité par une population d'abeilles spécialisées dans une posture adaptée à cette morphologie florale (posture latérale, d'efficacité pollinisatrice réduite). Ces abeilles restent fidèles à un type de colza tant que sa floraison perdure, ce qui empêche les échanges de pollen entre les types floraux.

Ces études sur le colza illustrent bien les impératifs liés à la production d'hybrides en général, à savoir : l'équivalence de la valeur attractive des parents mâles et femelles, la similitude de leur morphologie florale pour éviter toute spécialisation, ainsi que l'optimisation du *ratio* plantes mâles/plantes femelles.

En culture fruitière

Ce sont les abeilles qui sont majoritairement utilisées pour la pollinisation en culture fruitière. Les vergers étant des cultures sur le long terme, le dispositif d'implantation entre les arbres géniteurs doit être particulièrement bien défini (exemples : répartition des lianes mâles de kiwi parmi les lianes femelles, plantation en quinconce des pommiers) pour éviter des erreurs préjudiciables durant plusieurs années.

Pour les cultures fruitières, on a clairement démontré le lien entre l'importance du dépôt pollinique et la taille des fruits (amandier, pommier, kiwi, cacao…). Par conséquent, la densité de butineuses à apporter doit être suffisante, leur activité intense et leur passage d'arbre en arbre assuré.

Pour ce faire, on peut avoir recours à plusieurs techniques pour accroître la visite aux fleurs fournissant le pollen :
– apporter du sirop pour favoriser le développement de la colonie, et l'apparition de larves et de jeunes abeilles consommatrices de pollen ;
– utiliser des trappes à pollen (pelotes) à l'entrée de la ruche pour limiter le stockage du pollen et en maintenir le besoin (méthode appliquée dans le cas du kiwi).

Une autre méthode pour augmenter les transferts de pollen consiste à placer des distributeurs de pollen viable de l'espèce à polliniser pour que l'abeille se charge dès la sortie de ruche. Toutefois, appliquée chez l'abricotier, elle s'est révélée relativement inefficace.

Enfin, une des particularités de certains arbres fruitiers est la faible durée de la période effective de pollinisation. Si les abeilles viennent à manquer durant quelques jours, la récolte peut être très compromise. C'est pour cette raison que l'on peut être amené à pulvériser sur les fleurs des attractifs odorants à base de composés phéromonaux additionnés de sucre (phéromone de Nasanov utilisée par les abeilles pour marquer l'entrée de la ruche, phéromone royale assurant la cohésion sociale). Cependant, malgré la forte valeur biologique de ces signaux de communication sociale, la valeur attractive de l'odeur n'est maintenue que si elle est associée à une récompense (nectar ou pollen). Dès lors, ce leurre ne peut être efficace que peu de temps si la plante n'offre pas de ressource. L'efficacité de tels attractifs est donc très controversée et il semblerait que cette technique ne puisse être utilisée que pour des cas ponctuels, à court terme (pommier, cerisier, poirier, prunier) et uniquement avec certains produits.

Enfin pour la pollinisation en plein champ, qu'il s'agisse de grandes cultures ou de vergers, il est préconisé d'apporter les ruches dans la parcelle si possible dès le début de la floraison. Ceci permet d'assurer le recrutement d'une partie de la population de butineuses sur la parcelle et de limiter les risques de détournement des pollinisateurs vers une ou des espèces végétales plus attractives.

En culture en milieux confinés

Sous serres ou sous tunnels, la principale difficulté à résoudre tient au fait que les insectes sont maintenus dans un espace limité. Le plus souvent, en France, on fait appel à des colonies de bourdons à langue courte, *Bombus terrestris*. Ces bourdons d'élevage conviennent bien à la pollinisation de la tomate sous serre car ils effectuent la collecte du pollen par un comportement particulier, le « vibrage », seul moyen efficace pour réaliser une pollinisation régulière de toutes les fleurs de l'inflorescence. Ils ont largement supplanté la pollinisation manuelle ou électrique effectuée jadis. Cependant, ces bourdons sont nourris artificiellement au sirop à l'intérieur de la ruche et il semblerait que ce nourrissage entraîne dans certains cas un développement anormal ou du moins trop rapide de la colonie. L'une des conséquences pourrait être le passage du stade production d'ouvrières au stade production d'individus sexués, peu efficaces pour la pollinisation. Dans le cas de la fraise, une autre conséquence de ce mode de nourrissage est que les individus tendent à collecter du pollen pour répondre aux besoins en nourriture des larves, ce qui les amène à un surbutinage pollinique des fleurs. Ce surbutinage provoque des lésions des organes reproducteurs entraînant un déficit en production et une malformation notable des fruits (photo 1.2). Le surbutinage n'est d'ailleurs pas propre aux bourdons mais peut concerner les abeilles, dès lors qu'elles sont trop nombreuses et confinées dans un espace sans possibilité de régulation de leur répartition sur la ressource.

La maîtrise de la densité de pollinisateurs n'est pas le seul problème lié au confinement. La date d'apport des colonies est également un élément à prendre en compte car les insectes butinent la plante dès leur introduction dans l'enceinte. Il faut donc veiller à ce qu'au moment de l'introduction des colonies, la plante ait atteint une maturité physiologique suffisante pour assurer une bonne fructification. Quand la pollinisation a lieu trop tôt, une fructification trop précoce produira des fruits

Photo 1.2. Fraise mal pollinisée par excès de butinage (© B.E. Vaissière, Inra).

médiocres, comme dans le cas de la production de melons qui pourront devenir « vitrescents[1] » et invendables.

Ce dernier exemple souligne à quel point la maîtrise de la pollinisation jusqu'à son terme passe non seulement par la connaissance du comportement de l'insecte mais aussi par celle de la physiologie de la plante.

En résumé et concrètement, en France, la pollinisation entomophile contrôlée à des fins agronomiques fait surtout appel aux abeilles et aux bourdons, alors que des abeilles solitaires comme le mégachile (*M. rotundata*) sont volontiers utilisées aux États-Unis ou au Canada principalement sur culture extensive de trèfle. En France, des contrats entre apiculteurs et agriculteurs sont encore trop peu souvent établis. Prévoir les dates d'apport et de retrait des ruches ainsi que le nombre à apporter à l'hectare n'est pas suffisant. La préparation des ruches (taille de la colonie, âge de la reine, taille du couvain, niveau des réserves, état sanitaire) est un élément important qui relève de la compétence de l'apiculteur ou de l'éleveur, de même que le choix de la répartition et de l'orientation des ruches sur le terrain.

---

1. La vitrescence est une altération physiologique de la texture de la chair du melon qui devient molle et vitreuse.

Réduire les risques de transfert de pollen

La limitation du transfert de pollen vise à maintenir la pureté variétale qui est parfois souhaitable quand une variété présente des qualités particulières que l'on souhaite préserver.

Logiquement les principes à respecter sont inverses de ceux préconisés précédemment pour favoriser les croisements. Ainsi on cherchera à faire en sorte que la variété à protéger de l'allofécondation possède des facteurs d'attractivité très différents des autres variétés et qu'elle en soit éloignée dans l'espace et dans le temps.

Dans le cas de variétés de plantes transgéniques, il est également souhaitable de réduire les risques de dispersion des transgènes. Au cours de la dernière décennie, l'étude des flux de gènes dus aux insectes a pris une importance toute particulière avec le développement du génie génétique et a été abordée sous l'angle des risques environnementaux. Deux questions sont principalement posées :
– jusqu'à quelle distance un transgène peut-il être transporté par l'insecte d'une parcelle à l'autre (risque de croisement intraspécifique ; Pierre et Renard, 1999) ?
– l'insecte peut-il transférer un transgène d'une plante cultivée vers une plante sauvage apparentée, chez laquelle ce transgène devient indésirable et non contrôlable (risque de croisement interspécifique) ?

Répondre à ces questions implique de savoir en tout premier lieu si l'insecte est en mesure de distinguer le génotype non OGM du génotype OGM. En effet, l'insertion du transgène peut induire une différence soit directement liée aux produits du gène d'intérêt soit due à des effets pléïotropiques sur les facteurs d'attractivité de la plante (nombre et taille des fleurs, nectar pollen, arôme) entraînant des modifications du comportement (butinage, capacités d'orientation, d'apprentissage, etc.). Si la plante transgénique présente pour l'insecte des caractères spécifiques, une discrimination par rapport à la plante non transformée aura lieu. Mais si aucune différence n'est perceptible, les risques de flux de pollen entre plantes modifiées et non modifiées d'une même espèce végétale seront les plus élevés.

La dispersion entomophile des gènes repose sur les études des déplacements d'insectes dans le paysage et pose au plan appliqué le problème de l'évaluation des distances légales d'isolement à respecter entre culture transgénique et non transgénique. En cela, elle revient à étudier le comportement de l'insecte vis-à-vis d'un paysage fragmenté et à considérer les aires de butinages individuelles (étude par marquage des individus, « *radio tracking* » ; Osborne *et al.*, 1999). Les données acquises sur ces sujets montrent que les abeilles et les bourdons explorent peu de sites différents et que l'abeille au niveau individuel butine sur des aires restreintes d'une centaine de mètres carrés. Ces informations sont incompatibles avec les contaminations imputées (peut être à tort) aux abeilles entre des parcelles distantes de plus de 500 m. Néanmoins, on sait qu'une colonie se subdivise en sous-groupes de butineuses capables d'exploiter divers sites éloignés les uns des autres. On peut alors faire l'hypothèse que des échanges de pollen intra-ruches pourraient avoir lieu entre abeilles à leur retour à la ruche et qu'il s'ensuivrait une dissémination du pollen « étranger » par chacune d'elles au moment du retour sur le site d'exploitation. Cette hypothèse reste à confirmer.

Exemple d'étude de risque de flux de transgène chez le colza

Avec la création de colzas transgéniques résistants aux herbicides se pose la question des risques de transmission de cette résistance à des plantes sauvages, telle que la ravenelle, susceptible de se croiser avec le colza.

Ces risques de croisements interspécifiques entre plantes cultivées et sauvages relèvent des capacités de l'insecte à discriminer les deux espèces végétales et à y être fidèle. Ainsi dans le cas de l'étude colza/ravenelle, il s'est avéré que, la ravenelle ayant une corolle plus étroite et plus profonde que le colza, les capacités de discrimination et de fidélité des pollinisateurs pour les deux espèces végétales étaient très diverses. Les abeilles restent très fidèles au colza, les bourdons à langue courte également, bien que moins nettement, tandis que les bourdons à langue longue, abeilles solitaires et les mouches sont peu sélectifs. Dans cette situation, il apparaît clairement que les risques de croisements interspécifiques *via* les insectes ne sont pas nuls et sont liés à la composition de la population de pollinisateurs et à l'intensité pollinisatrice respective de chacun d'entre eux (Pierre, 2001).

▶▶ Protection et conservation des insectes pollinisateurs

Les populations d'insectes pollinisateurs sont soumis à deux risques principaux : la toxicité de certaines pratiques agricoles, qu'il s'agisse des effets de produits phytosanitaires ou de plantes transgéniques, et la modification de leur environnement végétal.

Impacts des produits phytosanitaires et des plantes transgéniques sur l'abeille

Les techniques actuelles de protection des cultures reposent essentiellement sur l'utilisation de pesticides chimiques. L'homologation d'insecticides pour un usage pendant la floraison ou les périodes d'exsudation de miellat de pucerons, périodes au cours desquelles les abeilles qui visitent la culture sont susceptibles d'être exposées aux produits chimiques, exige de la part des firmes phytosanitaires des expérimentations démontrant une faible toxicité vis-à-vis des abeilles. Toutefois, si les méthodes d'étude des effets toxiques aigus sont au point, la recherche d'effets sublétaux est peu développée, alors que de tels effets peuvent avoir des conséquences graves à l'échelle des populations d'abeilles et peuvent se répercuter sur la production de miel ou sur l'activité pollinisatrice des abeilles.

Par ailleurs, les recherches récentes en biotechnologie végétale proposent comme alternative à l'application de pesticides chimiques, l'utilisation de plantes génétiquement modifiées, présentant une résistance aux insectes grâce à l'introduction de gènes codant pour des protéines insecticides. Comme pour les insecticides chimiques, il s'agit d'évaluer les risques d'exposition des abeilles à ces molécules et les effets qui en résultent.

Le développement des recherches en écotoxicologie, pour évaluer l'impact des substances xénobiotiques (comme les pesticides) ou des plantes génétiquement modifiées sur les organismes non-cibles, dont l'abeille, devient une priorité.

Pour *les produits phytosanitaires*, en particulier les insecticides, un cadre réglementaire existe, pour évaluer les risques occasionnés aux abeilles, dans le cas où la firme souhaite utiliser le produit au cours de la floraison de la culture ou en période d'exsudation de miellat par les pucerons. Les principales étapes d'évaluation des risques écotoxicologiques pour l'abeille comprennent des essais de toxicité aiguë qui permettent le calcul d'une valeur de référence, la Dose Létale 50 % (DL50 = dose de produit qui entraîne 50 % de mortalité à court terme), et des essais sous cages ou sous tunnels offrant des conditions plus proches d'une situation agronomique. Ces essais prennent en compte principalement la mortalité aiguë, mais il est également prévu, si nécessaire, de rechercher des effets indirects qui recouvrent des intoxications par des produits systémiques (présents dans les tissus de la plante au cours de son développement), des effets létaux différés sur adultes ou sur larves, et des altérations du comportement. Toutefois, les recommandations concernant les effets comportementaux sont peu précises et aucun test d'évaluation d'effets comportementaux de pesticides n'est encore validé.

Pour *les plantes génétiquement modifiées*, actuellement aucun cadre réglementaire d'évaluation de leur toxicité vis-à-vis des abeilles n'existe, bien que les risques occasionnés présentent quelques similitudes avec les effets des produits phytosanitaires.

Ainsi, la protéine exprimée par le transgène ou le pesticide chimique peut se trouver au contact de l'abeille ou être ingéré s'il est présent dans le nectar ou le pollen des plantes. On examinera en priorité les effets primaires du produit sur la mortalité, la physiologie ou le comportement des abeilles, en utilisant des méthodes qui pourront être communes aux deux types de produits étudiés. De plus, pour les OGM, il faudra tenir compte d'effets secondaires possibles telle que la modification chez la plante de la composition des arômes ou des nectars à la suite d'effets liés à l'insertion aléatoire du transgène dans le génome (mutagénèse insertionnelle), ou suite à une interaction de la protéine issue du transgène avec le métabolisme de la plante (effet pleïotropique). De tels d'effets, difficilement prévisibles *a priori* et pouvant compromettre la reconnaissance des plantes par les abeilles, devront être examinés.

Outre le type d'effet occasionné, différents types d'exposition aux produits doivent être considérés. Le mode d'exposition le plus évident est la mise en contact ou l'ingestion du produit lors des visites des butineuses à la plante, et c'est le plus souvent le seul type d'exposition envisagé dans les études de risques, au moins pour les insecticides chimiques. Or, les butineuses récoltent la nourriture et la ramènent à la ruche où elle est stockée et redistribuée aux larves et à toutes les abeilles de la colonie. Il faut donc aussi vérifier les effets de ce type de contamination à l'intérieur de la ruche et en particulier sur les larves (Aupinel *et al.*, 2007). La durée d'exposition peut également être très variable, selon qu'on considère une butineuse visitant brièvement une culture présentant le produit, ou des larves effectuant tout leur développement avec une nourriture contaminée.

Corrélativement, la concentration des produits dans la nourriture ou sur les substrats visités est susceptible de moduler les effets induits. On peut s'attendre à ce que les doses de produits administrées lors de traitements phytosanitaires conventionnels soient beaucoup plus élevées que les doses de protéines exprimées dans des plantes génétiquement modifiées. Toutefois, ceci peut être contrebalancé par le fait que l'application de produits par aspersion est ponctuelle alors que le contact avec la plante transgénique perdure. Par ailleurs, l'effet des faibles doses de produits chimiques devra faire aussi l'objet d'étude pour répondre aux cas d'utilisation de produits systémiques diffusant dans la plante.

Ces questions font actuellement l'objet de recherches dans différentes équipes scientifiques et une étude assez complète a été ainsi menée sur des colzas transgéniques tant en laboratoire qu'au champ (Couty *et al.*, 2002 ; Couty *et al.*, 2005). À terme, les résultats de ces études devraient permettre de proposer des méthodologies d'évaluation des effets sur les relations abeilles-plantes de la transformation génétique de certaines plantes modèles et d'une gamme de pesticides chimiques. Pour ces produits (protéines ou pesticides), il faudra établir des seuils de toxicité pour l'abeille. Pour cela, il serait utile de valider un ou plusieurs tests comportementaux utilisables d'une manière standardisée. Il restera aussi à établir une relation entre la toxicité évaluée au laboratoire, les doses réellement présentes dans la plante et les conséquences sur le terrain (risque d'exposition effective au produit), car actuellement il est difficile de relier ces niveaux d'approche. L'ensemble de ces travaux pourrait aboutir à des recommandations d'expérimentations dans un cadre réglementaire, afin de contribuer à la préservation de populations d'insectes auxiliaires.

Préservation des populations d'insectes pollinisateurs

La destruction des habitats naturels par l'urbanisation, le développement des surfaces cultivées et la réduction de la diversité botanique qui s'ensuit, la réduction des jachères ou encore le remembrement accompagné de la suppression de haies refuges sont autant d'éléments qui modifient le paysage végétal et qui peuvent avoir à des degrés divers des conséquences sur les populations d'insectes aussi bien domestiques que sauvages (Kevan *et al.*, 1990). Préserver les populations de pollinisateurs est une préoccupation relativement récente qui est amenée à devenir l'axe prioritaire de recherches basées sur une approche éco-éthologique puisque de telles études nécessitent à la fois d'établir des relevés faunistiques et de bien connaître les besoins et les comportements des divers insectes présents.

Malgré le peu de travaux effectués spécifiquement dans le domaine de la protection des pollinisateurs, il apparaît de plus en plus clairement que les insectes pollinisateurs natifs sont les mieux adaptés aux conditions environnementales locales et que, par conséquent, leur préservation et le maintien de leur diversité est indispensable y compris pour l'amélioration des plantes cultivées (voir Klein *et al.*, 2007 pour une revue bibliographique). Ainsi, par exemple, la faune pollinisatrice du Sud de l'Espagne composée majoritairement de grosses abeilles solitaires permet la pollinisation croisée de la fève, alors que ce mode de reproduction est très difficile avec la faune pollinisatrice française, abeilles domestiques incluses (Pierre *et al.*, 1999b). À partir de divers constats, il est maintenant reconnu, par la communauté scientifique, qu'il y a tout intérêt à chercher à exploiter et à mettre au point l'élevage de pollinisateurs locaux chaque fois que cela est possible.

Un autre aspect de la protection des populations d'insectes natifs concerne les risques qu'il y a à introduire une espèce étrangère dans un milieu. Cela implique que soient mises en place des dispositions légales pour éviter l'introduction d'espèces invasives en particulier dans les îles. Ceci est pratiqué en Australie où l'introduction du bourdon d'élevage (*Bombus terrestris*) a été rejetée au profit de l'exploitation d'une abeille solitaire locale, un xylocope (*Xylocopa lestis bombylans*), qui pourrait être utilisé pour la pollinisation de la tomate (Hogendoorn *et al.*, 2000).

Au delà du rôle primordial des Hyménoptères solitaires ou sociaux dans la pollinisation, les produits dérivés de l'activité des abeilles domestiques (miel, gelée royale, cire) assurent les revenus de la profession apicole. Ceci donne d'autant plus d'importance à la nécessité de bien connaître les interactions pollinisateurs-plantes afin de les maintenir aussi harmonieuses que possible dans un environnement fortement modifié par l'homme.

Chapitre 2

Lutte contre les insectes ravageurs des plantes

Laure KAISER et Frédéric MARION-POLL

La lutte contre les insectes ravageurs des plantes utilise principalement les insecticides et la recherche de plantes résistantes par sélection, voire même par transgénèse. En dépit de cet arsenal de techniques, l'impact des insectes ravageurs reste important, voire même croissant d'une part à cause des phénomènes de résistance, d'autre part à cause de la mondialisation de l'économie qui multiplie les risques de contamination de milieux jusqu'ici protégés. Actuellement, cette approche de la protection des plantes prend peu en compte le comportement des insectes ravageurs et de leurs ennemis naturels. Or, il est possible de diminuer l'impact des insectes ravageurs sur les plantes cultivées et d'augmenter l'efficacité de leurs prédateurs en modifiant le comportement de ces insectes, par des méthodes fondées sur la connaissance des mécanismes et des conséquences de leurs comportements. Ainsi l'objectif de ce texte est de montrer comment des études éthologiques peuvent susciter des applications agronomiques respectueuses de l'environnement, existantes ou en voie de développement.

Chez les insectes, la communication chimique est très développée (Cardé et Millar, 2004). Tout d'abord, elle intervient dans le rapprochement des sexes et l'accouplement puisque la découverte du partenaire sexuel dépend de la perception de phéromones. La perception de *stimuli* olfactifs ou gustatifs permet également la reconnaissance et l'appréciation de la plante par l'insecte phytophage (figure 2.1), prélude à la colonisation de la plante pour la ponte ou l'alimentation. Enfin, la communication chimique régule également les comportements de prédation ou de parasitisme des insectes phytophages par d'autres insectes dits entomophages, et dont plusieurs espèces sont d'ores et déjà utilisées en lutte biologique. Les études étant fondées sur des méthodes communes, nous proposons une brève revue avant d'aborder chacun de ces trois aspects.

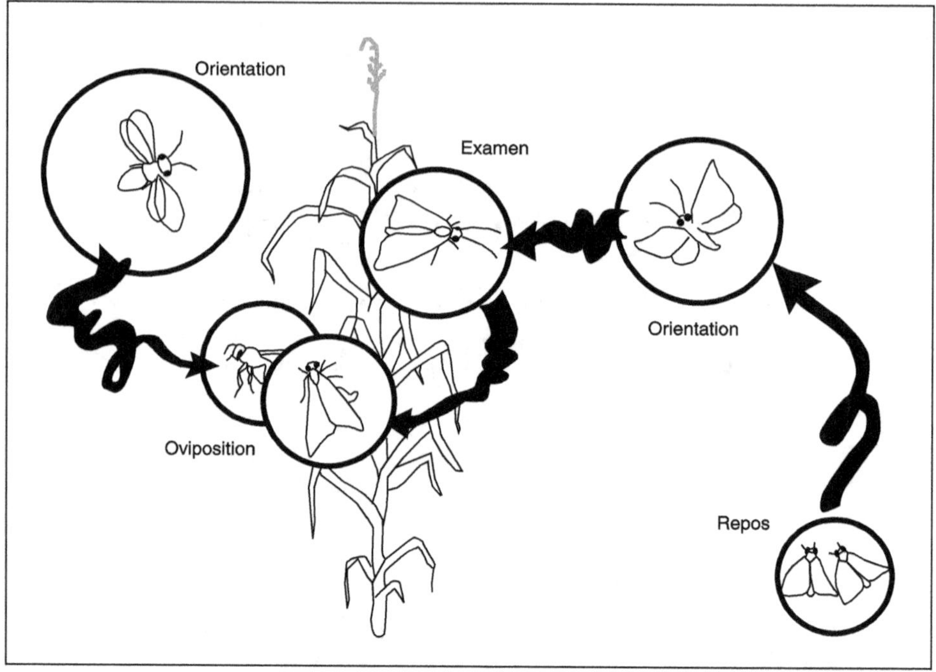

Figure 2.1. Les relations plantes-insectes.

La communication chimique joue un rôle prépondérant dans ces relations. Les signaux chimiques offrent, en effet, une infinité de combinaisons et permettent une reconnaissance spécifique de la plante par les insectes phytophages, et de ces derniers par leurs insectes parasitoïdes, lors de la succession de comportements préludant à la ponte.

▸▸ Méthodes d'étude du comportement des insectes

L'étude du comportement des insectes se fait principalement en conditions de laboratoire à l'exception des abeilles et autres apoïdes (chapitre 1), compte tenu de leur petite taille. En règle générale, leurs comportements résultent de réponses à des *stimuli* simples : olfactifs, gustatifs, visuels, vibratoires, tactiles, si bien qu'il est aisé de les leurrer, et d'analyser les éléments de la relation *stimulus*-réponse en conditions contrôlées.

C'est pour étudier le comportement d'orientation qu'ont été créés de nombreux dispositifs de laboratoire, appliqués à diverses espèces d'insectes. Le principe de ces dispositifs consiste à disposer les insectes dans un environnement où l'on introduit une source d'odeur. Si cette odeur présente un intérêt pour les insectes, leurs déplacements (vol, marche) seront modifiés. La réaction à l'odeur est mesurée par différents paramètres spatio-temporels (figure 2.2), ou par l'analyse fine de leurs trajectoires.

Le tunnel de vol permet l'observation du vol orienté vers une ou plusieurs sources odorantes ou visuelles ; créé pour l'analyse du vol des papillons mâles vers une source ponctuelle de phéromone sexuelle, il a ensuite été très utilisé pour l'étude du

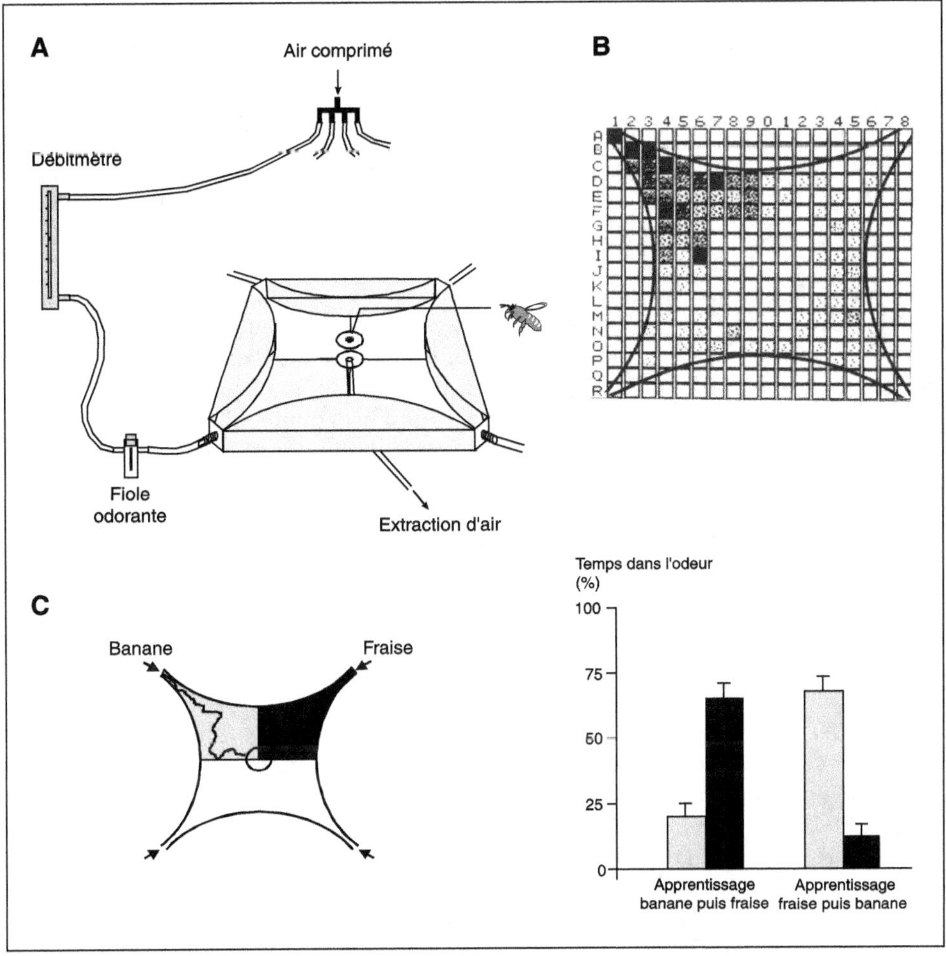

Figure 2.2. Utilisation de l'olfactomètre à 4 voies.

Des flux d'air égaux sont insufflés par les 4 coins d'une enceinte en forme d'étoile, et extraits par l'orifice central de celle-ci (A). Un ou plusieurs flux peuvent être odorisés (dessin de J.-C. Sandoz). L'insecte est introduit au centre et son exploration des 4 flux est quantifiée par différentes méthodes. L'analyse informatisée des positions successives de l'insecte permet une représentation de son comportement exploratoire (B) en densité de présence (Bakchine-Huber *et al.*, 1990), ou par le trajet réalisé (Bakchine-Huber *et al.*, 1992). La variable la plus utilisée est le temps de présence dans les flux odorants, permettant une mesure simple de préférences olfactives, comme l'illustre le comportement d'un insecte parasite de larves de drosophile, apprenant l'odeur du fruit associé à la présence de larves, et préférant l'odeur du fruit appris en dernier (C : De Jong et Kaiser, 1992).

repérage olfactif de l'insecte hôte par des insectes parasites. Des enceintes de volume réduit, parcourues par plusieurs flux d'air (olfactomètre) permettent d'observer le choix fait par l'insecte entre différentes sources d'odeurs. Les insectes s'y déplacent en marchant. Les modèles les plus utilisés sont l'olfactomètre en Y, permettant l'étude de préférence entre deux sources d'odeurs, et l'olfactomètre à quatre branches (Pettersson, 1970), enceinte en forme d'étoile à quatre branches (figure 2.2). L'air est insufflé par chaque coin et aspiré au centre, ce qui forme quatre flux d'air où l'insecte se déplace. La durée qu'il passe dans chacun des flux est utilisée pour évaluer ses préférences. Des logiciels de « trajectométrie » automatique permettent de suivre l'insecte et de calculer les caractéristiques de vitesse et de sinuosité de son déplacement. Tunnel de vol et olfactomètre sont des volumes fermés, ne permettant l'analyse que de petites distances. Pour pallier cette limite, une première solution consiste à fixer l'insecte (« *tethered insect* ») et à enregistrer différents paramètres comme les battements des ailes ; toutefois, en terme de comportement d'orientation, les paramètres accessibles donnent peu d'information. Une seconde solution a été apportée par le système de compensateur de locomotion, mis au point sur l'abeille par Kramer en 1976. L'insecte se déplace sur une boule dont le mouvement rotatif annule le déplacement de l'insecte, le maintenant dans le flux odorant et permettant l'observation d'un déplacement illimité (sauf par la lassitude de l'insecte ou de l'expérimentateur !) ; le mouvement rotatif est commandé par un ordinateur qui traduit les variations de position de l'animal en coordonnées spatiales.

L'étude des déplacements à plus grande échelle, comme la colonisation d'une culture, ou les migrations, fait appel à plusieurs techniques possibles, comme le piégeage (des pucerons : réseau Agraphide en France), l'utilisation de marqueurs moléculaires (*i.e.* colonisation de plantes en serre par des pucerons *in* Rochat *et al.*, 1999), le suivi par radar (Capaldi *et al.*, 2000), ou l'identification des pollens retrouvés sur le corps de l'insecte piégé, qui contribue à retracer l'itinéraire migratoire de papillons (Loublier *et al.*, 1994).

L'étude des comportements d'examen d'une ressource potentielle ou d'un site de ponte peut être facilitée par l'utilisation de leurres chimiques, déposés sur un substrat artificiel comme des billes de verre ou une feuille de papier. De tels dispositifs rendent de grands services à toutes les étapes de l'identification de molécules actives sur le comportement. Dans cette perspective, il est souvent nécessaire de coupler le plus directement possible l'analyse chimique à la détermination de l'activité biologique des extraits ou des substances elles-mêmes. L'un des dispositifs qui s'y prêtent le mieux est le couplage chromatographie-comportement, qui peut aussi intégrer des aspects liés à l'apprentissage des insectes testés (Pham-Delègue *et al.*, 1997).

Quel que soit le dispositif et la nature de l'objet convoité, le recours à l'éthogramme (enchaînement d'actes comportementaux, figure 2.3) apporte en général plus d'information que la comptabilité de l'acte final de consommation, de ponte, etc. En effet, il est possible de comparer des éthogrammes en utilisant notamment des statistiques calculant des probabilités de transition (chaînes de Markov *in* Haccou et Meelis, 1992), et de connaître ainsi quel niveau de la séquence comportementale est modifié par le facteur étudié. Des logiciels facilitent ces analyses. En outre, il faut rester extrêmement vigilant à l'égard des conditions expérimentales, car les insectes ont un comportement plastique que l'on a eu tendance à sous-évaluer dans la mesure où de nombreuses recherches ont porté sur les comportements stéréotypés liés à la perception des phéromones sexuelles. Ce n'est généralement pas le cas pour les comportements liés à la perception de substances allélochimiques, car l'expression de ces comportements dépend de nombreux facteurs internes (état de satiété, maturation ovarienne, etc.) et de l'histoire de l'individu (expérience, apprentissage, milieu de développement).

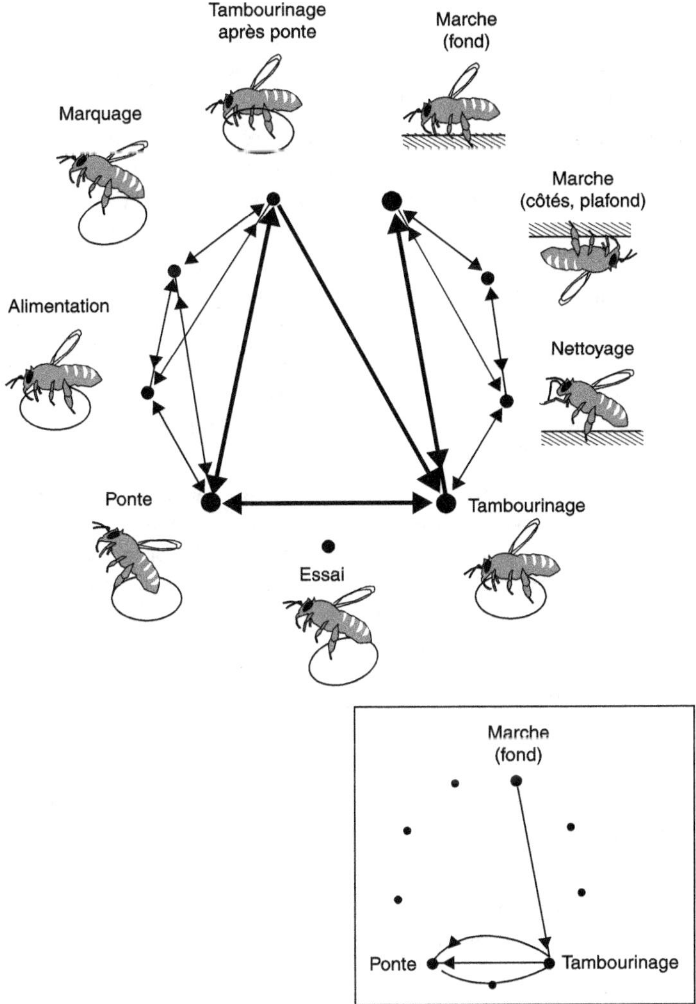

Figure 2.3. Séquence de ponte chez *Trichogramma brassicae* (d'après Kaiser *et al.*, 1989). La femelle dépose son œuf parasite à l'intérieur d'un œuf de Lépidoptère hôte. Les comportements et transitions toujours présents se distinguent par le diamètre des points et l'épaisseur des flèches. L'encadré illustre comment la séquence peut se réduire aux actes essentiels, selon l'espèce hôte et l'expérience de ponte de la femelle Trichogramme.

▶▶ Orientation olfactive et découverte du partenaire sexuel : applications à la protection des cultures

Parmi les systèmes de communication chimique les mieux connus, figurent ceux qui permettent le rapprochement des sexes chez les Lépidoptères nocturnes. Alors que les papillons de jour sont connus pour leurs couleurs et comportements de cour, voire même leurs rassemblements en essaims de mâles (*leks*), les papillons nocturnes ne peuvent utiliser les *stimuli* visuels pour favoriser la rencontre des sexes. Très généralement, les femelles de ces papillons nocturnes émettent des odeurs particulières qui permettent aux mâles de localiser les femelles prêtes à être fécondées. Ces phéromones de Lépidoptères présentent l'avantage d'être relativement spécifiques. Leur structure chimique permet des variations nombreuses et elles sont généralement émises sous forme d'un mélange simple, comprenant un petit nombre de composés actifs. Les mâles de Lépidoptères utilisent un système olfactif très spécialisé pour détecter spécifiquement et à de très faibles concentrations les phéromones émises par les femelles de leur propre espèce. Cette spécialisation de leurs capacités de détection s'accompagne d'une spécialisation de leur système nerveux central et leurs réponses comportementales sont très stéréotypées. De manière assez inattendue, les comportements d'orientation manifestés par les insectes qui « remontent » au vent pour retrouver la source d'émission d'une phéromone sexuelle sont actuellement activement étudiés en robotique pour mettre au point des détecteurs olfactifs « intelligents » (Kuwaba *et al.*, 1999).

Les mécanismes d'orientation sont bien élucidés (Cardé et Minks, 1996). Ainsi des études en tunnel de vol permettent d'analyser les trajectoires en réponses à des stimulations phéromonales variées. Le travail de Mafra-Neto et Cardé (1994) montre qu'un bref contact du papillon mâle avec une bouffée de phéromone suffit pour qu'il remonte le flux d'air, ce qui lui permet de retrouver une femelle lointaine, dont l'émission phéromonale est dispersée par les courants d'air. D'autres travaux, en particulier ceux de Murlis *et al.* (1992), ont démontré expérimentalement (en utilisant des molécules ionisées) qu'un détecteur remontant vers une source d'émission ponctuelle est stimulé par des bouffées d'odeur. Ces observations, validées ultérieurement par des enregistrements électrophysiologiques faits sur des insectes en plein air, sont la conséquence directe de l'écoulement turbulent de l'air en milieu naturel, qui conduit à fragmenter le nuage odorant en « filaments » plutôt qu'à créer un gradient de concentration autour de la source.

Ces travaux ont conduit à des applications agronomiques importantes telles que le piégeage sexuel et la confusion. De nombreux pièges sexuels ont été mis au point pour des espèces d'intérêt agronomique (Jones, 1998 ; Karg et Suckling, 1999) voire même pour surveiller l'aire d'expansion d'espèces protégées et rares. En milieu agronomique, de tels pièges à phéromone (constitués d'une capsule émettrice de phéromone associée à une surface enduite de glu qui capture les mâles attirés) servent à surveiller l'évolution des populations d'un ravageur donné afin de positionner les traitements phytosanitaires de la manière la plus efficace possible. Cette approche forme la base des avertissements agricoles, assurés pendant de nombreuses années en France par le service de la protection des végétaux, par région et par culture. De manière plus récente, certaines firmes phytosanitaires proposent d'associer de tels pièges phéromonaux (ou alimentaires) à l'utilisation d'un insecticide dispensé à proximité immédiate du piège (stratégie « *attract and kill* », Couteux et Lejeune, 2003 ; Karg et Suckling, 1999). Par ailleurs, la connaissance de la relation entre la nature physico-chimique du signal et la réponse de l'insecte a permis la maîtrise de la technique de confusion sexuelle. Ainsi, plusieurs dispositifs ont été mis au point pour diffuser de manière durable des phéromones sexuelles dans des parcelles de vignoble ou de vergers, de façon à empêcher l'accouplement de l'espèce dont on veut se protéger (Couteux et Lejeune, 2003 ; Witzgall *et al.*, 2002). La confusion sexuelle donne notamment d'excellents résultats sur plusieurs Lépidoptères de la vigne, comme l'eudémis ou la cochylis (Stockel *et al.*, 1997), et est en cours de développement pour d'autres systèmes culturaux (Frérot *et al.*, 1997 ; Karg et Suckling, 1999).

▸▸ Reconnaissance sensorielle de la plante : vers de nouvelles stratégies de protection des cultures

Les plantes produisent une extraordinaire variété de molécules, qui ne sont pas indispensables à leur développement et à leur reproduction, mais contribuent à les défendre contre des bioagresseurs comme les insectes herbivores (Hartmann, 1996). Ces composés secondaires qui sont utilisés dans la pharmacopée depuis des temps immémoriaux, représentent un défi constant pour les insectes phytophages. Ils sont considérés comme un des moteurs de la spéciation et de la co-évolution entre plantes et insectes (Ehrlich et Raven, 1964). Ces composés et les substances associées à leur métabolisme constituent une carte d'identité chimique de la plante, qui permet aux insectes de sélectionner les plantes auxquelles ils sont adaptés et d'éviter les autres (Bernays et Chapman, 1994 ; Bernays, 1995 ; Schoonhoven *et al.*, 1998). Ces propriétés ajoutent un niveau de complexité à l'analyse des interactions entre les plantes et les insectes. Contrairement aux pathogènes de plantes où la pathogénicité peut être décrite en termes de facteurs de résistance ou de sensibilité associés à des mécanismes biochimiques, l'incidence des insectes sur les plantes dépend de facteurs sensoriels associés à la production de ces métabolites mais non directement liés à l'expression d'une résistance effective chez la plante. Pour l'insecte, développer une sensibilité pour des molécules indiquant que la plante est favorable ou non à la ponte ou à l'alimentation, lui permet de maximiser l'efficacité de sa stratégie de recherche et de minimiser les risques. Dans le cas de la ponte, l'identification de composés volatils ou de contacts spécifiques de leur plante hôte permet aux femelles de sélectionner des plantes candidates et de diminuer le temps passé à examiner une plante. En ce qui concerne l'alimentation, la détection de composés potentiellement toxiques est cruciale pour la survie car elle permet d'inhiber la consommation et d'induire un comportement de recherche de plantes hôtes moins toxiques.

Comportement reproducteur

Chez les insectes herbivores, le stade adulte revêt une importance primordiale dans la dispersion et la colonisation d'un milieu. Cette situation est particulièrement marquée chez les Lépidoptères où les femelles adultes sont généralement spécialisées dans les fonctions de reproduction, et s'alimentent relativement peu sinon à partir de liquides comme des nectars. Contrairement aux larves qui s'alimentent sur la plante et ont des capacités de dispersion limitées, les adultes sont ailés et peuvent couvrir des distances considérables. Dans cette perspective, le choix d'une plante sur laquelle les femelles déposent leurs œufs est crucial pour la survie de leur progéniture.

L'analyse des séquences comportementales précédant le dépôt des œufs démontre que ces choix sont influencés par des odeurs émises par la plante, par des composés chimiques présents à la surface de la cuticule de la plante (Derridj, 1996), voire même par des composés présents dans les cellules épidermiques des feuilles. Chez les Lépidoptères ainsi que de nombreux diptères phytophages, des expériences en tunnel de vol ou des observations au champ ont démontré que les odeurs émises par les plantes jouent un rôle important dans l'orientation à distance. Une fois la plante atteinte, ces insectes engagent des comportements exploratoires (marche, antennations, tapotements voire même tambourinement avec leurs tarses) confinés à un organe ou concernant la plante entière. Ces comportements leur permettent d'accéder à des informations chimiques de nature volatile ou non, et d'analyser la surface des plantes. Les femelles de papillons de la famille des Nymphalidae utilisent même leur première paire de patte, pour tambouriner sur les feuilles. Ces pattes comportent des épines sclérotinisées qui lacèrent les cellules épidermiques et leur permettent de détecter des composés présents dans les cellules végétales, grâce à des récepteurs gustatifs associés (Renwick et Chew, 1994). Ces comportements visent également à repérer si la plante ou le fruit exploré est déjà exploité par d'autres herbivores. Les femelles de nombreux diptères sont équipées de récepteurs gustatifs capables de détecter des substances déposées par d'autres femelles de la même espèce à l'issue de la ponte (Roitberg et Prokopy, 1987). Ces composés sont qualifiés de phéromones « épidéictiques » car elles inhibent la ponte et dispersent les femelles (Thiéry et Le Quéré, 1991).

Dans le cas des comportements de ponte, les facteurs chimiques ont une incidence directe sur le comportement exploratoire des femelles. Ce comportement a été particulièrement étudié chez des papillons de jour comme les piérides (Chew et Renwick, 1995) et chez des diptères phytophages, comme la mouche de la carotte (Städler *et al.*, 2002). Si le substrat est favorable, c'est-à-dire si les comportements exploratoires conduisent à la ponte, les femelles tendent à explorer des plantes situées à proximité de la précédente. Dans le cas contraire, elles tendent à quitter la zone précédemment explorée. L'avantage adaptatif d'un tel comportement se comprend aisément si l'on admet que dans la nature, la distribution des plantes est de nature agrégative.

L'application de ces observations à des finalités agronomiques conduit à proposer de nouveaux systèmes de culture où des plantes d'espèces différentes seraient cultivées dans la même parcelle. Ces propositions sont en cours de validation sur plusieurs espèces d'insectes, comme la mouche de l'oignon pour laquelle une plantation mixte éloigne les femelles des parcelles ainsi constituées.

Comportement alimentaire

Le comportement alimentaire est également fortement dépendant de *stimuli* chimiques associés directement ou non, à la production de composés secondaires par les plantes. Contrairement au comportement de ponte qui est induit par des *stimuli* sensoriels provenant de la plante et modulé par l'état physiologique des femelles ainsi que par leur expérience, le comportement alimentaire comprend une boucle de rétroaction supplémentaire constituée par la valeur nutritionnelle des aliments ingérés ainsi que par leur toxicité. Les insectes, comme les vertébrés, sont capables de modifier leurs préférences alimentaires lorsque la ration est carencée en protéines ou en glucides ; ces modifications seraient induites par des changements de sensibilité des récepteurs sensoriels gustatifs (Simpson *et al.*, 1991). De même, certains insectes sont capables d'associer la présence de composés secondaires de plantes dans l'alimentation à des effets négatifs, comme par exemple une toxicité sublétale (Behmer *et al.*, 1999). Ainsi, parallèlement à une boucle de rétroaction primaire, qui passe par une stimulation de récepteurs gustatifs externes, dont on a bien montré qu'ils comportent des neurones sensibles à des substances stimulant la prise alimentaire ou l'inhibant (Schoonhoven et Van Loon, 2002), le rôle des *stimuli* chimiques est modulé par l'expérience et peut évoluer au cours du temps. Cette plasticité des effets comportementaux empêche l'utilisation de substances anti-appétantes de la même manière que des insecticides, car leur efficacité est plus fugace et temporaire. Faut-il pour autant considérer ces substances comme inutiles ? Peut-être pas, car elles ont un effet marqué sur la dispersion des insectes, ce qui veut dire qu'elles pourraient jouer un rôle important dans le cadre de stratégies *push-pull* visant à détourner les insectes d'une culture à protéger vers des plantes pièges, sacrifiées. Ainsi, les applications agronomiques proposées actuellement s'appuient sur cette analyse et les recherches effectuées visent d'une part à déterminer la nature des molécules utilisées par les insectes pour effectuer leurs choix et d'autre part à proposer des systèmes de culture à stratégie *push-pull*.

La communication chimique
dans les comportements de prédation et de parasitisme :
utilisation des insectes entomophages en lutte biologique

Les insectes entomophages comprennent les prédateurs et les parasites d'insectes. Ils jouent un rôle important dans la limitation des populations naturelles d'insectes et plusieurs espèces sont utilisées en lutte biologique. Chez les insectes parasites, c'est l'adulte qui sélectionne ses insectes hôtes pour y pondre. Ils sont appelés « parasitoïdes » car leur développement larvaire entraîne à terme la mort de l'insecte hôte. Ils appartiennent en majorité à l'ordre des Hyménoptères. Les interactions avec l'insecte hôte sont très spécifiques, prolongées et multiples : interactions physiologiques au cours du développement endoparasite, interactions comportementales lors de la recherche de l'hôte et de son infestation (Godfray, 1994 ; Jervis et Kidd, 1996). Les comportements mis en jeu dans la sélection de l'hôte par la femelle infestante déterminent le succès du parasitisme et ont fait l'objet de nombreuses études (Godfray, 1994 ; Vinson *et al.*, 1998). Les premières recherches des mécanismes impliqués dans la reconnaissance de l'insecte hôte par son parasitoïde ont vu le jour au sein du débat sur l'inné et l'acquis dans le comportement animal, source de recherches sur l'ontogenèse des comportements (Thorpe, 1956). Puis l'étude du processus de sélection de l'hôte connaît un essor à partir des années 1970, motivé par deux idées directrices. La première est de manipuler le comportement parasitaire des insectes entomophages pour améliorer leur efficacité en lutte biologique, en utilisant des composés allélochimiques (*i.e.* impliqués dans une communication interspécifique) issus de l'insecte hôte ou des plantes associées. La deuxième idée est de documenter des modèles d'« *Optimal Foraging* » (McArthur et Pianka, 1966) ou *approvisionnement optimal* en écologie évolutive. Ces modèles sont développés dans le cadre de la théorie de la sélection naturelle et postulent que cette dernière favorise les comportements qui maximisent la valeur sélective de l'individu, définie comme la probabilité de transmettre ses gènes à la génération suivante. Les parasitoïdes sont des organismes de choix pour ces études, dans la mesure où la diversité des interactions spécifiques entre parasitoïde et hôte existe dans un même groupe taxonomique, les Hyménoptères, et représente une mine de stratégies comportementales considérées adaptatives.

En regard de ces développements, le comportement entomophage des insectes prédateurs a fait l'objet de peu d'études, bien qu'ils soient autant utilisés en lutte biologique que les insectes parasitoïdes (Vincent et Coderre, 1992 ; Rabasse et Van Steenis, 1999). Le peu d'engouement pour le comportement prédateur tient sans doute à diverses raisons. D'abord, il apparaît à première vue moins diversifié, et souvent moins spécifique que le comportement de parasitisme. Ensuite, les observations sont difficilement praticables au niveau de la plante ou du champ, car le comportement de prédation ne laisse pas de trace au sein de la population hôte, au contraire du parasitisme. Enfin, la mise au point de l'utilisation d'insectes prédateurs en lutte biologique a longtemps utilisé la connaissance de la dynamique des interactions proies-prédateurs, qui constitue aussi un modèle de choix dans l'étude théorique de la dynamique des populations (Hassel, 1978). Malgré tout, l'étude du comportement chez les insectes prédateurs commence à se développer. Les comportements de prédation « intra-guilde » sont actuellement examinés, en écologie et dans la perspective d'utiliser des prédateurs généralistes ou des associations d'espèces entomophages en lutte biologique, tout en limitant l'impact des introductions sur l'entomofaune indigène (Müller et Brodeur, 2002 ; Symondson *et al.*, 2002). Par exemple au sein de la guilde des insectes entomophages, il arrive que des prédateurs comme les chrysopes, coccinelles, syrphes ou punaises consomment des pucerons ou des œufs d'insectes déjà parasités par des Hyménoptères. La prédation intra-guilde pourrait ainsi limiter l'efficacité ou l'implantation d'insectes entomophages en lutte biologique, ce qui motive les études comportementales actuelles. Enfin, notons que certains d'entre eux sont aussi spécifiques que des parasitoïdes et leur comportement de localisation et sélection de proies utilise les mêmes mécanismes que la sélection d'insectes hôtes. C'est le cas des phytoseïdes, acariens prédateurs d'acariens phytophages (Dicke et Van Loon, 2000) et de certaines coccinelles (Frechette *et al.*, 2004).

La suite du texte est consacrée au comportement de parasitisme. Chez la plupart des insectes parasitoïdes, les femelles enchaînent les séquences de recherche de l'habitat de l'hôte, recherche de l'hôte, et examen de ce dernier.

• *La recherche de l'habitat de l'hôte* se fait grâce à un comportement d'orientation guidé par des *stimuli* olfactifs et visuels. Ainsi, de nombreuses espèces parasitoïdes inféodées à des stades larvaires ou nymphaux répondent aux odeurs que la plante produit en réaction à l'attaque de l'insecte hôte (Tumlinson *et al.*, 1993). Des espèces oophages comme les trichogrammes, ou inféodées à de jeunes stades larvaires comme certains parasitoïdes de drosophiles, sont attirées par l'association entre l'odeur du végétal et les phéromones sexuelles ou agrégatives du stade adulte de l'espèce hôte.

Pendant cette phase de recherche de l'hôte, les réponses olfactives dépendent largement de l'expérience de la femelle parasitoïde (Turlings *et al.*, 1993). Celle-ci peut apprendre à reconnaître l'odeur du végétal où elle s'est développée, au moment de son émergence. Et tout au long de son activité parasitaire, elle mémorise l'odeur de l'environnement perçu au moment de la ponte, par apprentissage associatif (Lewis et Tumlinson, 1988), et recherche alors préférentiellement la plante associée à l'expérience de parasitisme la plus récente.

• *Le parasite recherche l'hôte dans son habitat*, par un comportement exploratoire déclenché souvent au contact de sécrétions de l'hôte (régurgitat, fèces, traces cuticulaires, phéromones de marquage), ou de vibrations dans le cas d'hôtes enfouis. Cette recherche met en jeu des réponses plus spécifiques et moins plastiques. Le comportement exploratoire est caractérisé par une trajectoire sinueuse accompagnée de tapotements antennaires sur le substrat, et certaines espèces sondent le substrat avec leur ovipositeur. Ces comportements assurent la reconnaissance spécifique de l'insecte hôte, et dans le cas de stades mobiles, la femelle pond dès qu'elle contacte le corps de l'hôte.

• Enfin, *le parasite examine l'hôte*, dans le cas de stades immobiles ou quand l'hôte est paralysé par le venin inséré lors de la piqûre de ponte. Pendant cet examen, la femelle parasitoïde perçoit des informations sur la qualité de l'hôte et peut ajuster son comportement de ponte. Les critères dont la perception est la mieux connue sont ceux qui indiquent le volume de l'hôte et le fait qu'il soit ou non déjà parasité. Le fait de reconnaître un hôte déjà parasité est appelé « discrimination » (Godfray, 1994) et met en jeu les capacités d'apprentissage de la femelle parasitoïde (Van Baaren *et al.*, 1997).

L'étude du comportement des insectes parasitoïdes appliquée à la lutte biologique, permet d'améliorer la sélection, la production et l'efficacité des parasitoïdes, et de préserver les espèces autochtones. Ces aspects sont présentés dans l'ouvrage de Van Lenteren (2003). Ainsi, des critères comportementaux peuvent être pris en compte dans la sélection de souches de parasitoïdes, comme cela a été fait pour la vitesse locomotrice chez les trichogrammes. Identifier les comportements de sélection et d'exploitation de l'hôte est crucial pour l'élevage en masse d'insectes parasitoïdes, souvent réalisé sur un hôte de substitution facile à produire, ou impliquant des périodes de stockage au froid. Ce point est bien illustré par le développement de la production de trichogrammes *in vitro*, où les hôtes naturels, des œufs de Lépidoptères, sont remplacés par des cupules de milieu gélosé. La forme et le volume de ces cupules ont été ajustés en fonction du comportement de ponte des trichogrammes car ces derniers adaptent leur nombre d'œufs pondus en fonction du volume de l'œuf hôte, qu'ils évaluent par la perception de son rayon de courbure (Schmidt et Smith, 1986). Par ailleurs, nous avons vu que l'aptitude à répondre aux odeurs caractéristiques de l'insecte ravageur ciblé et de sa plante dépend très largement d'apprentissages réalisés au contact de l'insecte hôte et de son milieu de développement. Quand le parasitoïde est multiplié sur un hôte de substitution, son aptitude à reconnaître son hôte naturel s'en trouve réduite mais peut être restituée par une expérience de ponte sur l'hôte naturel et sa plante. Cette aptitude peut aussi être très amoindrie par le stockage au froid des parasitoïdes au stade nymphal, méthode qui est pourtant couramment utilisée pour étendre la période de disponibilité des parasitoïdes. Comme précédemment, l'aptitude peut être restituée par une expérience de ponte...

L'utilisation des insectes parasitoïdes en agriculture se heurte souvent à une grande variabilité de l'efficacité parasitaire. De nombreuses études ont été développées afin d'augmenter l'efficacité parasitaire en familiarisant les insectes produits avec l'insecte hôte ciblé, et ont aussi permis de préciser les conditions du succès de cette méthode (Van Lenteren, 2003 ; Prokopy et Lewis, 1993). La connaissance du comportement de repérage de l'hôte permet aussi de jouer au niveau de la plante. Il est possible de les rendre plus attractives, en les pulvérisant d'extraits de plantes naturellement attractives, ou par l'amélioration génétique ou la transgénèse qui pourrait permettre d'obtenir des plantes produisant plus de substances synthétisées suite à l'attaque de l'insecte ravageur, et attractives pour les parasitoïdes (Van Poecke *et al.*, 2001). La sélection de variétés cultivées a déjà été réalisée dans le but de favoriser l'action d'insectes parasitoïdes. En effet, sur le feuillage pileux des variétés traditionnelles de concombre, le micro-Hyménoptère *Encarsia formosa* ne peut se déplacer et parasiter l'aleurode des serres. La création d'une variété de concombre à feuillage glabre a permis d'utiliser *E. formosa* pour la protection biologique du concombre sous serre (Van Lenteren et Van Roermund, 1999). La connaissance et les méthodes d'étude des comportements de sélection de l'hôte commencent aussi à être mises en œuvre afin d'identifier les effets non intentionnels des insecticides ou de plantes transgéniques sur des insectes parasitoïdes (Couty *et al.*, 2002 ; Desneux *et al.*, 2004 ; Elzen, 1989 ; Schüler *et al.*, 1999), dans la perspective de participer à la mise au point des méthodes de protection intégrée des cultures. Enfin, l'étude du comportement parasitaire est aussi un des maillons permettant de prédire des effets indirects de la lutte biologique dans un écosystème, tels que l'issue de la compétition entre l'auxiliaire lâché et les espèces endémiques, ou encore l'infestation d'insectes non cibles (Hopper, 2001 ; Strong et Pemberton, 2001). Les études concernant les comportements de recherche de nourriture par le stade adulte des insectes parasitoïdes sont également importantes pour la lutte biologique car elles permettent d'estimer leurs besoins nutritifs et d'adapter les ressources en glucides au niveau de la culture à protéger (Jervis *et al.*, 1996). Ces approches ont été récemment appliquées à l'évaluation de risques d'exposition aux toxines produites par les plantes transgéniques ou aux insecticides systémiques, car ces deux types de molécules peuvent se retrouver dans les nectars et miellats, consommés par les Hyménoptères parasitoïdes adultes (Couty *et al.*, 2002 ; Kaiser *et al.*, 2001).

Les études du comportement des parasitoïdes menées dans le contexte des théories de l'*Optimal Foraging* sont maintenant très développées. Ce sont les modèles établis chez les oiseaux par Lack, prédisant la valeur sélective en fonction de la taille des couvées, qui ont d'abord été appliqués aux Hyménoptères parasites, par Lack lui-même et Charnov (pour revue : Wajnberg, 1994), et par Waage (1979), utilisant le temps alloué à un agrégat d'hôtes (*patch time*) comme variable indicatrice du nombre d'hôtes parasités. Les Hyménoptères parasitoïdes constituent une manne pour développer les théories de l'*Optimal Foraging*, car ils offrent une infinie diversité d'associations hôtes-parasites, propice à l'étude de l'évolution des comportements (Godfray et Shimada, 1999). De plus, le grégarisme fréquent et la parthénogenèse facultative entraînent une variabilité du nombre et du sexe des descendants, ce qui permet de rechercher des situations et des mécanismes d'ajustement de l'exploitation d'une ressource. Actuellement, tous les paramètres de l'exploitation des ressources en hôtes (temps de résidence sur un site, superparasitisme, *sex-ratio*) sont examinés sous l'angle de l'optimalité (Godfray, 1994). Les modèles développés permettent de prédire les valeurs optimales des différents actes comportementaux en fonction de la ressource en hôte et de la capacité reproductive du parasitoïde. De tels modèles sont maintenant considérés en lutte biologique (Hawkins et Cornell, 1999), pour déterminer par exemple des souches de parasitoïdes plus optimales que d'autres, des conditions d'élevage en masse, de lâcher (adéquation du nombre de parasitoïdes lâchés en fonction de la densité et de la distribution de la population hôte), et aussi pour estimer les effets d'insecticides en terme de déviation des valeurs comportementales par rapport à la valeur optimale théorique (Komeza *et al.*, 2001). Par ailleurs, le travail de Schofield *et al.* (2002) montre que les théories de l'*Optimal Foraging* ne sont pas le seul fondement de la modélisation des stratégies de recherche de l'hôte. En effet, leur modèle repose sur l'ensemble des connaissances des mécanismes du repérage olfactif de l'hôte et met en évidence des composantes clés dans l'évolution spatio-temporelle des populations de l'hôte et du parasitoïde. La modélisation du comportement parasitaire, intégrant un ensemble important de connaissances des interactions hôte-parasitoïde acquises au cours des trois dernières décennies, représente maintenant un outil intéressant de nombreuses questions posées par la lutte biologique, évoquées dans ce chapitre.

▶▶ Conclusion

Tenir compte du comportement des insectes ravageurs et de celui des insectes entomophages naturels semble non seulement important mais nécessaire. Concernant l'alimentation humaine, les consommateurs expriment de plus en plus fortement des exigences en terme de sécurité alimentaire et d'innocuité des méthodes de protection vis-à-vis de l'environnement. Les insectes sont des organismes évolués qui interagissent avec leur environnement et avec les plantes, de manière très spécifique et plastique. L'étude de leur comportement et la connaissance des *stimuli* utilisés par ceux-ci permettent, nous l'avons vu, de mettre au point des méthodes de lutte très ciblées et sans danger pour l'environnement. Cette approche représente cependant un investissement sociétal non négligeable, indispensable pour poursuivre des recherches éthologiques de base et développer des techniques agronomiques adaptées.

Partie 2

Élevage et environnement : les animaux de ferme

Chapitre 3

Domestication des espèces animales

Jean-Michel FAURE et Pierre LE NEINDRE

Le passage de l'état de chasseur-cueilleur à celui d'éleveur-agriculteur a donné à l'homme la capacité de contrôler et d'augmenter les ressources alimentaires qui ont été pendant bien longtemps le facteur limitant l'accroissement des populations humaines. Ce changement n'a pu se faire que par la maîtrise des végétaux et des animaux. Une définition donnée sur un site de la FAO porte cette idée : « La domestication est le processus par lequel l'évolution a été influencée par l'être humain pour répondre à ses besoins ». Néanmoins, cette définition ne donne pas d'indication sur les mécanismes mis en œuvre mais plutôt sur les finalités. Nous pouvons donc définir la domestication comme le processus qui permet aux animaux de croître et de se multiplier dans un environnement imposé par l'homme. Les raisons qui peuvent justifier cet investissement de l'homme sont nombreuses. Certains considèrent que les animaux ont été à l'origine maîtrisés par l'homme pour des raisons cultuelles et symboliques, d'autres plus pragmatiques voient dans la maîtrise des animaux l'assurance pour les hommes de ressources mobilisables : viande, lait, œufs, cuir, travail. Ce souci de l'homme pour les animaux n'est d'ailleurs pas sans intérêt pour eux. L'homme leur assure en particulier de la nourriture, et la mortalité qui peut être importante en milieu non contrôlé essentiellement pour des raisons de malnutrition, est réduite en élevage. De plus, l'homme protège les animaux des attaques des prédateurs et désormais des agents pathogènes. Enfin, d'un point de vue écologique, l'homme a permis aux animaux qu'il protège, de proliférer de façon extrêmement importante. Les caractéristiques qui permettent cette adaptation aux contraintes imposées par l'homme sont sûrement nombreuses et impliquent fortement les comportements.

Il faut distinguer la *domestication*, qui porte sur certaines caractéristiques génétiques d'une population, de l'*apprivoisement*, qui est le processus ontogénétique qui permet à l'animal d'accepter la présence de l'homme. Si la domestication est le processus qui conduit à la sélection d'une population d'individus ayant une aptitude à accepter les contraintes imposées par l'homme, elle est d'autant plus facile que les animaux possèdent des caractéristiques naturelles facilitant cette domestication. Parmi celles-ci, les plus importantes sont la capacité à accepter la présence de l'homme et la flexibilité des comportements de relation tels que la tolérance sociale, le choix des partenaires sexuels, le lien parental… Ces caractéristiques sont détaillées au chapitre suivant. Ceci ne signifie pas pour autant que l'environnement n'a plus aucune influence sur les réactions de l'animal envers l'homme. Ainsi, Scott et Fuller (1965) ont montré que des chiens qui n'ont aucun contact avec l'homme pendant les premières phases de leur vie s'apprivoisent difficilement par la suite. Ces animaux sont pourtant issus d'une population d'animaux vivant sous le contrôle de l'homme depuis de nombreux millénaires. De la même façon, des bovins qui sont également sous la dépendance de l'homme depuis plus de 8 000 ans, refusent activement le contact de l'homme s'ils n'ont pas de contacts avec lui dans leur jeune âge (Boivin *et al.*, 1994). Enfin, cette sélection n'est en général pas irréversible. Des populations d'animaux issus de domestiques peuvent reprendre en quelques générations un comportement semblable à celui des espèces sauvages lorsqu'elles n'ont plus été sous la dépendance de l'homme. On parle alors d'animal féral ou « marron ».

▶▶ Choix des espèces

Les espèces sauvages qui ont été domestiquées avaient des caractéristiques physiologiques et comportementales favorisant cette évolution (Hale, 1975). Dans le tableau 3.1 de multiples caractéristiques sont présentées comme ayant un rôle. Il

Tableau 3.1. Caractéristiques comportementales qui favorisent ou non la domestication d'une espèce sauvage (d'après Hale, 1975).

Caractères favorables	Caractères défavorables
1. Structure sociale	
a. Important effectif des groupes	a. Structure familiale
b. Structure hiérarchique avec un *leadership*	b. Existence de territoire
c. Association des mâles avec des groupes de femelles	c. Mâles vivant dans des groupes séparés des femelles
2. Comportement sexuel	
a. Accouplements opportunistes	a. Accouplements par pairs
b. Les mâles dominent les femelles	b. Les mâles doivent établir leur dominance ou l'apaiser
c. Signaux sexuels sous forme de mouvements ou de postures	c. Signaux sexuels sous formes de couleurs ou de changements morphologiques
3. Interactions parent-jeune	
a. Période sensible d'attachement	a. Attachements spécifiques à l'espèce
b. Faible sélectivité des femelles	b. Importante sélectivité des femelles
c. Précocité des jeunes	c. Jeune tardif
4. Réponse à l'homme	
a. Faible distance de fuite	a. Importante distance de fuite
b. Faible réaction à l'homme et aux événements nouveaux	b. Forte perturbation due à l'homme et aux événements nouveaux
5. Autres caractéristiques	
a. Omnivore	a. Régime alimentaire spécialisé
b. Adapté à des environnements variés	b. Adapté à un habitat spécifique

est ainsi préférable que les animaux vivent en groupe important et qu'ils aient des relations hiérarchiques et de *leadership* simples. À l'opposé, les animaux qui ont, au moins pendant une partie de leur cycle vital, des territoires exclusifs qu'ils défendent contre toute intrusion, auront une probabilité plus faible d'être domestiqués. À titre d'exemple, l'examen de deux espèces de cervidés de nos régions permet d'appréhender ce contraste : le cerf élaphe et le chevreuil. Le cerf vit en harde de taille parfois importante. Il évolue dans des espaces vitaux sans avoir pour autant un territoire à défendre et la structure sociale est hiérarchique, simple et rapidement établie. En revanche, concernant le chevreuil, les femelles vivent isolées ou avec leurs jeunes durant une grande partie de leur temps ; les mâles sont territoriaux et refusent tout compétiteur sur leur territoire. Au cours des dernières années, des cerfs élaphes et des chevreuils ont été mis dans des enclos afin d'être élevés et éventuellement d'être utilisés pour leurs productions. Après plusieurs années, l'élevage du chevreuil dans un objectif de production a été abandonné car les résultats techniques étaient défavorables : les animaux étaient extrêmement sensibles à tout changement dans leur environnement et un grand nombre d'entre eux se sont tués contre les grillages. De plus, pendant la saison de reproduction qui est extrêmement courte (les femelles n'ayant qu'une ovulation par an), les mâles devenaient très agressifs et attaquaient l'homme, surtout s'ils avaient été apprivoisés dans leur jeune âge. En revanche, l'élevage du cerf élaphe, comme d'ailleurs celui du daim, est désormais largement pratiqué.

Le processus de domestication a réussi pour un grand nombre d'espèces de différents ordres de mammifères et d'oiseaux mais également pour des poissons (la carpe, par exemple) ou des insectes comme l'abeille. On pense bien sûr aux herbivores et en particulier aux bovins (taurins et zébus), mais il existe également d'autres espèces de bovidés qui ont été domestiquées tels les bovins de Bali issus probablement du banteng sauvage. Parmi les espèces carnivores, le chien et le chat mais également le furet sont élevés par l'homme depuis plusieurs siècles, sinon des millénaires. La liste des espèces domestiquées est donc relativement longue (une dizaine d'espèces d'oiseaux et une vingtaine d'espèces de mammifères) mais n'inclut en fait qu'une très faible proportion des espèces existantes puisqu'il existe de nos jours environ 10 000 espèces d'oiseaux et 3 000 espèces de mammifères. Il est probable que dans le passé de nombreux essais ont été tentés sur d'autres espèces, mais il reste peu de traces de ces tentatives. Ainsi, il a été dit que les Égyptiens ont tenté de domestiquer différentes espèces d'antilopes mais ces essais ont été infructueux. De la même façon, des élans du Cap élevés pour leur production laitière ont survécu pendant de nombreuses années dans l'ex-Union soviétique. La genette qui a été remplacée au Moyen Âge par le chat, a vécu pendant très longtemps au contact de l'homme, et nous ne savons pas dans quelle mesure elle était domestiquée. Des occasions ont peut-être été également manquées : on peut ainsi penser au dronte de l'Île Maurice qui aurait peut-être été une espèce candidate mais qui a disparu.

Ce processus de domestication est toujours actif, des populations de nombreuses espèces de poissons mais également d'arthropodes (crevettes, langoustes) sont élevées pour leurs productions et il est probable que les populations qui seront ainsi élevées, auront des caractéristiques propres liées en partie à leurs adaptations aux milieux imposés. Des exemples récents de domestication ont été décrits. Ainsi, Belyaev (1979) et Belyaev *et al.* (1981) décrivent la façon dont une population de renards argentés a été sélectionnée en captivité. Ils observent que très rapidement l'agressivité naturelle des renards s'est atténuée. Ils ont obtenu en peu de générations des animaux qui, dans les conditions de leur élevage, n'étaient plus effrayés par l'homme et qui, à la limite, recherchaient son contact. Ces animaux différaient des populations d'origine par beaucoup d'autres caractères que la simple réaction à l'homme, en particulier par leur robe, leur morphologie (oreilles et queue tombantes) et leur cycle de reproduction. Les femelles dans la population d'origine ovulent une seule fois par an alors que dans la population « domestiquée », elles ovulaient plusieurs fois par an.

▶▶ Processus de domestication

Sélection directe

Le changement de milieu qui accompagne le passage de l'état libre à l'état captif et/ou apprivoisé, entraîne deux phénomènes simultanés qui peuvent expliquer une partie des évolutions constatées :
– une partie au moins des contraintes imposées à l'animal en conditions naturelles (prédation, problèmes de recherche de nourriture ou de partenaire sexuel) est prise en charge par l'homme. Nous parlerons dans ce cas de sélection « passive » pour exprimer la suppression ou levée de la pression de la sélection « naturelle » ;
– de façon concomitante, les animaux sont soumis à des contraintes environnementales nouvelles (forte densité, présence de l'homme, perturbations du groupe social…). Bien que les processus sélectifs soient probablement identiques dans les deux situations, nous parlerons dans ce cas de sélection « active » ou « artificielle » car les contraintes sont ici imposées par l'homme.

Ces modifications des sélections se traduisent classiquement sous forme d'interaction génétique-environnement et par le fait que les animaux ont généralement de meilleures performances quand ils sont testés dans leur milieu habituel. C'est par exemple le cas chez le faisan quand on compare le nombre d'œufs pondus par des animaux de différentes lignées sélectionnés soit en volière, soit en cage-batterie, soit en alternance dans les deux milieux, et testés dans les deux milieux (Faure *et al.*, 1992). On observe la même interaction chez des poules sélectionnées en cages individuelles ou en cages collectives et testées dans les deux milieux (Hester *et al.*, 1996).

Chez plusieurs espèces de poissons, les souches « domestiques » sont moins agressives que les souches sauvages (Price, 1999). De même, chez des rats sauvages récemment capturés, les femelles qui sont parvenues à se reproduire en captivité, ont des comportements plus proches de ceux des rattes domestiques que celles qui ne se reproduisent pas en captivité (Sloan, 1973 d'après Price, 1999). Chez un rongeur africain (*Cricetomys gambianus*), Ajayi *et al.* (1978) ont montré qu'après 5 générations d'élevage en captivité, les réactions de peur, l'agressivité intraspécifique et les problèmes de cannibalisme au dépend des nouveau-nés avaient presque complètement disparu. Dans tous les cas de mise en élevage d'animaux « sauvages », les taux de reproduction augmentent très rapidement au cours des premières générations de captivité. Chez la caille, sans qu'aucune sélection artificielle ne soit appliquée, Kawahara (1972 ; 1977) observe que les animaux issus d'une souche sauvage et maintenus en captivité montrent, après très peu de générations, une augmentation de la proportion de femelles reproductrices et une diminution de l'âge à la maturité sexuelle. De même, le nombre de jeunes par portée est en moyenne de 3,01 chez des loutres présentant le phénotype domestique (faible peur de l'homme) alors qu'il n'est que de 0,72 chez celles qui présentent le phénotype « sauvage » (forte peur de l'homme) (Trapezov et Trapezova, 2000). Néanmoins, les valeurs d'héritabilité des caractères « *fitness* » sont beaucoup trop faibles pour expliquer la rapidité de ces évolutions. Les caractères de sensibilité au stress, qui ont un effet inhibiteur sur la reproduction (Kawahara, 1977), sont par contre beaucoup plus héritables (Faure *et al.*, 2003). C'est donc sans doute la réduction de la sensibilité au stress qui permet l'évolution rapide des performances de reproduction observée.

En plus de ces modifications qui résultent simplement du changement de milieu subi par les animaux au début du processus de domestication, l'homme a sans doute dès le début choisi les animaux en fonction de leur facilité d'utilisation et il a éliminé ceux qui lui paraissaient les moins « utilisables ». Les caractères sur lesquels les différents types de sélection ont porté peuvent être déduits de la comparaison des formes domestiques et sauvages quand ces dernières subsistent. Les différences les plus souvent observées sont la réduction de l'agressivité et l'augmentation de la tolérance sociale (poulet : Rose *et al.*, 1984 ; canard : Desforges et Wood-Gush, 1975a et b), une tendance à la polygamie chez les espèces initialement monogames (Desforges et Wood-Gush, 1976), et une réduction de la peur et/ou de la sensibilité au stress (dindon : Leopold, 1944 ; putois/furet : Poole, 1972 ; rat : Price et Huck, 1976 ; caille : Kawahara, 1977 ; renard : Naumenko et Belyaev, 1980). Les mêmes types de différences s'observent dans le cas de populations élevées depuis quelques générations en captivité et pour des populations domestiquées depuis plusieurs milliers de générations même si l'amplitude des différences est bien supérieure dans le dernier cas. Ceci montre bien que la sélection passive et la sélection active vont dans le même sens et tendent à exagérer les caractères favorables à la domestication que possèdent les espèces ayant entamé ce processus.

La sélection passive n'est cependant efficace que si les animaux sont en captivité depuis peu de temps. Ainsi, au cours des 3 premières générations de captivité, 50, 69 et 77 % des cailles pondent dans l'expérience de Kawahara (1972). Après 10 généra-tions de captivité, le taux de ponte (nombre d'œufs/100 femelles/jour) est passé à 83 % chez les cailles d'origine sauvage en conditions calmes, comparé à 90 % pour les cailles domestiques (Kawahara, 1977). Chez ces mêmes cailles, Kawahara (1980) a estimé par régression et extrapolation, le temps nécessaire pour obtenir une souche domestique. L'estimation obtenue varie de 12 à 64 générations en fonc-tion des caractères pris en compte. Cependant, même après plusieurs milliers de générations, une amélioration des caractères d'adaptabilité est encore possible dans toutes nos espèces domestiques (Lankin, 1997 ; Faure *et al.*, 2003). Ce désaccord entre une estimation faite à partir de quelques générations et la réalité observée sur plusieurs milliers de générations montre bien que les mécanismes mis en jeu pendant les premières générations d'animaux captifs sont en fait fondamentalement différents de ceux mobilisés ultérieurement. Ceci justifie, s'il en était besoin, pour la sélection active pratiquée depuis le début de la domestication et au-delà, l'utilisation des méthodes modernes de sélection.

Les caractères sélectionnés, quel que soit le type de sélection, semblent s'articuler autour de deux grands axes : la peur et la sensibilité au stress d'une part, et la flexibilité des comportements de relation d'autre part. Les réactions de peur sont toujours plus faibles chez les espèces domestiques que chez leur ancêtre sauvage ou leurs descendants marrons. La peur, de l'homme en particulier, mais aussi de différents types de *stimuli* pose des problèmes en captivité (Mills et Faure, 1990) et a, de toute façon, perdu l'essentiel de sa valeur adaptative puisque l'animal domestique est en général bien protégé contre les prédateurs. De même, des réactions excessives de stress entraînent des perturbations du système immunitaire (Siegel, 1978) et des baisses de production. Concernant la flexibilité des comportements de relation, elle apparaît dans toutes les expressions de ces comportements. La plupart des oiseaux domestiques peuvent parfaitement être élevés en l'absence totale de la mère, de même les bovins laitiers se caractérisent par un lien mère-jeune assez souple qui permet entre autres à la vache de donner son lait même en l'absence du veau. Les ancêtres de la plupart des espèces domestiques étaient polygames avec une structure de type harem. Les rares espèces monogames ont été rendues polygames par sélection comme le montrent Desforges et Wood-Gush (1976) chez le canard ou Batty (1979) chez l'oie. De même, des espèces territoriales comme la poule aussi bien chez les animaux sauvages (Collias et Collias, 1967) que chez les animaux marrons (Mc Bride *et al.*, 1969) sont devenues des espèces sociales présentant une hiérarchie (Schjelderup-Ebbe, 1922). Cette flexibilité des comportements de relation se traduit aussi par une diminution de l'agressivité, une plus forte tolérance de la proximité des congénères et, semble-t-il, plus généralement par une relative indifférence à l'environnement social (Le Neindre, 1989a et b ; Belyaev *et al.*, 1985 ; Faure et Mills, 1998).

L'ensemble de ces caractères, qu'il s'agisse de la peur et de la sensibilité au stress ou de la flexibilité des comportements de relation peuvent être regroupés sous le terme de « *reduced responsiveness to changes in their biological and physical environment* » (réactivité réduite à des changements de leur environnement biologique ou physique : Price, 1984). Cette formulation présente l'avantage de souligner que la sélection n'entraîne pas de variation qualitative telles que l'apparition de comportements nouveaux ou la disparition de comportements. La sélection entraîne seulement des variations des seuils de déclenchement de l'expression de ces comportements (Price, 1999). Une bonne illustration de la généralité du phénomène est fournie par le travail de Lankin (1999) montrant que les moutons peu effrayés par l'homme sont aussi peu stressés par la séparation d'avec leurs congénères, par le transport ou encore par la compétition pour l'aliment.

Autres types de sélection

Trois phénomènes autres que la sélection directe des caractères peuvent expliquer les évolutions observées au cours de la domestication : il s'agit des réponses corrélées à la sélection, du phénomène de dérive génétique et celui de consanguinité.

Des caractères corrélés aux caractères sélectionnés peuvent évoluer au cours de la sélection sans être pris en compte directement dans les critères de sélection. Un autre mécanisme possible est proposé par Belyaev (1979) sous le nom de sélection déstabilisante (« *destabilizing selection* »). L'hypothèse proposée est que les modifications de l'équilibre endocrinien qui sont une conséquence directe de la sélection pour la domestication, permettent l'expression de gènes dormants. Ces gènes dormants pourraient être à la fois responsables du désaisonnement de la reproduction et de l'apparition de caractéristiques morphologiques absentes chez les animaux sauvages (port de la queue, robe pie, oreilles tombantes), que l'on retrouve dans la plupart des espèces domestiques sans que ces caractères n'aient été nécessairement sélectionnés.

La dérive génétique résulte de la perte de variabilité génétique due au passage d'une population par une période où l'effectif reproducteur est très réduit. Un cas extrême est représenté par les hamsters domestiques supposés tous descendre d'une seule femelle pleine et de ses 12 petits (Hediger, 1968 d'après Price, 1984). Il est évident que l'échantillon fondateur ne peut pas représenter l'ensemble des gènes de la population d'origine et que la population domestique va donc se différencier de la population sauvage par un simple phénomène aléatoire.

Quant à la consanguinité, elle est aussi une conséquence d'une perte de variabilité génétique entraînant l'expression de gènes défavorables masqués dans les générations antérieures par des gènes dominants ou épistatiques qui ont été perdus. En pratique, la consanguinité se traduit surtout par une diminution des caractères « *fitness* » (nombres de descendants, capacité de survie) et aussi par une diminution de la production (quantité de lait, vitesse de croissance) (Falconer, 1980). La consanguinité pourrait sans doute au moins en partie expliquer la diminution de taille observée chez les ongulés lors des premiers stades de la domestication (Helmer, 1992).

Certains des caractères non sélectionnés qui sont apparus au cours de la domestication n'ont pu le faire que parce que les animaux n'étaient plus soumis à la sélection naturelle. Les animaux porteurs de robes ou de plumages pie sont par exemple régulièrement observés dans la nature mais à une fréquence très faible en raison sans doute de leur élimination préférentielle par les prédateurs. On peut de même penser que le désaisonnement de la reproduction est naturellement éliminé chez les animaux sauvages du fait de son inadaptation. L'évolution vers le type domestique bien qu'importante n'est cependant pas irréversible. Hormis quelques cas particuliers tels que les moutons à grosse queue qui ne peuvent pas s'accoupler sans l'aide du berger ou les bovins blancs-bleus belges à forte croissance musculaire qui ne peuvent pas mettre bas par voies naturelles, presque toutes les espèces domestiques ont donné des populations d'animaux marrons et souvent dans des milieux bien différents, à partir de populations différentes et à diverses périodes. Il ne semble donc pas judicieux de considérer la domestication comme résultant d'un processus de dégénérescence des animaux.

L'évolution des animaux domestiques n'a jamais permis d'obtenir des espèces nouvelles et l'interfécondité avec l'ancêtre sauvage est conservée chez toutes les races domestiques à quelques problèmes de taille près (chiens par exemple). Il serait donc souhaitable de remplacer *Canis familiaris* par *Canis lupus familiaris*, *Gallus domesticus* par *Gallus gallus domesticus* et *Cavia porcellus* par *Cavia aperea porcellus* pour désigner respectivement les chiens, les poules ou les cobayes domestiques.

Enfin, ce processus de domestication doit être perçu comme étant dynamique. Il est probable que dans les premiers stades de la coexistence entre l'homme et l'animal, l'apprivoisement était le facteur essentiel de l'acceptation de l'homme par l'animal. Par la suite, les animaux les plus facilement apprivoisables ont pu se reproduire, et l'homme a pu devenir plus exigeant en passant moins de temps avec les animaux pour les apprivoiser. Il a pu également avoir un impact actif sur d'autres caractères. Par exemple, les relations mère-jeune chez les bovins se caractérisent entre autres par une défense du jeune contre les agresseurs éventuels et par le fait que la femelle ne donne son lait qu'à son ou ses jeunes. Les premières étapes de la domestication ont probablement été de faire en sorte que l'homme ne soit pas agressé. Par la suite, l'homme a, par des subterfuges divers, obtenu du lait. Parmi ces subterfuges, deux ont été décrits : le réflexe d'éjection du lait peut être provoqué en soufflant de l'air dans le vagin des vaches ; il est également possible de traire une partie du lait pendant que le jeune tète sa mère. Par la suite, il est probable que seules les vaches qui acceptaient de donner leur lait en l'absence de leur veau ont été retenues ce qui a conduit aux races laitières modernes. En fait, il est possible de retrouver des populations de bovins qui ont ces différentes caractéristiques dans le monde. Les Indiens obtiennent du lait de leurs vaches en insufflant de l'air dans le vagin. La traite avec le jeune est pratiquée dans le monde entier chez des vaches, des yacks, des juments… En France, elle se pratique encore dans quelques fermes du Massif central qui élèvent des vaches de races Salers ou Aubrac pour la production de lait. Il existe donc une variabilité importante entre les populations domestiquées. Il existe également une variabilité à l'intérieur des populations. Ainsi, il a été démontré que la réaction à la présence de l'homme est un caractère héritable chez les bovins (Le Neindre *et al.*, 1995) mais également dans d'autres espèces.

▸▸ Sélection moderne pour l'adaptation

Au cours des cinquante dernières années, l'intensification de l'élevage et le coût de la main-d'œuvre ont simultanément réduit la quantité des contacts homme/animal et limité l'application des outils de la génétique quantitative aux problèmes d'adaptation. Ainsi, les oiseaux ont tous été sélectionnés en cages individuelles alors que toute la production avicole se fait en groupes de taille variable (de quelques individus à quelques dizaines de milliers d'individus). Le débat sur les outils génétiques ou ontogénétiques à utiliser pour améliorer l'adaptabilité des animaux aux conditions d'élevage (Faure, 1980) dépasse le cadre de ce chapitre. Il faut cependant remarquer que, au moins pour les petites espèces, le retour à une situation où l'éleveur a des tailles de bandes telles qu'il peut consacrer plus de quelques secondes par jour à chacun de ses animaux, est tellement improbable que seule la sélection semble pouvoir résoudre les problèmes d'adaptation.

Dans une synthèse récente, Faure *et al.* (2003) recensent 24 expériences de sélection conduites chez les oiseaux domestiques. Parmi celles-ci, cinq concernent des comportements de peur, trois des réponses à différents stresseurs et neuf des comportements de relation. Dans tous les cas, la variabilité génétique a été suffisante pour permettre d'obtenir rapidement des souches différentes. Le facteur limitant l'application de ces mesures à la sélection de souches commerciales est sans doute le coût de la mesure (Faure, 1981) et la diminution de la pression de sélection sur d'autres caractères de production. Les mesures indirectes de l'adaptabilité des animaux semblent être prometteuses (Muir, 2003) mais ne peuvent être appliquées que si l'inadaptation est telle qu'elle entraîne des baisses importantes de productivité. C'est le cas actuellement pour le cannibalisme chez la poule. Muir a ainsi montré que la sélection de poules pondeuses sur des performances de groupes et non pas sur celles des individus élevés seuls permet en peu de générations d'obtenir des poules qui ont une production aussi élevée que celle de poules sélectionnées en cage individuelle. Cependant, la méthode ne semble pas généralisable à l'ensemble des caractères d'adaptabilité.

Plus récemment les méthodes de la biologie moléculaire ont été appliquées à la recherche d'une base génétique de l'adaptabilité des animaux. Des résultats prometteurs ont été obtenus chez les rongeurs et les oiseaux (Beaumont *et al.*, 2002). Chez le porc, Désautés *et al.* (2002) ont pu localiser un QTL (*Quantitative Trait Loci*) lié à l'activité en *open-field* des animaux et qui pourrait correspondre au gène de la CBG (*Corticosterone Binding Globulin*). La recherche de QTL liés à la durée de la réaction d'immobilité tonique est en cours chez la caille (Roussot *et al.*, 2001 et 2002) ainsi que chez la poule (Schütz *et al.*, 2002). De même, chez les bovins, des QTL liés à la docilité ont été identifiés (Schmutz *et al.*, 2001). Ces premiers résultats ne permettent toutefois pas de déterminer précisément les bases génétiques de ces comportements complexes, sachant que les caractères comportementaux sont le plus souvent influencés par un grand nombre de gènes dont le poids unitaire est faible.

▶▶ Conclusion

La domestication a sans aucun doute été réalisée par l'homme pour son propre profit puisqu'il s'assurait ainsi un approvisionnement régulier en lait, viande, cuir, œufs ou force de travail. La domestication a aussi permis aux animaux d'accroître leur aire de répartition et leurs effectifs dans des proportions énormes. Par exemple, les populations sauvages de poules de jungle (quelques millions ; McGowan, 1994), de pintades (un peu plus d'un million ; Martinez, 1994), ou de dinde (3,5 millions ; Porter *et al.*, 1994) sont sans commune mesure avec les effectifs domestiques. On peut estimer en effet la population mondiale de poules domestiques à une trentaine de milliards et l'effectif des adultes à trois milliards. Il y a de même environ 500 millions de dindes élevées pour leur viande dans le monde et environ cinq millions de reproducteurs soit plus de reproducteurs captifs qu'il n'y en a en nature. Il y a aussi plus de pintades élevées en France (environ 50 millions) qu'il n'y a de pintades sauvages dans toute l'Afrique. Encore s'agit-il ici d'espèces qui se sont assez bien maintenues dans la nature. En revanche, pour de nombreux mammifères domestiques, l'ancêtre sauvage a totalement disparu (bovin, dromadaire) ou presque disparu (cheval, âne, chameau). La domestication, si elle s'est faite au bénéfice de l'homme, a donc aussi profité aux animaux et peut donc être qualifiée d'association symbiotique entre l'homme et l'animal domestique.

La domestication est un processus d'adaptation à un nouvel environnement. Pendant les premières générations de captivité, le génotype des animaux captifs évolue très vite (augmentation des capacités de reproduction, diminution de la peur...) car seule une faible proportion des animaux parvient à se reproduire dans le nouveau milieu, induisant alors une très forte pression de sélection. Cette évolution pose donc le problème de la sauvegarde en captivité d'animaux sauvages destinés à être relâchés : si l'espèce peut être sauvegardée, la totalité du génotype ne l'est pas et se pose alors le problème de la réadaptation au milieu naturel même après seulement quelques générations élevées en captivité. Néanmoins, le retour à l'état sauvage reste possible dans la plupart des cas même après une longue période de domestication comme c'est le cas des populations d'animaux marrons.

Chez les animaux domestiques, la sélection « passive » ne peut suffire à résoudre tous les problèmes d'adaptation. De plus, la sélection consciente ou non faite traditionnellement par l'éleveur a disparu dans les conditions modernes d'élevage ; c'est particulièrement le cas pour toutes les espèces d'animaux de petite taille puisque l'éleveur ne peut plus connaître individuellement ses animaux et que ceux-ci ne participent pas à la production des futures générations. Il est donc nécessaire de disposer de méthodes permettant d'améliorer l'adaptation, ou mieux l'adaptabilité des animaux, et donc en particulier leur bien-être. En effet, les conditions d'élevage évoluent si rapidement sous la pression de contraintes techniques ou législatives qu'il est souhaitable d'orienter la sélection vers des animaux adaptables à une gamme assez vaste d'environnements plutôt que vers des animaux étroitement adaptés à un milieu bien particulier.

Chapitre 4

Diversité des comportements sociaux chez les mammifères domestiques

Alain BOISSY, Frédéric LÉVY, Raymond NOWAK
et Xavier BOIVIN

La plupart des espèces domestiques utilisées en élevage vivent en groupe de manière permanente et établissent des relations sociales stables. Le haut niveau de socialisation de ces espèces est à la base de leur domestication (Price, 1984). Tant chez le jeune que chez l'adulte, une séparation sociale même temporaire provoque une forte détresse qui s'exprime par une augmentation de l'activité vocale et loco-motrice, une accélération de la fréquence cardiaque, et une élévation du cortisol plasmatique (Romeyer et Bouissou, 1992 ; Hopster et Blokhuis, 1994 ; Boissy et Le Neindre, 1997 ; Rushen *et al.*, 1999a). Les troupeaux issus de l'élevage diffèrent de ceux que l'on observe chez les espèces sauvages apparentées. Ces différences rési-dent dans les milieux où évoluent les animaux de ferme : surfaces souvent réduites, densités élevées, localisation dans l'espace et dans le temps des sources de nourri-ture... Elles résident également dans la structure même du groupe d'élevage : sépa-ration plus ou moins précoce du jeune animal de sa mère et des autres adultes, constitution de lots homogènes, remaniements fréquents du groupe... En outre, les animaux de ferme sont parfois exposés à des environnements si contraignants que leurs capacités d'adaptation sont dépassées. Une bonne connaissance de la structure du groupe social et des mécanismes comportementaux qui gèrent les relations inter-individuelles devient essentielle pour mettre à profit les potentialités des animaux domestiques et favoriser l'élaboration de techniques d'élevage plus respectueuses de leurs besoins comportementaux.

Ce chapitre fait état de la diversité et de la richesse des relations sociales qui carac-térisent les mammifères domestiques, tant chez le jeune que chez adulte, sachant qu'ils sont capables de se reconnaître entre eux, qu'ils soient apparentés ou non (Ligout et Porter, 2006). L'objectif est de montrer que le développement des liens sociaux, fondés sur des systèmes de communication complexes, favorise l'intégration de l'animal tant dans son groupe d'élevage que dans son monde extra-social. Une première partie est consacrée aux déterminants comportementaux de la relation préférentielle qui s'établit entre le jeune et sa mère. L'approche comparative permet de comprendre pourquoi le degré d'attachement maternel varie selon l'espèce considérée. Une seconde partie traite de la diversité des relations sociales qui gèrent la vie en groupe chez l'animal adulte. L'accent est mis sur l'intérêt de considérer la dynamique des liens sociaux afin de proposer des aménagements de conduite qui répondent mieux aux besoins des animaux. Enfin une troisième partie s'intéresse aux liens qui peuvent s'instaurer entre l'animal et son éleveur. Une meilleure compréhension de ces liens doit permettre de faciliter à la fois l'acceptation de l'homme par l'animal et le travail de l'éleveur.

▸▸ Établissement et maintien de la relation mère-jeune

Comportement de la mère

Chez les mammifères, le comportement maternel est essentiel pour la survie du jeune et sa croissance dans la mesure où, quelle que soit l'espèce considérée, la mère est l'unique source d'alimentation. Les relations avec la mère sont également à la base de la socialisation du jeune. Les mammifères ont adopté des stratégies comportementales dont certaines caractéristiques sont communes aux différentes espèces et d'autres varient selon la maturité du nouveau-né à la naissance, la taille de la portée et le mode de vie.

Les traits généraux qui caractérisent le comportement maternel sont l'existence d'une période privilégiée autour de la parturition pour sa mise en place, l'intérêt immédiat pour le nouveau-né, et la défense de la progéniture. En outre, la consommation des liquides et membranes fœtaux, ou placentophagie, est très répandue à l'exception de la truie et des camélidés. La période autour de la parturition correspond à un état de réceptivité maximale de la femelle aux informations sensorielles provenant du jeune (Poindron et Le Neindre, 1980). L'absence du nouveau-né conduit rapidement à une perte de la réponse maternelle alors qu'au contraire les informations sensorielles émanant du nouveau-né permettent de maintenir la réponse maternelle au-delà de cette période.

À côté de ces traits généraux, *le comportement maternel présente une importante variété d'expression entre espèces selon le développement sensori-moteur du nouveau-né.* C'est ainsi que l'on peut distinguer chez les mammifères d'élevage deux grands groupes. Chez les *mammifères « nidicoles »* comme le lapin, les tailles de portées sont généralement élevées et les nouveau-nés sont totalement immatures à la naissance. Les femelles construisent alors un nid à l'aide de paille et d'herbe pour compenser une thermorégulation infantile déficiente ; elles doublent les parois du nid avec leurs poils. En revanche, chez les *mammifères « nidifuges »* comme les ovins, les caprins ou les bovins, les tailles de portée sont plus réduites et les nouveau-nés présentent un développement sensori-moteur avancé leur permettant de maintenir le contact avec leur mère lors de ses déplacements. Les femelles sont capables de reconnaître leur jeune et d'établir une relation quasi-exclusive dans laquelle seul ce dernier est accepté à l'allaitement alors que tout étranger est rejeté. Quant aux porcins, ils constituent un groupe intermédiaire. Bien que les nouveau-nés présentent des capacités sensori-motrices développées, les portées sont nombreuses. La mère est moins sélective et construit un nid pour pallier à une déficience de thermorégulation infantile.

Les différences de comportement maternel entre espèces s'expriment également dans l'importance des facteurs physiologiques et sensoriels qui déterminent l'émergence et le maintien de ce comportement. Parmi les déterminants physiologiques, les stéroïdes ont une action permissive dans le cas de la brebis, de la chèvre et de la truie, et un effet inducteur chez la lapine. La prolactine est responsable de la construction du nid chez la lapine et la truie. Chez les ovins et les caprins, la stimulation vagino-cervicale et, par voie de conséquence, la libération d'ocytocine intracérébrale sont les déterminants majeurs de la réponse maternelle (Lévy, 1997 ; Nowak *et al.*, 2000). Parmi les informations sensorielles que le jeune fournit à sa mère, les odeurs jouent un rôle primordial pour organiser l'établissement du comportement de soins à la naissance. Les molécules odorantes en cause sont contenues dans le liquide amniotique qui recouvre le nouveau-né. En effet, l'odeur du liquide amniotique devient attractive uniquement lors de la parturition. L'élimination expérimentale des liquides placentaires, par lavage de l'agneau nouveau-né à la parturition, conduit à une perturbation du comportement maternel. À l'inverse, l'ajout de liquide amniotique sur des agneaux étrangers secs facilite leur acceptation par des brebis parturientes. Ce liquide porte donc les informations olfactives conférant au nouveau-né l'attractivité nécessaire à l'émergence d'un comportement maternel.

Par ailleurs, la reconnaissance individuelle du jeune par la mère ne s'observe pas chez toutes les espèces. Chez les mammifères nidicoles, seule l'identité du nid est significante pendant la lactation, et les échanges s'organisent au sein du nid quelle que soit l'identité des individus (Gubernick, 1981). À l'opposé, chez les mammifères nidifuges, la mère identifie ses jeunes rapidement après la naissance. Il existe alors deux processus de reconnaissance : une reconnaissance distale permettant aux partenaires de se localiser mutuellement, et une reconnaissance proximale nécessaire au succès de l'allaitement. La reconnaissance proximale s'établit au cours des quatre premières heures *post-partum* (Poindron et Le Neindre, 1980) alors que la reconnaissance distale se met en place moins rapidement entre six et huit heures *post-partum* (Ferreira *et al.*, 2000 ; Keller *et al.*, 2003). Chez les espèces intermédiaires, comme la truie, la reconnaissance de la portée est fonctionnelle à partir de 24 heures *post-partum* et repose sur un apprentissage olfactif (Horrell et Hodgson, 1992).

Concernant les espèces nidifuges, les informations olfactives sont impliquées dans la reconnaissance proximale du jeune (Lévy *et al.*, 1996). Cependant, le liquide amniotique, dont est recouvert le jeune à la naissance, n'interviendrait pas dans la composition de l'odeur de l'agneau (Porter *et al.*, 1994). Les particularités chimiques qui façonnent l'individualité des agneaux sont en partie déterminées génétiquement (Romeyer, 1993). Cette signature olfactive serait également sous influence des facteurs de l'environnement : il existerait un marquage olfactif par la mère soit direct par le dépôt de salive lors du léchage, soit indirect au travers de l'allaitement. Les informations visuelles et acoustiques sont primordiales pour la reconnaissance à distance du jeune. Chez le chevreau, l'existence d'une signature acoustique dès le deuxième jour suggère que la mère peut utiliser cette information pour reconnaître son jeune (Terrazas *et al.*, 2003). Pendant longtemps, il a été admis que la reconnaissance à proximité était une étape nécessaire pour le développement de la reconnaissance à distance. Toutefois, des brebis anosmiques qui acceptent n'importe quel jeune à l'allaitement, sont tout de même capables de discriminer leur agneau à distance et ce, de manière aussi efficace que le font les brebis intactes (Ferreira *et al.*, 2000). Ces deux types de reconnaissance peuvent donc s'établir indépendamment l'une de l'autre.

Comportement du jeune

Tout nouveau-né mammalien naît avec des systèmes sensoriels fonctionnels, des informations issues de son expérience prénatale, des capacités d'apprentissage, et une habileté motrice adaptée pour réaliser des réponses d'approche envers des indices maternels. Le jeune est ainsi loin d'être un réceptacle passif aux soins maternels. Au contraire, il acquiert progressivement une *reconnaissance multimodale et dynamique de sa mère*. Cependant, là encore, la nature et l'établissement de cette reconnaissance varient entre espèces en raison de la maturité du jeune à la naissance et de la taille de la portée.

Les lapereaux, animaux nidicoles, sont attirés par une phéromone présente sur le ventre de la mère et dans son lait (Hudson et Distel, 1983 ; Schaal *et al.*, 2003). Celle-ci a la propriété de déclencher le comportement de recherche de la tétine de façon extrêmement stéréotypée et ce, dès le jour de la naissance. Cette phéromone ne constitue qu'un signal olfactif parmi d'autres émis par la lapine allaitante (Coureaud *et al.*, 2002). Bien que les lapereaux n'ont pas à apprendre l'odeur de cette phéromone, ils sont capables d'associer la tétée à toute nouvelle odeur. Cet apprentissage associatif est extrêmement rapide puisqu'une seule tétée est suffisante pour développer une préférence olfactive (Hudson, 1985). Cette acquisition de préférences olfactives serait à la base de la transmission de choix alimentaires (Coureaud *et al.*, 2006), voire de préférences sexuelles. Curieusement, les travaux ont toujours concerné des odeurs artificielles ajoutées alors qu'on ne sait toujours pas si les lapereaux sont capables d'apprendre à reconnaître des caractéristiques olfactives propres à leur mère. Il est probable que la phéromone mammaire, commune à toutes les lapines, masque l'individualité olfactive maternelle et rende n'importe quelle lapine attractive (Coureaud *et al.*, 2001). Néanmoins, le fait qu'un lapereau soit capable de reconnaître l'odeur de son nid dès l'âge de un jour suggère qu'une reconnaissance précoce de l'odeur de la mère est envisageable (Serra et Nowak, 2005).

Les nouveau-nés d'espèces nidifuges développent rapidement une reconnaissance de la mère allant jusqu'à donner lieu à un lien d'attachement. Certes, la reconnaissance olfactive qui est observée chez l'agneau dès la naissance (Vince et Ward, 1984) illustre l'existence d'apprentissages olfactifs prénataux et d'une continuité chimio-sensorielle transnatale entre milieux intra et extra-utérins. Cependant, l'établissement d'une relation préférentielle se constitue progressivement après la naissance. Chez les agneaux et les chevreaux, la préférence pour la mère s'exprime dès 24-48 heures après la naissance (Lickliter et Heron, 1984 ; Nowak *et al.*, 1989). Les indices olfactifs ne jouent alors qu'un rôle mineur car dans une situation de choix entre deux femelles maternelles, les agneaux s'orientent vers leur mère à partir d'une combinaison de critères auditifs et visuels (Nowak, 1991). Ultérieurement, ils se montrent capables de reconnaître leur mère à l'aide d'une seule modalité, indépendamment de l'autre (Alexander et Shillito-Walser, 1978 ; Shillito-Walser et Walters, 1987 ; Searby et Jouventin, 2003). Chez les espèces à pelage contrasté, les jeunes peuvent même procéder par appariement phénotypique fondé sur la couleur de leur mère quand ils doivent la retrouver parmi plusieurs femelles (veaux : Murphey *et al.*, 1990 ; chevreaux : Ruiz-Miranda, 1992). Mais la reconnaissance acoustique n'est pas pour autant absente (veaux : Barfield *et al.*, 1994).

Chez les porcins, si les petits naissent dans un nid au sein de portées nombreuses, ils sont capables dès 12 heures de distinguer l'odeur de la mamelle de leur mère de celle d'une mère étrangère. Comme pour l'agneau, il n'est pas exclu que ceci reflète un apprentissage prénatal, l'odeur de la mamelle pouvant présenter une certaine similitude chimiosensorielle avec le milieu intra-utérin. À 24 heures, les porcelets reconnaissent l'odeur des fèces maternelles (Horrell et Hodgson, 1992) et sont capables de reconnaître la voix de leur mère dès l'âge de 2 jours (Shillito-Walser, 1986). Néanmoins, le lien avec leur mère est moins sélectif que chez les agneaux ou les chevreaux. Des comportements opportunistes peuvent alors s'observer : les porcelets élevés en groupe n'hésitent pas à téter d'autres femelles que leur mère (Pedersen *et al.*, 1998) alors que ceci est rarement le cas pour les ovins.

L'établissement d'une reconnaissance de la mère est étroitement lié aux types d'interactions précoces. À ce jour, ce sont surtout les propriétés renforçatrices de la tétée qui ont été étudiées. Privé de tétée au cours des premières heures qui suivent sa naissance, un agneau n'exprime pas de préférence pour sa mère à l'âge de 24 heures (Nowak *et al.*, 1997). À l'inverse, l'ingestion de *colostrum* à l'aide d'une sonde nasogastrique conduit à cette préférence (Goursaud et Nowak, 1999). Facteurs nutritifs et non nutritifs sont tous deux impliqués (Val-Laillet *et al.*, 2004) mais les aspects post-ingestifs de la tétée ne sont pas les seuls à favoriser les apprentissages précoces. La succion non nutritive est tout aussi renforçatrice puisqu'elle intervient aussi bien dans les aspects relationnels avec la mère chez l'agneau (Val-Laillet *et al.*, 2006) que dans les apprentissages olfactifs chez le lapereau (Hudson *et al.*, 2002). Toutefois, le rôle renforçateur de la tétée n'intervient que dans les tout premiers stades de développement du lien avec la mère ; une fois la relation filiale établie, celle-ci persiste même si l'allaitement a été de très courte durée (Napolitano *et al.*, 2003).

Au cours de la période néonatale, la relation est focalisée sur la mère. Ensuite, le jeune mammifère élargit son univers social aux membres de sa fratrie puis progressivement aux autres membres du groupe qu'il intègre. Chez les ovins et bovins dans le cas des naissances multiples, les jumeaux restent généralement ensemble pour brouter et se reposer ; leurs activités sont alors hautement synchronisées (Ewbank, 1967 ; Shillito-Walser *et al.*, 1981). Il en est de même chez les espèces à portée nombreuse (porcins, lapins). Les agneaux développent rapidement une reconnaissance de leur fratrie (Nowak, 1990). Il semble que la mère joue un rôle de catalyseur dans le développement des liens entre jumeaux (Ligout et Porter, 2004). En outre, bien que la relation maternelle s'estompe avec le temps, le sevrage tardif pratiqué en élevage allaitant est à l'origine d'une réorganisation complète des relations sociales : le retrait des mères entraîne une diminution des distances entre animaux sevrés, un accroissement de la synchronisation de leurs activités et une augmentation de la fréquence des interactions non agressives (ovins : Shillito-Walser et Williams, 1986 ; bovins : Veissier et Le Neindre, 1989). De telles modifications révèlent le resserrement des liens qui s'opère entre le jeune et ses pairs à l'issue du sevrage. Les relations sociales que l'individu développe progressivement, sont un aspect essentiel de sa vie : elles jouent un rôle important dans l'organisation des comportements individuels au sein du groupe, d'une part, en modulant la reproduction et l'élevage des jeunes et, d'autre part, en conditionnant l'adaptation de l'individu à son environnement extra-social.

▶▶ Diversité des relations entre adultes et impacts sur l'individu

Organisation sociale en conditions d'élevage

Le grégarisme est considéré comme le fait social élémentaire (Aron et Passera, 2000). Elle confère à l'individu des avantages en terme de survie, au moyen de stratégies anti-prédatrices et d'alimentation, et de reproduction (Krause et Ruxton, 2002). Au sein du groupe, les interactions sociales ne sont pas distribuées de façon aléatoire et les animaux sont capables de reconnaissance sociale et individuelle (Ligout et Porter, 2006). Dans les conditions naturelles, des mécanismes régulateurs ont évolué pour assurer la cohésion du groupe. C'est ainsi que se sont développées les *relations de dominance-subordination* qui limitent ou orientent les conduites agressives vers des formes bénignes moins préjudiciables aux individus et à l'espèce. En conditions d'élevage, ces relations assurent *la priorité* d'accès de certains individus à des ressources limitées sans qu'il soit besoin de recourir à une épreuve de force (Bouissou *et al.*, 2001 ; Bouissou et Boissy, 2005). La précision des moyens de communication permet soit à l'animal d'affirmer sa dominance de manière non violente, le plus souvent à l'aide de menaces effectuées à distance, soit au subordonné de montrer son acceptation avant même toute démonstration agressive du dominant en engageant spontanément un évitement voire une fuite. Les relations de dominance sont structurées de manière hiérarchique dans un groupe stable : cette hiérarchie de dominance est la résultante de l'ensemble des relations de dominance dyadiques entre tous les individus du groupe. Elle peut revêtir différentes formes depuis les hiérarchies strictement linéaires, où un individu domine tous les autres et un autre est dominé par tous, jusqu'à des structures très complexes. Les relations de dominance participent à la résolution de conflits à moindre coût lorsque l'accès à l'aliment, à l'aire de repos ou encore à un partenaire sexuel, est limité. Elles sont extrêmement stables et peuvent persister pendant plusieurs années si le groupe reste inchangé. Elles s'établissent très rapidement lorsque des animaux étrangers les uns aux autres sont réunis. Ni la vue, ni l'odorat ne sont nécessaires au maintien des relations alors que le contact physique est déterminant. La connaissance des facteurs qui déterminent ou influencent la position sociale d'un individu est au centre de l'analyse du fonctionnement du groupe. Bien que l'âge semble important dans l'acquisition du rang social, il est indissociable de l'ancienneté de l'individu dans le groupe et de son expérience sociale. De nombreux attributs physiques (poids corporel, hauteur au garrot, présence ou absence de cornes...) ont également été invoqués pour rendre compte d'un rang social élevé. L'expérience précoce, incluant les conditions d'élevage, peut aussi influencer la position sociale à l'âge adulte. Il existe également une variabilité génétique dans les comportements liés à la dominance : ainsi, les vaches de certaines races dominent de manière constante les vaches d'autres races (Plusquellec et Bouissou, 2001). De même, le niveau circulant de stéroïdes sexuels influence la position hiérarchique, comme par exemple chez les bovins (Bouissou, 1990). Enfin, la réactivité émotionnelle est probablement le facteur le plus important dans la détermination du rang social. En effet, les génisses de rang élevé fuient moins leurs congénères hiérarchiquement supérieures que ne le font les génisses fortement dominées du groupe, et les jeunes veaux qui deviendront dominants ne fuient pratiquement jamais lors de rencontres bien avant qu'apparaissent les relations de dominance.

À côté des relations de dominance, les mammifères domestiques élaborent entre eux des *relations d'affinité* basées sur des interactions non agressives (Bouissou et Boissy, 2005). Bien que plus discrètes, ces relations n'en sont pas moins la clef de voûte de l'organisation sociale du troupeau : elles assurent la cohésion du groupe et accroissent la tolérance mutuelle dans les situations de compétition. Les relations d'affinité se traduisent généralement par une réduction de l'agressivité et une plus grande synchronisation des activités entre individus (Winfield *et al.*, 1981), ainsi que par une fréquence élevée de léchages et de frottements réciproques, et une plus grande proximité spatiale (Bouissou et Hövels, 1976). Enfin, les animaux partageant des relations d'affinité font preuve d'une grande tolérance mutuelle dans une situation de compétition. L'origine de ces relations préférentielles est à rechercher dans un âge voisin, une histoire sociale commune, ou encore dans le fait que les animaux sont arrivés en même temps dans le groupe. L'élevage en commun depuis la naissance a effectivement des conséquences durables sur les affinités entre animaux parvenus ensemble à l'âge adulte. Des génisses non apparentées ayant été élevées ensemble depuis la naissance échangent avec des étrangères un nombre d'interactions agonistiques nettement supérieur à celui qu'elles échangent entre elles, alors que les interactions non agressives sont moins nombreuses (Bouissou et Hövels, 1976). En outre, les génisses élevées ensemble depuis la naissance restent spatialement associées aussi bien en stabulation qu'au pâturage. Ces phénomènes persistent au moins un an après la réunion des groupes d'élevage. La période du jeune âge est donc une période privilégiée pour l'établissement des relations d'affinité.

Enfin, l'organisation du troupeau repose également sur les *relations de « leadership »* qui participent à la coordination des déplacements et des activités individuelles. Le *leadership* concerne la capacité qu'ont certains animaux d'influencer les mouvements et les activités des autres membres du groupe. Le *leadership* est qualifié de « social » lorsqu'il concerne le contrôle de l'agression et de la protection des individus face à un danger, ou de « spatial » lorsqu'il concerne les déplacements du groupe. Le *leadership* spatial est principalement étudié lors des déplacements provoqués : il s'agit de la persistance de l'ordre dans lequel par exemple des vaches laitières entrent dans la salle de traite ou dans lequel des animaux poussés par l'homme se déplacent. Cependant, les corrélations entre les différents ordres de déplacement sont faibles (Sato, 1982). Quant au *leadership* au cours des déplacements spontanés des animaux au pâturage, peu d'observations ont été réalisées. À partir de l'observation de plusieurs groupes de quatre bœufs, Bailey (1995) a montré que le déplacement vers une nouvelle zone de pâturage est initié dans près de 60 % des cas par le même animal. De même, dans un groupe de quinze génisses de même âge, Dumont *et al.* (2005) ont pu identifier un animal *leader* en tête lors de la moitié des grands déplacements du troupeau. Néanmoins, Ramseyer *et al.* (2009) montrent que, chez les ovins, le recrutement des congénères avant un déplacement en groupe est un processus distribué entre plusieurs individus. Il n'y a en général qu'une faible relation entre *leadership* et dominance, alors qu'il semble qu'au pâturage les animaux âgés et donc plus expérimentés aient, chez les ovins (Stolba *et al.*, 1990) comme chez les bovins (Reinhardt, 1983), un rôle privilégié dans l'initiation des mouvements d'ensemble des troupeaux. Ainsi, de nouveaux travaux sont nécessaires pour mieux identifier les processus d'influence et de recrutement par lesquels les animaux arrivent à des déplacements collectifs. Étant donné la nature à la fois cognitive et sociale de telles décisions collectives, leurs mécanismes devraient différer en fonction des aptitudes propres à chaque espèce en matière de cognition, de communication et d'organisation sociale.

Impact des relations sociales
sur l'organisation des comportements individuels

L'intensification des conditions de vie des animaux de ferme est à l'origine de *tensions sociales* qui peuvent avoir des répercussions au niveau de la productivité et du bien-être des animaux. Les relations de dominance, qui sont normalement adaptatives pour permettre la vie en groupe, deviennent alors source de problèmes graves lorsque les conditions d'élevage ne répondent plus aux exigences sociales des animaux. Ainsi, lorsque la densité sociale est trop forte, les subordonnés sont incapables de maintenir leurs distances sociales et ont du mal à éviter leurs supérieurs hiérarchiques, ce qui se traduit par un accroissement des conduites agressives (Bouissou *et al.*, 2001). Dans les cas extrêmes de forte densité, les subordonnés peuvent subir un véritable stress social qui se traduit en particulier par une augmentation de l'activité des glandes surrénales et une chute de la productivité, et notamment de la croissance. Par ailleurs, le regroupement d'animaux non familiers, qui est une pratique courante en élevage pour homogénéiser les lots, peut conduire à d'importantes perturbations pour tous les animaux du fait de l'impossibilité d'instaurer une hiérarchisation des relations de dominance. Par exemple, des réallotements successifs rendent les veaux plus émotifs (Boissy *et al.*, 2001b) et peuvent même induire un état de stress chronique (Veissier *et al.*, 2001).

Les relations d'affinité permettent de réduire les conséquences défavorables de la dominance pour les animaux subordonnés. Ainsi, dans une situation de compétition alimentaire, des génisses subordonnées parviennent à s'alimenter à proximité des dominantes si elles ont de fortes affinités avec ces dernières (Bouissou et Hövels, 1976). L'accroissement des relations d'affinité, grâce au maintien de la structure du groupe établie dans le jeune âge, permet aux jeunes bovins en croissance de supporter plus facilement les fortes densités auxquelles ils sont soumis (Mounier *et al.*, 2006). Plus généralement, la constitution dès le plus jeune âge et le maintien du « noyau social » au cours des différentes étapes de la vie de l'animal devraient permettre de réduire la fréquence des interactions agressives entre adultes et d'éviter ainsi les écarts de production que ce soit chez les animaux en engraissement ou chez les animaux en lactation. Il y a donc intérêt à maintenir les groupes stables pour que les relations de dominance jouent pleinement leur rôle régulateur à moindre coût dans les situations de conflits, tout en favorisant le développement dans le jeune âge des relations d'affinité.

Les partenaires peuvent également influencer les réponses de l'individu aux événements extra-sociaux. La *modulation sociale des capacités d'adaptation de l'animal* s'exprime de différentes manières. Ainsi, lorsqu'une génisse est exposée à un événement nouveau et donc anxiogène, la simple présence d'un partenaire familier suffit à diminuer ses réactions de peur (Boissy et Le Neindre, 1990). De même, des génisses acceptent d'être manipulées par un homme d'autant plus facilement qu'elles sont en présence de partenaires familiers (Grignard *et al.*, 2000). Les mêmes effets sont relevés chez les ovins : le maintien des relations d'affinité dans un troupeau d'agnelles se traduit par une réduction des postures de vigilance (Boissy et Dumont, 2002), qui permet aux animaux de consacrer plus de temps aux périodes de pâturage et de repos, garant d'une meilleure efficacité alimentaire (Treves, 2000 pour revue bibliographique). Néanmoins, la modulation sociale de la réactivité de l'animal n'a pas toujours un effet apaisant puisqu'une génisse stressée peut transmettre par sa présence son état de stress à un partenaire, en l'absence de toute autre perturbation (Boissy *et al.*, 1998). Outre leur action modulatrice sur la réactivité émotionnelle de l'animal, les relations sociales peuvent offrir à l'animal des modèles sociaux qui lui permettent d'acquérir de nouvelles compétences et ce, de manière plus efficace que par apprentissage individuel (Nicol, 1995). Ces processus d'apprentissage par observation et imitation sont à la base d'une facilitation sociale des préférences et des évitements alimentaires. Ainsi, des agneaux nouveau-nés placés en allaitement artificiel apprennent à téter le distributeur de lait d'autant plus rapidement qu'ils sont mis en présence d'agneaux expérimentés (Veissier et Stéphanova, 1993). Cette influence sociale des préférences et des évitements alimentaires a un intérêt certain pour les animaux conduits en plein air lorsqu'ils exploitent un pâturage hétérogène où de nombreux choix sont à faire. Par ailleurs, parvenir à contrôler les déplacements collectifs présente également un intérêt pratique pour l'exploitation des ressources herbagères dans un milieu hétérogène (chapitre 5).

▶▶ Relation éleveur-animal : une relation sociale ?

Dans les conditions de l'élevage, le concept de relations interindividuelles peut s'appliquer aux interactions entre l'homme et l'animal (Estep et Hetts, 1992). Les nombreuses interactions entre l'animal et son éleveur construisent une relation particulière entre l'homme et l'animal. L'homme travaille auprès ou avec les animaux pour produire, il les nourrit, les observe, les soigne, les manipule, leur parle et aménage leur environnement. S'intéresser à cette relation implique d'étudier la perception de chacun des partenaires par l'autre (homme et animal). Nous admettons aujourd'hui dans nos sociétés que l'animal nous regarde autant que nous le regardons. L'ensemble des postures et du comportement humain devient signifiant pour l'animal au cours de son développement (Hemsworth *et al.*, 1986b). Ainsi, l'homme n'a pas la même signification pour l'animal selon qu'il est immobile, debout ou assis, tende les bras, regarde l'animal dans les yeux ou non… Cette évidence a trop souvent été oubliée, particulièrement en élevage, alors que de nombreuses études se sont intéressées aux conséquences de la relation éleveur-animal sur la production, la reproduction, la santé et bien-sûr le bien-être des animaux (Hemsworth et Coleman, 1998 pour revue bibliographique ; Rushen *et al.*, 1999b ; Waiblinger *et al.*, 2006). Concevoir alors la *relation homme-animal comme une relation comportementale* et non plus comme une relation purement conceptuelle nécessite de développer des connaissances éthologiques. Une telle conception de la relation homme-animal permet de prédire l'issue des futures interactions entre l'homme et l'animal, non seulement pour un observateur extérieur mais aussi et surtout pour les partenaires eux-mêmes. Ainsi, l'homme cherche à mieux comprendre et anticiper le comportement de l'animal pour répondre à ses besoins. De même, l'animal peut anticiper les manipulations à venir afin de mieux s'adapter aux contraintes d'élevage. Par ailleurs, cette conception de la relation homme-animal oblige à prendre en compte non seulement les interactions au moment présent mais également elle nécessite d'intégrer l'ensemble des interactions depuis la première rencontre entre les deux partenaires.

Nous savons peu de choses des capacités cognitives des animaux d'élevage. Pourtant, pour décrire la variété d'expressions de la relation homme-animal ou pour développer des thérapies comportementales, les scientifiques comme les praticiens définissent cette relation de diverses manières allant de la simple relation prédateur-proie jusqu'à la *relation sociale où l'homme intègre l'univers social intraspécifique de l'animal* (Hediger, 1965 ; Estep et Hetts, 1992). Pour certains auteurs (Hale, 1975 ; Kretchmer et Fox, 1975 ; Price, 1999), le fait que l'homme puisse intégrer l'environnement social au sens large de l'animal est un moyen d'augmenter la tolérance des animaux aux manipulations, de faciliter leur communication avec l'éleveur, de diminuer leurs réactions de peur et d'assurer le respect vis-à-vis de l'éleveur du fait des caractéristiques de leur organisation sociale telles qu'elles ont été décrites précédemment (dominance, affinité, *leadership*…). Cependant, cette socialisation des mammifères domestiques à l'homme est une conception purement théorique dans laquelle les animaux sont supposés considérer l'éleveur comme un membre du groupe social qui représenterait un compagnon, un dominant ou un *leader* (Lott et Hart, 1979 ; Miller, 2001 ; Grandin, 2000). Malheureusement, les bases scientifiques restent encore largement à organiser et à explorer. Le point des connaissances sur ce sujet constitue la dernière partie de ce texte.

Quelques études ont cherché à concevoir les rapports entre l'éleveur et ses animaux sur la base d'interactions intraspécifiques des animaux (Boissy et Boivin, 2006). Ainsi, Sambraus et Sambraus (1975) utilisent le concept d'empreinte sexuelle à l'homme sur des porcs, des chèvres et des moutons élevés au contact de l'homme dans le jeune âge totalement isolés de leurs congénères. Les animaux manifestent effectivement des préférences sexuelles à l'âge adulte vis-à-vis de l'homme aux dépens de congénères de leur propre espèce. Néanmoins, le caractère non familier des congénères présentés peut expliquer au moins en partie ces résultats. Par ailleurs, Price et Wallach (1990) montrent que des taureaux de race laitière ayant été élevés en isolement et nourris par l'homme sont plus agressifs vis-à-vis de ce dernier que des animaux élevés en groupe. Néanmoins, là encore, la différence d'agressivité peut être due uniquement au fait que l'élevage en isolement complet a pu empêcher le développement des comportements sociaux appropriés, et non pas être une conséquence de la relation homme-animal. À notre connaissance, aucune étude n'est parvenue à montrer que l'homme peut être *leader* ou dominant pour les animaux. Seuls, Lott et Hart (1979) observent que les pasteurs nomades africains Fulani expriment, dès leur plus jeune âge, des comportements vis-à-vis des bovins qui ressemblent aux comportements sociaux observés dans cette espèce (caresses ou, au contraire, menaces et coups). De tels comportements faciliteraient d'après les auteurs l'intégration de l'homme dans l'environnement social des animaux.

Les travaux plus récents se sont plutôt intéressés à étudier *la motivation qu'ont les mammifères domestiques à accepter l'homme voire à rechercher son contact*. Le concept de socialisation à l'homme est alors fondé sur les notions d'attachement et de périodes sensibles comme cela a été développé dans la relation entre le chien et l'homme (Scott, 1992). L'attachement est un lien émotionnel qui procure un sentiment de sécurité en présence de l'objet d'attachement et qui, au contraire, procure une détresse lors de la séparation (Kraemer, 1992). Chez de nombreuses espèces d'élevage, il est bien connu que des contacts humains positifs envers les animaux renforcent les comportements d'approche vis-à-vis de l'homme (Rushen *et al.*, 2001 pour revue bibliographique). Par contre, l'existence d'un attachement de l'animal à l'homme ne concerne pour l'instant que quelques espèces d'élevage. Les études portant sur cet attachement interspécifique concernent essentiellement les moutons et les chèvres. La présence du soigneur familier apaise l'animal préalablement séparé de ses congénères, en réduisant les vocalisations et l'agitation (Price et Thos, 1980 ; Boivin et Braastad, 1996 ; Boivin *et al.*, 2000 ; Korff et Dyckhoff, 1997). En outre, lorsque le soigneur s'éloigne de l'animal, ce dernier réagit par des comportements de détresse d'autant plus marqués que le soigneur, lui, est familier (Boivin *et al.*, 2000 et 2001). L'homme familier jouerait donc le rôle de substitut social. Cependant, ces études concernent essentiellement des animaux élevés en allaitement artificiel pour qui le soigneur joue aussi un rôle alimentaire comme dans le cas de la relation mère-jeune où l'alimentation déclenche la construction de la relation préférentielle. Par conséquent, de nouvelles études sont indispensables pour parvenir à distinguer l'attachement d'une simple dépendance alimentaire. Par la suite, il sera nécessaire de savoir si l'homme représente un « simple » objet d'attachement ou bien s'il est capable d'intégrer l'univers social de l'animal.

▶▶ Conclusion

Les mammifères domestiques ont un comportement social extrêmement développé. Leur organisation sociale s'observe à différents niveaux : d'abord entre la mère et le jeune, puis entre les jeunes, en particulier ceux issus de la même fratrie, et enfin entre tous les animaux du troupeau, voire avec l'homme. Cette organisation repose principalement sur des relations d'affinité, de dominance et de *leadership* qui assurent stabilité et cohésion à l'intérieur du troupeau. Les relations d'affinité, qui accroissent la tolérance sociale dans les situations de conflit ou de compétition, s'élaborent dans le jeune âge au cours de périodes privilégiées telles que la naissance et le sevrage. Le groupe social joue un rôle d'interface entre l'individu et le milieu dans lequel il évolue, puisque les relations sociales offrent à l'individu des modèles sociaux d'apaisement, d'apprentissage et d'exploration. Une gestion raisonnée des relations sociales devient un outil précieux pour améliorer l'adaptation de l'individu à son environnement d'élevage.

Par conséquent, le développement des connaissances sur les relations entre animaux et éventuellement celles qui peuvent être développées avec l'homme permet d'envisager de nouvelles règles en vue de mieux adapter les conduites d'élevage aux besoins sociaux des animaux. Par exemple, les mélanges entre animaux devraient être évités ou alors pourraient être réalisés non pas en introduisant individuellement de nouveaux animaux, mais en regroupant plusieurs « noyaux sociaux » entre eux. Une meilleure prise en compte des caractéristiques sociales des espèces domestiques permet de proposer des pratiques d'élevage qui, non seulement, respectent mieux les besoins des animaux mais également facilitent leur adaptation aux milieux en exploitant leur fonctionnement social (facilitation sociale, *leadership*, effet apaisant des congénères…). Ce n'est qu'au prix de tels efforts qu'il sera possible d'améliorer la qualité de vie des animaux d'élevage, garante d'une valorisation des filières au regard des attentes du consommateur en matière de bien-être animal et ce, tout en assurant une productivité suffisante.

Chapitre 5

Comportement alimentaire des herbivores et dynamique des prairies

Bertrand DUMONT

Les productions d'herbivores se trouvent aujourd'hui confrontées à des préoccupations environnementales qui varient selon les systèmes d'élevage. Dans les systèmes de production laitière intensive, il s'agit d'optimiser les intrants pour limiter les effluents polluant les nappes et le sol. Cette désintensification de la conduite des prairies incite à favoriser le pâturage d'associations de graminées et de légumineuses, afin d'utiliser au mieux leur pouvoir fixateur d'azote, et de prairies permanentes qui stockent des quantités non négligeables de carbone. Dans les zones herbagères plus extensives, les prairies permanentes sont majoritaires. Leur diversité floristique leur confère une plus grande souplesse d'utilisation, et est par ailleurs valorisée par l'image positive du lait et de la viande qui y sont produits. En plus de leur fonction productive première, les herbivores domestiques répondent de plus en plus fréquemment à des demandes relatives à la préservation de la biodiversité et au maintien de paysages ouverts, au travers d'actions pastorales visant à conserver ou à restaurer localement des milieux naturels. Sur ces couverts pluri-spécifiques, l'animal réalise des choix dont la complexité augmente graduellement lorsqu'il exploite des associations de trèfle et de ray-grass, des prairies permanentes, des pelouses très diversifiées ou des landes. Ces choix s'expriment d'autant plus fortement que les surfaces sont exploitées en parcelles larges, sur des pas de temps longs avec une disponibilité en herbe supérieure aux prélèvements. Il faut alors prendre en compte la motivation des animaux à prospecter et à consommer ces couverts végétaux, ce qui invite à s'intéresser au « point de vue » de l'animal concernant la « valeur » de l'espace offert, cette notion de valeur recouvrant d'ailleurs d'autres domaines que le strict domaine alimentaire (abris, aires de repos, etc.). Ce chapitre décrit comment et pourquoi, dans les prairies exploitées avec un faible chargement, certains animaux sont plus aptes à exploiter des espèces végétales pour certaines indicatrices d'une dégradation pastorale, et présente quelques-uns des processus impliqués dans la dynamique des couverts pâturés. Il est ensuite discuté comment des processus liés au temps, à l'espace et au groupe social modulent d'une part les choix alimentaires des herbivores et d'autre part la manière dont les troupeaux occupent l'espace. Une telle analyse permet de proposer des pistes pour conduire les parcelles et les troupeaux au mieux des attendus de l'élevage.

▶▶ Choix alimentaires, aptitudes au pâturage et impact des herbivores sur les prairies

Sur les couverts pluri-spécifiques, l'animal exprime des préférences entre les différentes espèces ou communautés végétales. Bien qu'il existe des variations de préférences alimentaires entre individus d'un même troupeau, il est possible de décrire des différences de préférences en fonction de l'espèce, de la race, du stade physiologique et de l'état de faim des animaux (Dumont, 1996). Il a été montré qu'une large part de ces variations s'expliquait par des différences de besoins énergétiques, d'aptitudes comportementales et de capacités digestives. Ainsi, les ruminants de petit format qui ont des besoins énergétiques ramenés à leur volume digestif plus importants que les espèces de grand format, sont plus enclins à trier les aliments de plus grande densité énergétique. Ce tri des plantes ou des portions de plantes les plus riches est favorisé chez la chèvre et la brebis par la forme de leurs mâchoires, qui leur confère une aptitude particulière pour sélectionner les feuilles, fleurs et fruits des plantes ligneuses. La vache est moins apte à trier, et est par ailleurs désavantagée sur les couverts herbacés ras où la profondeur de ses prises alimentaires est limitée. En revanche, cette dernière est plus en mesure de digérer des régimes issus de couverts herbacés très fibreux, en raison de son plus grand volume de fermentation au niveau du rumen. Ceci explique les différences de choix observées sur des couverts, où coexistent des zones d'herbe grossière avec des repousses végétatives de bonne valeur nutritive. Lorsque la hauteur des repousses diminue, les ovins cherchent à maintenir leur choix pour celles-ci, alors que des bovins se reportent plus volontiers sur le nard ou le dactyle épié (figure 5.1). Conséquence de cela, la proportion de la surface couverte par le nard dans une lande écossaise est passée de 55 % à 30 % après cinq ans de pâturage bovin alors que, dans le même temps, elle augmentait jusqu'à 80 % en pâturage ovin.

Dans les prairies utilisées de manière extensive, les limites entre placettes d'herbe bien exploitées et zones sous-pâturées sont relativement stables d'une année sur l'autre aussi bien en pâturage ovin (Bakker, 1998) que bovin (Willms *et al.*, 1988). À l'échelle des parcelles, l'utilisation différentielle du couvert selon la distance au point d'eau, la pente ou des variations locales de composition botanique se répète également, et l'hétérogénéité s'installe dans le temps. Il y a alors risque de colonisation des zones abandonnées par des herbacées difficilement consommables telles que le nard dans les milieux pauvres, et le chiendent dans les milieux plus riches, puis par des massifs de prunelliers, de ronces ou de genêts qui posent réellement problème dès lors qu'ils limitent la circulation des animaux. L'action du pâturage n'est cependant pas limitée à la seule défoliation. En plus de leur rôle dans la dissémination des graines, les herbivores ont un effet sur la végétation par leur piétinement et le

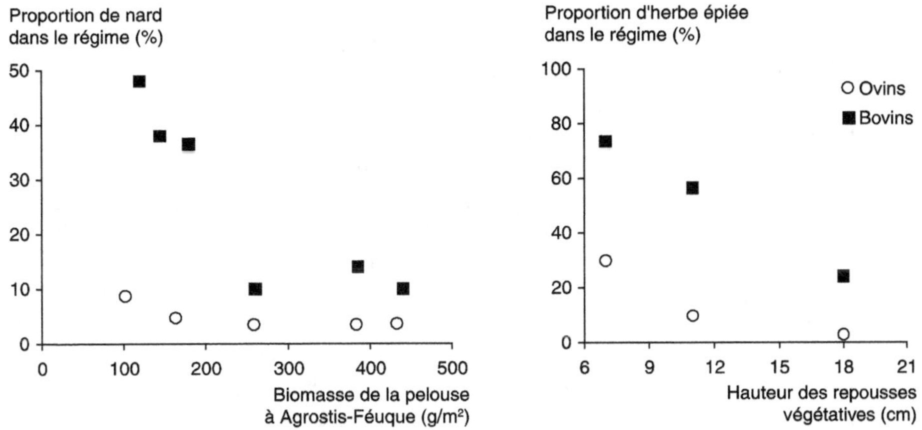

Figure 5.1. Report des ovins et des bovins sur des couverts grossiers, nard (Grant et Hodgson, 1986) ou dactyle épié (Dumont, 1996), lorsque diminue la hauteur d'une pelouse de bonne valeur nutritive.

dépôt d'excréments. Ces actions ont pour conséquence la création d'ouvertures dans le tapis végétal qui peuvent être colonisées par de nouvelles espèces. Selon Grime (1979), la diversité végétale serait maximale sous des conditions de perturbation intermédiaire qui permettent l'obtention d'un compromis entre capacité de colonisation et aptitudes compétitives des espèces végétales, favorable à la coexistence d'un maximum d'entre elles.

À titre d'exemple, il est possible de décrire l'utilisation de la végétation par des bovins et des chevaux, et son évolution sous différents niveaux de chargement dans les communaux du marais poitevin (Amiaud, 1998 ; Loucougaray et al., 2004). Les bovins pâturent les différentes communautés végétales de manière assez homogène. Selon le chargement, il existe des fluctuations dans l'évolution de la composition du couvert en faveur soit du chiendent et d'espèces rudérales lorsque le chargement diminue, soit de plantes à rosettes lorsqu'il augmente. Dans le cas d'un pâturage équin, ces deux processus coexistent quel que soit le chargement en raison d'une utilisation très préférentielle des dépressions inondables. Là, les chevaux privilégient la sélection des graminées qu'ils pâturent très ras grâce à leurs deux rangées d'incisives. La forte intensité du pâturage et le piétinement de ces zones favorisent le développement des plantes à rosettes et d'espèces halotolérantes par la limitation des espèces compétitives dominantes. Par ailleurs, les chevaux déposent leurs excréments dans des zones particulières des parcelles qui ne sont ensuite plus pâturées. Le caractère nitrophile du chiendent et de la plupart des espèces rudérales favorise leur développement au sein de ces zones délaissées. Un chargement compris entre deux et trois bovins par hectare semble, dans ce milieu, être un bon compromis pour limiter l'extension d'espèces compétitives et favoriser la diversité floristique. Le pâturage des chevaux favorise l'établissement d'une mosaïque d'herbe très rase et de zones hautes, et augmente ainsi la diversité structurelle du couvert.

Même s'il existe des différences d'aptitude au pâturage entre types d'animaux, il existe des règles de choix qui ont une valeur générale. En accord avec les prédictions des modèles d'optimisation, l'effort consacré à la recherche de nourriture est relatif au gain obtenu. Les animaux choisissent les aliments qui leur permettent de maximiser leur bilan énergétique et, pour cela, pâturent les couverts qui s'ingèrent le plus vite, tout en faisant des compromis avec d'une part leur valeur nutritive et d'autre part les « coûts » relatifs à leur récolte (force d'arrachage, déplacement, etc.). Ceci se vérifie lors de tests de choix de courte durée entre deux aliments (Dumont *et al.*, 1998), mais aussi parfois à l'échelle de la journée sur des couverts complexes (Wallis de Vries et Daleboudt, 1994). Ceci expliquerait aussi la cyclicité de l'utilisation des repousses d'excellente valeur nutritive par différentes espèces d'herbivores (Bakker, 1998). Pour guider leurs choix, les animaux se fient à des critères tels que la hauteur de l'herbe, l'intensité de sa couleur verte voire la densité du couvert. Ovins et bovins savent associer des repères de proximité à la valeur des placettes d'herbe et utilisent cette information pour augmenter leur efficacité alimentaire lors des déplacements entre placettes (Edwards *et al.*, 1997 ; Howery *et al.*, 2000). Cependant, les modèles d'optimisation ne rendent pas compte de la diversité des régimes et d'autres mécanismes ont été proposés en relation avec la recherche d'un équilibre nutritionnel ou de sensations agréables, gustatives, olfactives et tactiles (Provenza et Balph, 1990).

▶▶ Modulation des choix alimentaires par des processus liés au temps, au groupe et à l'espace

À l'échelle d'un repas, qui correspond à une séquence quasi ininterrompue de consommation, la motivation de l'animal pour un aliment donné varie car les préférences ne sont pas absolues. À l'auge, un même aliment offert après un premier repas peut être ingéré ou refusé selon la qualité de l'aliment consommé au cours de ce premier repas (Baumont *et al.*, 1990). Au pâturage, les animaux alternent au cours de leurs repas la consommation des différentes espèces qui leur sont offertes, avec des phases successives de recherche privilégiée pour certaines d'entre elles. À l'échelle du jour, l'intensité des préférences alimentaires peut également varier. Ovins et bovins consomment plus de ray-grass et moins de trèfle en fin de journée (figure 5.2). Les ovins augmentent leur consommation d'herbe épiée en tout début de matinée et à la fin du repas du soir, alors que les bovins semblent moins sujets à de telles variations intra-journalières sur ce type de couvert (Dumont, 1996). Ces variations s'expliqueraient par la volonté des animaux de s'assurer un certain confort digestif en remplissant leur rumen avant la nuit. À l'échelle des successions de journées, les préférences peuvent être momentanément modifiées par ce que les animaux ont pâturé au préalable. Des brebis ayant pâturé durant 2-3 semaines, soit uniquement du trèfle, soit uniquement du ray-grass, manifestent une préférence accrue vis-à-vis de l'espèce qu'elles n'ont pas pâturée récemment (figure 5.2). Cependant, trois jours plus tard, les brebis retrouvent une plus forte préférence pour l'espèce à laquelle elles étaient habituées. Un effet similaire a été obtenu à l'auge avec des génisses à qui on offrait deux foins de qualité différente (Ginane *et al.*, 2002). Au pâturage, cette influence du régime préalablement ingéré pourrait orienter les choix à la mise à l'herbe et lors des transitions de parcelles.

La régulation du comportement alimentaire des herbivores s'effectue également à l'échelle de la vie de l'animal. Dans le jeune âge, l'animal apprend à pâturer et

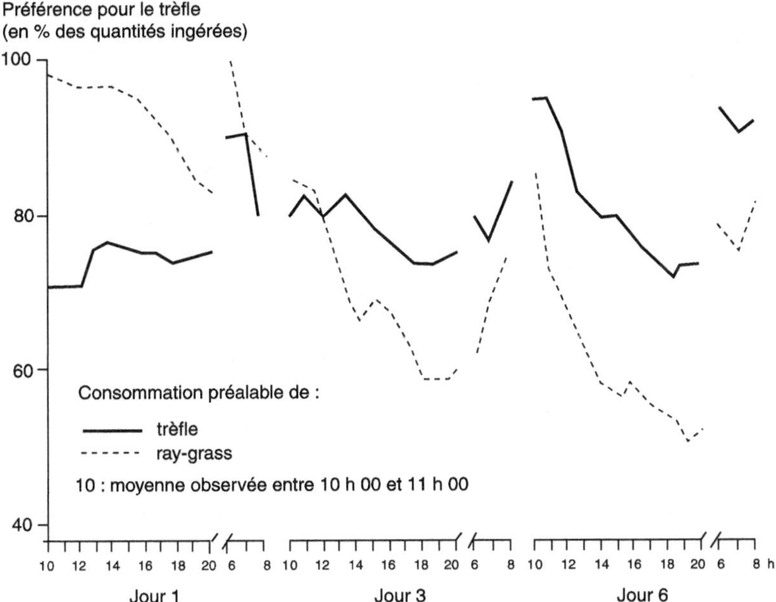

Figure 5.2. Préférence relative de brebis pour le trèfle face au ray-grass selon qu'elles ont pâturé du trèfle ou du ray-grass durant les 2-3 semaines précédant les mesures (Parsons *et al.*, 1994).

découvre les espèces végétales qu'il consommera par la suite. Pour des agneaux, une heure de pâturage quotidien sur du trèfle ou du ray-grass durant une semaine autour du sevrage est suffisante pour que, quatre semaines plus tard, ils choisissent plus volontiers l'espèce précocement pâturée (Ramos et Tennessen, 1992). Les processus d'apprentissage ne se limitent cependant pas à la période juvénile des animaux, puisque durant toute leur vie les herbivores développent des préférences, en particulier pour les aliments qui leur apportent le plus d'éléments nutritifs. Ils reconnaissent ceux qui leur procurent une meilleure satisfaction digestive ou nutritionnelle en raison des effets post-ingestifs qui leur sont liés (Provenza, 1995). Quand les animaux ingèrent pour la première fois un aliment nouveau, ils sont également capables d'en identifier les effets lorsque ceux-ci sont suffisamment marqués. Ainsi, après avoir reçu du chlorure de lithium (un composé toxique), juste après un repas constitué de quatre aliments connus et d'un nouveau, des moutons ont associé l'effet négatif du LiCl uniquement à l'aliment nouveau qu'ils rejetaient par la suite (Burritt et Provenza, 1991). Sur des pâturages hétérogènes, même si l'identification d'effets individualisés des aliments est plus délicate qu'à l'auge, l'apprentissage des effets post-ingestifs des espèces consommées est probablement l'un des mécanismes par lesquels les animaux acquièrent et maintiennent des choix alimentaires adéquats.

Le groupe social permet l'acquisition de préférences et d'évitements alimentaires plus efficacement que le simple apprentissage individuel. Pour le jeune herbivore, les processus d'apprentissage par imitation sont à la base de la transmission sociale des préférences alimentaires. Des agneaux, en contact avec une brebis en train de consommer un aliment jusqu'alors inconnu, l'acceptent une fois sevrés plus volontiers que des agneaux qui avaient été exposés seuls à cet aliment (Thorhallsdottir *et al.*, 1990). La mère joue un rôle particulièrement privilégié dans l'acquisition des habitudes alimentaires du jeune, puisque la consommation du nouvel aliment était dans cette expérience encore deux fois plus importante pour les agneaux qui l'avaient découvert avec leur mère, comparé à ceux qui avaient eu la même expérience précoce avec une autre brebis. La transmission sociale des préférences alimentaires se manifeste sur des associations simples de trèfle et de ray-grass (Orr *et al.*, 1995), mais a un intérêt particulier lorsque les animaux exploitent un milieu hétérogène où de nombreux choix sont à faire. Lécrivain *et al.* (1996) ont comparé l'influence de différents modes d'élevage durant la première année (seules en bergerie, avec des brebis sur prairie ou directement sur parcours) sur les performances zootechniques et le comportement alimentaire d'agnelles destinées à exploiter ces parcours. En fin de première année, les agnelles élevées sur parcours accusaient un retard de croissance important qu'elles ont progressivement comblé par la suite. Durant la deuxième saison de pâturage sur parcours, elles ont prélevé 15 % de plus de végétaux ligneux que leurs congénères élevés dans le jeune âge sur prairie ou en bergerie. Ainsi, même s'il a un coût zootechnique initial élevé, l'apprentissage précoce de couverts difficiles peut permettre de préparer de jeunes animaux à exploiter des parcours.

Au pâturage, les différences de comportement liées à la hiérarchie de dominance s'expriment de la même manière qu'à l'auge (chapitre 4), surtout lorsqu'il y a compétition pour une ressource préférée. Chez le cerf, les individus subordonnés sont fréquemment dérangés par les dominants lors des phases de pâturage, et se voient interdire l'accès des meilleures ressources (Appleby, 1980). De même, l'augmentation du chargement altère le rythme de pâturage et la croissance des animaux subordonnés, dans une gamme qui varie selon le niveau de tolérance sociale de l'espèce animale. Ce phénomène est par exemple moins marqué chez les ovins (Blanc *et al.*, 1999). En outre, lorsque le chargement est accru, les animaux peuvent modifier leurs choix alimentaires pour réduire le risque de compétition. Sur parcours, une augmentation du chargement instantané peut pousser des brebis à consommer plus de ligneux (Lécrivain *et al.*, 1990). Ainsi, en accentuant momentanément la pression sociale, il est possible de « forcer » la consommation d'espèces végétales moins appréciées, par exemple pour maîtriser l'embroussaillement d'une parcelle.

Dans les parcelles vastes et hétérogènes, les herbivores utilisent leur mémoire pour se diriger directement vers leurs sites alimentaires préférés. Cet apprentissage de la distribution spatiale des meilleures ressources est rapide, tant chez les ovins que chez les bovins (Bailey *et al.*, 1996). Les animaux réagissent non seulement à la quantité de nourriture présente sur le site, mais aussi à sa qualité. Ainsi, au pâturage, des agnelles ont d'autant mieux exploité des bols de concentré distribués en agrégats plus ou moins riches de 25 et 9 bols que la parcelle était petite et que les agrégats étaient riches (figure 5.3). En remplaçant ces bols par des placettes de ray-grass, une graminée très recherchée par les animaux, nous avons observé qu'à l'échelle d'un repas, les agnelles passaient en moyenne 40 % plus de temps à pâturer les placettes de ray-grass agrégées qu'elles n'exploitaient un même nombre de placettes implantées au hasard dans une parcelle de même taille (Dumont *et al.*, 2000). Les agrégats de 25 placettes de ray-grass subissaient la plus forte déplétion, ce qui confirme que les ovins concentrent leur recherche dans les meilleures zones du pâturage. La plus

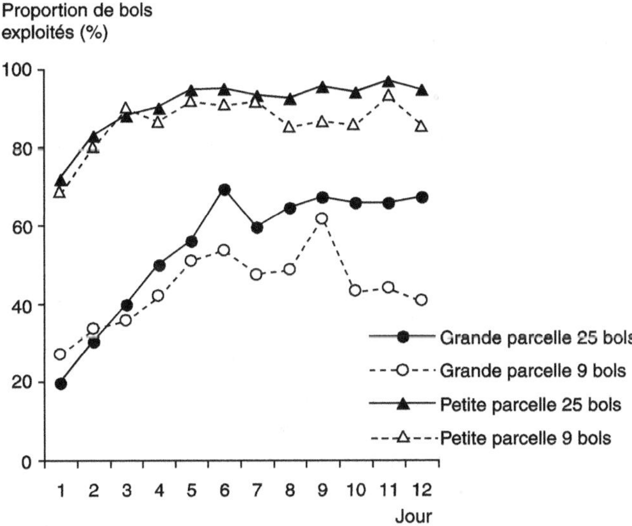

Figure 5.3. Évolution de l'exploitation, par un groupe d'agnelles, de sites alimentaires préférés de différentes valeurs (25 bols *versus* 9 bols de concentré dissimulés au sein d'un couvert herbacé), selon la taille de la parcelle (Dumont *et al.*, 1998).

forte exploitation des placettes distribuées en agrégats résulte d'une mémorisation plus facile de leur localisation par les animaux, et probablement d'une stimulation de leur recherche dès lors que les chances de trouver d'autres placettes à proximité sont accrues. Cette plus forte exploitation des placettes préférées lorsqu'elles sont agrégées semble indépendante de l'abondance relative de ces placettes et du type d'herbivore qui les exploite (Dumont *et al.*, 2002). Parallèlement, la moindre exploitation des placettes disséminées peut contribuer à la persistance d'espèces minoritaires dans le couvert. Si la pression de pâturage diminue, les espèces se multipliant par tallage et par stolons auront également plus de possibilités de reconquête si elles ne sont pas uniquement cantonnées à une partie de la parcelle. Ainsi, même si d'autres mécanismes influencent les dynamiques végétales (Bakker, 1998), les modes de gestion des prairies (vitesse de rotation sur les parcelles, chargement instantané, etc.) n'auront pas les mêmes conséquences selon la répartition initiale des espèces pâturées.

▶▶ La place des mécanismes comportementaux dans l'utilisation de l'espace

Les bovins, ovins et équidés domestiques se caractérisent par la stabilité de leur organisation sociale et de leur habitat, même si les groupes peuvent temporairement se scinder en sous-unités pour s'ajuster à la raréfaction des ressources alimentaires (Arnold et Dudzinski, 1978). Cette stabilité dans le choix de l'habitat s'explique en partie par l'influence exercée sur l'individu par ses partenaires. Ainsi sur un parcours d'un millier d'hectares, le barycentre de la répartition spatiale de bovins adultes se trouve à moins d'un kilomètre de celui qu'ils occupaient avec leur mère dans le jeune âge (Howery *et al.*, 1998), et cela même si le groupe auquel appartient l'animal adulte atténue l'influence maternelle initiale. Les troupeaux ovins occupent également des domaines vitaux qui, bien qu'ils fluctuent de façon saisonnière en fonction des variations du climat et des disponibilités fourragères, sont réutilisés d'une année sur l'autre. De même, les chevaux de Camargue, regroupés en harems, utilisent préférentiellement les habitats qui offrent les quantités les plus importantes d'herbe verte. Ces préférences marquées pour certains habitats varient avec la saison (Duncan, 1983).

La distribution spatiale des herbivores au pâturage dépend non seulement de la disponibilité alimentaire mais également de la cohésion intrinsèque du groupe. Même lorsque le troupeau se scinde dans le cas d'une diminution de la ressource disponible, les animaux ayant de fortes affinités restent ensemble. Chez les ovins, la cohésion sociale est également plus forte entre animaux de la même race ou lorsque les animaux sont issus d'un même troupeau (Arnold et Dudzinski, 1978). Expérimentalement, nous avons observé le comportement de brebis issues d'un même troupeau dans une parcelle où elles étaient simultanément attirées par deux pôles d'attraction, l'un alimentaire, une placette d'herbe préférée, l'autre social, un groupe de congénères familiers parqués à une distance variable de la placette d'herbe préférée. Nous avons montré qu'une brebis, même isolée, pouvait se séparer de son groupe pour aller pâturer une placette préférée proche, alors que lorsque celle-ci était plus éloignée, la brebis n'y accédait qu'accompagnée de plusieurs congénères (Dumont et Boissy, 2000). La même expérience, réalisée avec des agnelles élevées ensemble depuis le jeune âge ou regroupées tardivement, a permis de confirmer que l'intensité de la cohésion du groupe modulait la manière dont celui-ci occupe l'espace : les agnelles ont d'autant plus facilement exploité la placette préférée qu'elles avaient de fortes affinités avec leurs accompagnatrices (Boissy et Dumont, 2002 ; figure 5.4). Lorsque des animaux exploitent un environnement qui ne leur est pas familier, les facteurs sociaux semblent encore plus influencer la distribution des animaux (Scott

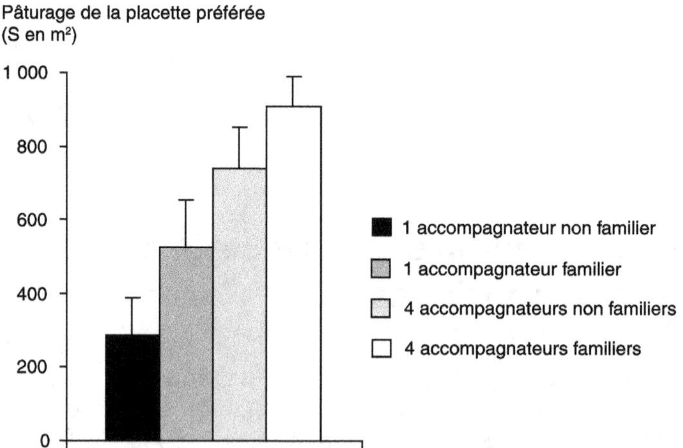

Figure 5.4. Influence des relations d'affinité avec le groupe accompagnateur sur l'aptitude d'une agnelle à s'éloigner du reste du troupeau pour aller pâturer une placette d'herbe attractive située à 35 mètres (Boissy et Dumont, 2002).

et al., 1996). Ces résultats laissent entrevoir le risque qu'auraient des changements de lots trop fréquents, qui limiteraient le développement des affinités au sein du groupe, même si au pâturage, on ne connaît pas précisément leurs effets à long terme sur l'utilisation des parcelles. Par ailleurs, l'analyse des déterminants comportementaux du *leadership* (cf. chapitre 4) pourrait aboutir à sélectionner de « bons *leaders* » susceptibles d'entraîner leurs congénères vers les zones du pâturage à exploiter en priorité.

L'agencement raisonné de pôles d'attraction dans les parcelles devrait également permettre d'exploiter de façon plus équilibrée les surfaces pâturées de manière extensive, et d'éviter la dégradation de certaines parties des parcelles en dispersant le piétinement des animaux. La valeur des prairies extensifiées peut être améliorée par l'implantation locale d'espèces végétales préférées au regard de l'existant. Les troupeaux sont parfois attirés dans des zones spontanément peu fréquentées grâce à des blocs à lécher (figure 5.5). L'aménagement de points d'eau ou la plantation d'abris naturels tient plus rarement compte des circuits possibles des animaux. La dispersion spatiale de tels pôles d'attraction alimentaires ou non alimentaires doit inciter les troupeaux à se déplacer pour les rechercher, et ainsi les amener à rencontrer et à consommer au cours de leurs trajets d'autres ressources moins préférées (figure 5.5). Il est encore difficile d'établir précisément comment ils peuvent être implantés et combinés efficacement pour une meilleure utilisation de l'espace alimentaire. Par exemple, même si le sur-semis de grandes placettes aurait certainement un plus fort pouvoir attractif pour les animaux, ceux-ci consommeront probablement mieux le « fond » de végétation moins préférée si l'ensemble du troupeau ne peut y séjourner simultanément. Il faudra également ne pas concentrer tous ces pôles en un même lieu et/ou en changer périodiquement la localisation. La dégradation des végétations et des sols peut en dépendre, ainsi que les risques de pollution associés à un afflux de déjections.

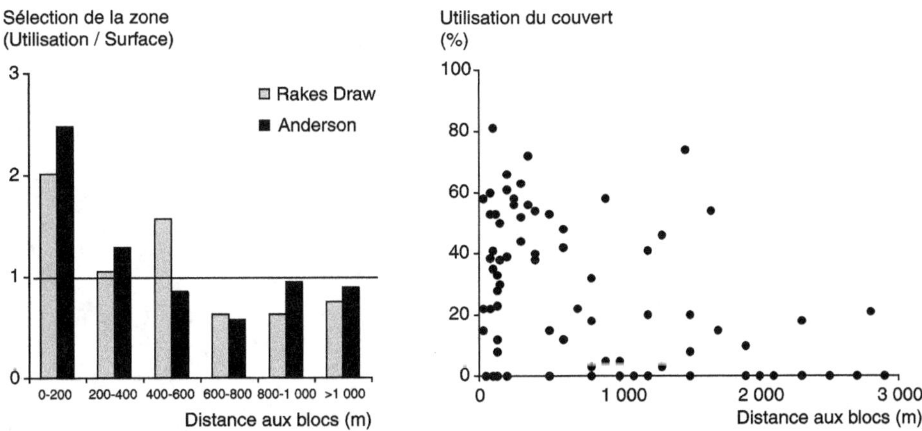

Figure 5.5. Effet de la disposition de blocs à lécher dans deux zones spontanément peu fréquentées sur l'occupation de l'espace et l'utilisation du couvert herbacé par des bovins (Bailey *et al.*, 1996).

▸▸ Conclusion

Dans le contexte actuel de désintensification et de multifonctionnalité de l'élevage, les travaux relevant de l'éthologie appliquée ont permis de décrire et d'expliquer la sélection alimentaire des principaux types d'herbivores, des associations simples de graminées et de légumineuses jusqu'à des prairies hétérogènes pouvant abriter des espèces herbacées difficilement consommables ou des ligneux bas. Ces recherches ont montré comment un apprentissage alimentaire précoce pouvait modifier l'utilisation ultérieure de la végétation. La prise en compte de l'organisation sociale des troupeaux, de la mobilité et de la mémoire des animaux permet de présager du devenir d'espèces rares dans les prairies et de proposer des pistes pour utiliser les parcelles de manière plus équilibrée. Ainsi, les apports de l'éthologie permettent-ils aux éleveurs et aux gestionnaires d'objectiver les relations entre leurs pratiques et la motivation des animaux vis-à-vis des ressources qu'ils veulent leur faire consommer. À l'avenir ces connaissances, organisées dans des modèles, permettront de proposer des outils spatialisés de représentation et d'analyse du processus de pâturage, et de prédire l'évolution de couverts hétérogènes. Grâce à ces recherches, de tels outils pourront se fonder sur des bases mécanistes et privilégier le point de vue de l'animal vis-à-vis de la ressource pâturée.

Partie 3

Éléments de biologie de la conservation

Chapitre 6

Éthologie appliquée
à la fragmentation des habitats

Pierre JOLY

La biodiversité subit une crise qui se manifeste par des extinctions massives d'espèces tant animales que végétales dont la fréquence n'a pas d'équivalent dans l'histoire de la planète. Si les précédentes crises ont été causées par des perturbations externes à la biosphère, comme la collision de la planète avec un astéroïde à la fin du Crétacé, la crise actuelle est principalement due à des modifications des relations entre espèces au sein même de la biosphère. En effet, une seule espèce, *Homo sapiens*, est parvenue à monopoliser 40 % de la productivité totale de la biosphère, et ses activités modifient l'environnement physico-chimique à l'échelle planétaire (Meffe *et al.*, 1993). Or la biodiversité revêt pour ce même *Homo sapiens* une importance capitale, tant au niveau économique qu'à celui de sa sécurité sanitaire ou de sa maîtrise scientifique des processus dans lesquels il est impliqué (Krishnan *et al.*, 1995). Il est en effet prévisible que l'érosion de la biodiversité aura des répercussions sur la fonctionnalité des écosystèmes. Une réduction de diversité spécifique va simplifier les flux de matière et d'énergie, et ainsi diminuer la stabilité des systèmes écologiques, leur résistance aux perturbations et leur capacité à restaurer leur fonctionnalité (perte de résilience). Concevoir un développement durable et respectueux de la persistance de la biodiversité est par conséquent devenu une préoccupation majeure des sociétés modernes, comme en attestent les grands sommets mondiaux de Rio (1992, 1997) et de Johannesburg (2002).

L'analyse des causes de l'érosion de la biodiversité relève principalement de deux approches selon l'échelle de conception des systèmes biologiques. La première est une approche globale autour du concept d'écosystème et la seconde, une approche plus spécifique et locale à travers les concepts de populations et de communautés. Si les cadres conceptuels de ces approches diffèrent, leurs applications à la conservation biologique sont en fait complémentaires. Les causes de la crise de la biodiversité peuvent en effet elles-mêmes se décliner en causes globales (explosion démographique humaine, réchauffement climatique, pollution généralisée) et en causes locales (aménagements, défrichements, utilisations domestiques d'énergie…). Ces deux types de causes sont en permanente interaction. La généralisation des causes locales peut aussi avoir un impact à une échelle globale : la consommation domestique de CFC (chlorofluorocarbone) et l'amincissement de la couche d'ozone, le défrichement d'une clairière par un groupe familial d'agriculteurs et la déforestation amazonienne. D'une façon symétrique, les actions de conservation entreprises à un niveau local, ou focalisées sur une espèce particulière, contribuent à la solution de problèmes globaux, en particulier si elles sont généralisées. Ainsi, si la protection d'espaces répond au mitage[1] local des habitats, l'organisation de réseaux d'espaces protégés contribue à des restaurations de fonctionnalités à des niveaux régionaux ou continentaux.

La conception *écosystémique* considère les milieux naturels comme des entités organisées et régulées (présence de boucles internes de rétroaction comme les relations diversité-stabilité ou les relations biomasse-productivité). Si la biodiversité est une composante majeure de leur fonctionnement par son action régulatrice sur les flux biogéochimiques, sa composition (diversité, abondances) est aussi déterminée par la dynamique des structures spatiales et les conditions physico-chimiques du biotope. Ces dernières sont en général altérées par les activités humaines (pollutions, fragmentations, exploitation de l'eau, etc.). Une *restauration* basée sur des principes écosystémiques cherche à agir sur certains facteurs clés, le plus souvent physiques, du fonctionnement des systèmes (Cairns et Heckman, 1996). L'application d'une démarche écosystémique suppose la mobilisation d'acteurs politiques et socio-économiques à de grandes échelles (bassins de rivières, régions, organisations internationales).

Une conception *écobiologique* focalise l'attention sur l'extinction des populations et l'érosion locale de la biodiversité (du gène aux espèces). En termes de conservation, l'idée centrale est de préserver les potentialités adaptatives du vivant. Les objectifs sont alors d'éviter les extinctions, de maintenir une forte diversité génétique et une richesse spécifique élevée. Les indicateurs de la relation entre espèce et habitat sont les processus génétiques et démographiques. L'environnement est ainsi perçu par son impact sur la survie, le succès reproducteur, la diversité génétique, la densité, le nombre d'espèces et la diversité des potentialités fonctionnelles. Les actions peuvent résider dans la manipulation des habitats (réhabilitation, recréation, restauration de connectivité) ou des populations elles-mêmes (renforcements, réintroductions). Les facteurs clés ne sont toutefois pas toujours accessibles à ce niveau d'analyse et cette approche peut rejoindre la définition d'actions à des niveaux supérieurs d'intégration. Pour gagner en efficacité, les études focalisent sur certaines espèces représentatives choisies selon différents critères :
– *espèces indicatrices*[2] dont la présence est fortement corrélée à un certain type d'habitat ;
– *espèces clés-de-voute* dont l'impact sur l'écosystème est disproportionné par rapport à leur biomasse ; ce sont le plus souvent des parasites, des agents pathogènes ou des pollinisateurs ;

---

1. Destruction progressive et aléatoire des habitats d'une population.
2. Parmi les mesures prises par la Communauté européenne pour la protection des habitats, la directive Habitat concerne des milieux caractérisés par des espèces à la fois indicatrices et patrimoniales.

— *espèces parapluies* dont la présence est corrélée à celle d'une communauté d'autres espèces ; ce sont le plus souvent des prédateurs ;
— *espèces patrimoniales* en danger de raréfaction ou d'extinction ;
— *espèces emblématiques* qui reçoivent une attention sociétale affective.

L'éthologie est particulièrement concernée par cette approche écobiologique relative aux espèces animales car différents mécanismes comportementaux tels que la socialité, la dispersion et les systèmes d'appariement sont impliqués dans la dynamique de la biodiversité. L'animal est en effet en permanence relié à son habitat par ses propres systèmes de perception et de prise de décisions. La fonctionnalité même des habitats, évaluée à travers des fonctions de coûts et de bénéfices, ne peut être établie qu'à partir de la connaissance intime des relations éthologiques que chaque espèce, voire chaque population, entretient avec le milieu. Parce qu'il est probablement un des traits biologiques parmi les plus plastiques, le comportement joue un rôle majeur dans l'adaptation des populations aux altérations anthropiques des habitats.

▸▸ Rôle de l'éthologie dans l'approche écobiologique

Chaque espèce entretient avec l'environnement des relations particulières. Certaines espèces sont endémiques d'habitats isolés alors que d'autres présentent des distributions très vastes à l'échelle de la planète. Certaines espèces dépendent étroitement d'une ressource particulière (une espèce de plante pour un papillon, par exemple) alors que d'autres exploitent une grande diversité de ressources. Certaines espèces présentent une faible aptitude à la dispersion alors que d'autres répandent de grandes quantités de propagules à travers de vastes espaces. Il est par conséquent nécessaire d'avoir une bonne connaissance du contexte écobiologique d'une espèce animale pour construire une expertise des risques d'extinction auxquels elle est soumise.

L'extinction d'une espèce est en effet un processus démographique dont les modalités vont varier selon ce contexte. Les approches démographiques sont dominées par deux paradigmes. Le premier s'applique aux petites populations, soit que la taille de la population résulte d'un processus d'extinction, soit qu'elle soit contrainte par un endémisme (*paradigme des petites populations*). Cette phase critique présente des avantages en termes d'expertise et d'action. Les causes de l'extinction sont, en effet, souvent clairement identifiables et les actions ont de fortes probabilités de succès lorsque l'urgence de la situation permet de mobiliser des moyens importants. Le second paradigme considère plutôt les phases initiales du déclin (*paradigme des populations déclinantes*). Le déclin précède en général la phase critique d'extinction, et sa prise en compte pourrait éviter une gestion de crise. Si prévenir vaut mieux que guérir, il est cependant souvent difficile de mettre en place des suivis coûteux (répétitions de suivis à long terme), de médiatiser des phénomènes moins dramatiques et d'entreprendre des actions à grande échelle. Les analyses de viabilité, qui reposent sur des simulations de dynamique de populations, sont un des outils qui permettent d'appréhender les risques qui pèsent sur une population (figure 6.1).

Déclin et extinction sont principalement dus à la destruction et à la dégradation des habitats. Destruction signifie changement radical de la vocation d'une parcelle par modifications drastiques des conditions physiques et biologiques : drainages des

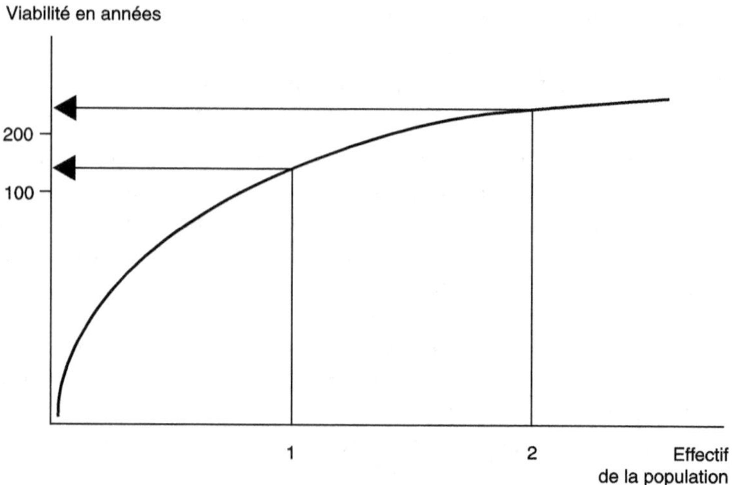

Figure 6.1. Exemple de relation entre l'effectif d'une population et l'estimation de sa viabilité.

Dans le cas présenté qui décrit une population soumise à un régime de variabilité environnementale, un doublement de l'effectif se traduit par une augmentation de viabilité de 15 % environ. Dans ce cas théorique, l'effectif 1 ne garantit qu'une viabilité à 100 ans, alors que l'effectif 2 garantit une viabilité à 200 ans.

zones humides, endiguement des rivières, déforestation, intensification agricole, etc. Dégradation signifie modification graduelle de l'habitat par des perturbations physiques, chimiques ou biologiques comme la dispersion de polluants, l'eutrophisation, le surpâturage, l'exploitation forestière, la chasse et la pêche, etc. Les capacités d'accueil d'un habitat dégradé sont réduites et le succès reproducteur des populations qui l'occupent est altéré. Les impacts respectifs de la destruction ou de la dégradation des habitats se mesurent, au niveau des populations, par une réduction des effectifs et une altération du potentiel démographique.

La destruction des habitats implique le plus souvent leur morcellement en fragments plus ou moins isolés. Au cours de l'histoire, de vastes massifs forestiers ont ainsi été progressivement réduits à l'état d'archipels de bois et de bosquets. Lorsque la destruction des habitats est progressive et aléatoire (mitage de l'habitat), le degré d'isolement des fragments d'habitat augmente avec la progression de la destruction en suivant une loi de type logistique : à partir d'un certain seuil, le degré d'isolement croît brutalement (Bascompte et Solé, 1996). Le morcellement des habitats entraîne celui des populations car la matrice du paysage qui sépare les fragments d'habitat oppose une certaine résistance aux migrations et à la dispersion. Les risques d'extinction des populations locales augmentent alors corrélativement à la réduction des effectifs et au degré d'isolement. La vulnérabilité démographique de telles *populations fragmentées* par rapport aux variations de l'environnement est considérablement amplifiée, que ces variations soient naturelles ou anthropiques (figure 6.2).

La vulnérabilité démographique n'est pas la seule conséquence de la fragmentation. Il vient s'y ajouter les risques de dégradation des génomes. La réduction des effectifs modifie en effet les distributions alléliques en conduisant à la fixation

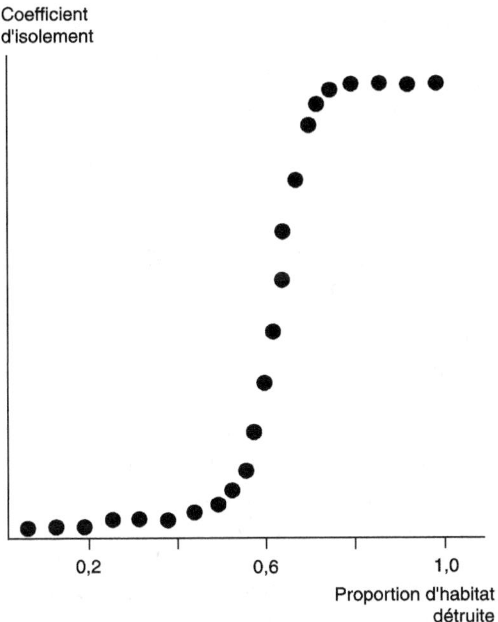

Figure 6.2. Relation entre la proportion d'habitat dans le paysage et un coefficient d'isolement des fragments (modifié d'après Bascompte et Solé, 1996).

Dans cette simulation, la distribution des fragments d'habitat est aléatoire comme il peut en résulter d'une destruction anarchique par mitage.

de certains allèles lorsque l'effectif génétique (l'effectif des individus qui participent effectivement à la reproduction, N_e) est faible. Deux processus majeurs sont responsables de cette réduction de la diversité génétique : la dérive génétique et les accouplements entre individus apparentés (consanguinité) (Lande, 1988). Lorsqu'une population est fragilisée, elle ne peut supporter une purge de mutations délétères (effectifs trop réduits pour subir une forte mortalité). L'érosion génétique constitue alors un fardeau évolutif qui amoindrit les capacités adaptatives et entraîne une dépression de consanguinité (diminution des performances et du succès reproducteur). Cette dégradation aura en retour des répercussions négatives sur la dynamique des populations : si aucune immigration n'intervient, la population s'engage alors dans un processus irréversible de dégradation et d'effondrement démographique, encore appelé « le vortex de l'extinction » (Gilpin et Soulé, 1986). Les impacts génétiques d'une réduction d'effectifs vont dépendre des modalités du comportement sexuel (sélection sexuelle, systèmes d'appariement). La sélection sexuelle peut en effet entraîner des écarts notables à la panmixie. La polygynie induit par exemple une forte réduction de la diversité génétique potentielle car l'héritage génétique des mâles dominants (qui se reproduisent effectivement) est alors sur-représenté dans les descendances. Les actions de conservation doivent tenir compte de tels mécanismes, en particulier dans la gestion des petites populations.

Les processus démographiques qui président aux extinctions relèvent de deux types de problèmes. Le premier est déterminé par les variations de survie et du succès reproducteur, alors que le second est déterminé par les fréquences de mouvements, de migrations et de dispersion. Les mécanismes éthologiques sous-jacents doivent être identifiés et compris pour permettre la définition de directives de gestion efficaces et, le cas échéant, entreprendre des manipulations comportementales à finalité conservatoire. La suite du chapitre traite de ces problèmes et tente d'établir un état de l'art.

▸▸ Populations fragmentées, migrations et dispersion

L'hétérogénéité des habitats n'est pas l'unique conséquence des activités humaines. Les populations sauvages ont, en effet, été morcelées par l'hétérogénéité des habitats bien avant que l'homme ne crée les paysages contemporains. Et, la structuration spatiale des populations est probablement aussi ancienne que l'apparition des espèces. Les composantes éthologiques de cette structuration, tels que les systèmes d'appariement, les structures sociales, les migrations et dispersion, ont été forgées par la sélection naturelle en réponse à la dynamique spatiale des habitats (Emlen et Oring, 1977 ; Olivieri et Gouyon, 1997). Un des objectifs de la biologie de la conservation est de comprendre cet héritage évolutif pour évaluer la compatibilité des paysages contemporains avec un fonctionnement satisfaisant des populations. Par héritage évolutif, nous entendons à la fois les traits biologiques et le potentiel adaptatif des espèces.

Lorsqu'une population est subdivisée entre des fragments d'habitats plus ou moins distants et isolés les uns des autres, sa persistance dépend des dynamiques des populations locales propres à chaque fragment et des échanges que ces populations locales entretiennent entre elles. La fragmentation augmente la probabilité d'extinction au niveau local alors qu'elle favorise la colonisation et la fondation de nouvelles populations locales. Cet antagonisme entre extinction et colonisation peut, dans certaines conditions, trouver un état d'équilibre dynamique à la base du concept de *métapopulation* (Levins, 1970). Le modèle de Levins prédit la proportion de *patchs* d'habitat occupés par une population en fonction des probabilités locales d'extinction et de colonisation (figure 6.3). Ce modèle a principalement une valeur heuristique

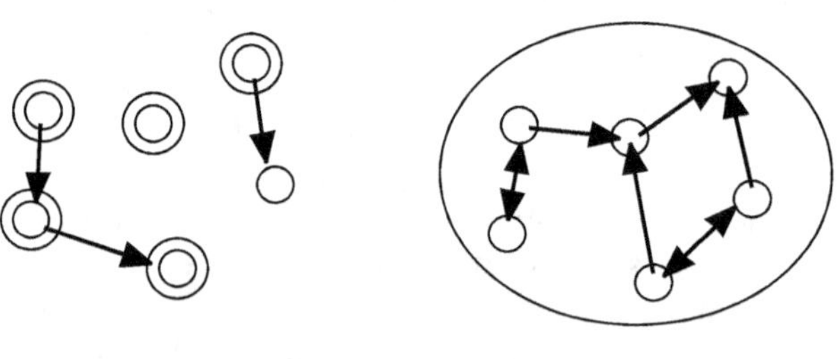

Figure 6.3. Deux types de fonctionnement de populations fragmentées.

Chaque figure représente le même archipel de sites. Dans la métapopulation, les aires moyennes de dispersion sont restreintes aux abords des sites et les événements de dispersion d'un site à un autre sont peu fréquents. Les dynamiques locales ne sont pas synchronisées. Dans la population subdivisée, une vaste aire de dispersion englobe l'archipel. Les migrations d'un site à l'autre sont fréquentes et peuvent résulter dans une synchronisation des dynamiques locales.

car les conditions de son application sont souvent peu réalistes (Baguette, 2004). Il a cependant servi de base au développement de modèles explicites qui incorporent la superficie des *patchs* et les distances qui les séparent pour prédire la probabilité d'occupation d'un *patch* donné (modèles de *fonction d'incidence* : Hanski, 1994 ; Moilanen et Hanski, 1998 ; Lawes *et al.*, 2000). Les conditions d'application du modèle de métapopulation sont très restrictives : fort contraste écologique entre habitat et matrice du paysage, et faible taux de migration d'un *patch* à un autre. Ce modèle n'a trouvé de réelles applications prédictives que chez des espèces spécialisées sur un type particulier de ressource (une plante-hôte pour un papillon, par exemple) ou pour des *patchs* d'habitat particulièrement contrastés (des îles, par exemple). Dans ces conditions particulières, le taux de migration d'une population à une autre n'est pas suffisamment fort pour entraîner une synchronisation des dynamiques locales. À un moment donné, certaines populations produisent des excédents, alors que d'autres sont en déficit. On peut cependant attendre que l'évolution des paysages actuels crée de nouvelles opportunités d'application du modèle car isolement et contraste augmentent, en particulier dans les régions d'agriculture intensive (Driscoll, 2007).

Le modèle des *populations subdivisées* de Harrison (*patchy populations* ; Harrison, 1991) intéresse une gamme plus large de situations (figure 6.3). Il suppose un taux de dispersion élevé et des distances de dispersion plus grandes que les distances moyennes qui séparent les *patchs*. Les migrations entre populations locales sont alors suffisamment élevées pour jouer un rôle d'effet de rescousse lorsqu'une population est déclinante, prévenant ainsi l'extinction au niveau du *patch*. Une telle configuration entraîne deux conséquences majeures : le taux d'extinction au niveau local est faible et les dynamiques locales de *patchs* voisins sont souvent synchronisées. Un tel fonctionnement signifie que certaines populations locales jouent le rôle de sources alors que d'autres jouent le rôle de puits (dans le sens de puits perdu). Au plan régional, la persistance d'une population dépend de la dynamique d'ensemble de tels systèmes sources-puits (Pulliam, 1988).

Ces modèles démontrent l'importance capitale des migrations entre populations locales pour la persistance d'une population. Les migrations peuvent résulter de mouvements d'animaux adultes (émigration, migrations nuptiales) ou de dispersion postnatale de juvéniles. Le transfert d'individus d'une population vers une autre ou vers un *patch* d'habitat vide résulte de trois phases : 1) l'*émigration* ou départ de la population d'origine, 2) la *migration* proprement dite ou déplacement à travers une matrice d'habitats peu favorables, et 3) l'*immigration* ou installation dans le *patch* d'arrivée (Ims et Yoccoz, 1997). Chacune de ces phases obéit à des mécanismes éthologiques propres. L'émigration est la phase qui a reçu le plus d'attention car elle se prête plus que les autres à une démarche de test d'hypothèses. Les modalités d'émigration sont effectivement étudiées chez des individus dont les relations avec leur groupe d'origine (densité, parenté, hiérarchie, condition corporelle) sont connues et peuvent être manipulées (Léna *et al.*, 1998). La phase d'immigration a reçu moins d'attention car l'histoire des immigrants n'est, en général, pas connue (les chercheurs ne disposent pas encore de dispositifs expérimentaux suffisamment vastes pour contrôler ce paramètre) (Stamps, 2001). La phase de déplacement a été la plus ignorée car il est difficile d'élaborer les protocoles expérimentaux pour tester des prédictions théoriques et de mesurer les coûts d'un déplacement dans la matrice du paysage (Wiens, 2001).

Pourquoi quitter sa population ?

Les premières hypothèses avancées pour expliquer le départ de la population d'origine supposent une réponse à la dégradation de la qualité de l'habitat. Si les habitats sont instables ou engagés dans un processus de succession écologique, les pressions sélectives pour un comportement nomade sont élevées (Olivieri et Gouyon, 1997). Si les habitats sont stables, l'accès aux ressources peut être limité par la compétition lorsque la densité locale augmente. Il peut alors devenir plus avantageux de risquer une émigration périlleuse (la survie des émigrants est en général plus faible que celle des résidents) que de demeurer dans un site où il n'y a pas d'avenir. Cette hypothèse suppose cependant que la probabilité de trouver ailleurs une meilleure situation n'est pas trop faible. Si en revanche la densité est élevée à l'échelle régionale, l'équilibre compétition-dispersion devrait être déplacé vers la philopatrie (fidélité des individus pour un site de résidence). La perception à distance d'informations sur les conditions de densité dans des sites éloignés devient alors une question pertinente d'éthologie appliquée.

Dans les habitats stables, les relations de parenté peuvent interagir avec la compétition pour influencer la propension à disséminer. Une première hypothèse est basée sur le succès reproducteur global d'un génotype (*inclusive fitness* = somme des succès reproducteurs du génotype et des parties de ce même génotype portées par des apparentés) et non pas sur le succès reproducteur individuel. Dans ce cas, il serait plus avantageux pour un individu de quitter le groupe familial pour alléger la compétition entre apparentés (Hamilton et May, 1977 ; Johnson et Gaines, 1990). Plusieurs résultats vont dans le sens de cette hypothèse (Strickland, 1991 ; Ribble, 1992 ; Ronce *et al.*, 1998 ; Léna *et al.*, 1998). Cependant, la philopatrie peut être positivement sélectionnée si les apparentés entretiennent des relations de coopération (Powell et Fried, 1992 ; Lambin et Yoccoz, 1998 ; Perrin et Goudet, 2001). Une seconde hypothèse suppose que l'émigration résulte d'un mécanisme d'évitement de la consanguinité. Depuis quelques années, une série d'études a confirmé la réalité du phénomène de dépression de consanguinité sur le terrain, en général dans de petites populations isolées. L'isolement entraîne une augmentation de consanguinité qui se traduit par une diminution des performances individuelles et du succès reproducteur (Chen, 1993 ; Bensch *et al.*, 1994 ; Keller *et al.*, 1994 ; Madsen *et al.*, 1996 ; Hitching et Beebee, 1998). L'évitement de consanguinité peut alors apparaître comme un autre promoteur de dissémination, mais dont l'action ne peut être dissociée de la compétition entre apparentés dans le milieu naturel (Perrin et Goudet, 2001).

Le départ de la population d'origine obéit donc à une causalité multifactorielle et son caractère adaptatif n'apparaît pas toujours de façon évidente. En outre, les deux sexes peuvent présenter des tactiques de dispersion différentes selon le différentiel d'investissement dans la reproduction. Lorsque l'investissement reproducteur est principalement assuré par le sexe femelle (polygynie chez les mammifères), la dispersion est assurée principalement par des individus de sexe mâle. En revanche, lorsque l'investissement reproducteur du mâle est important (défense des ressources : territorialité trophique), la dispersion est principalement assurée par des femelles (Greenwood, 1980) (figure 6.4).

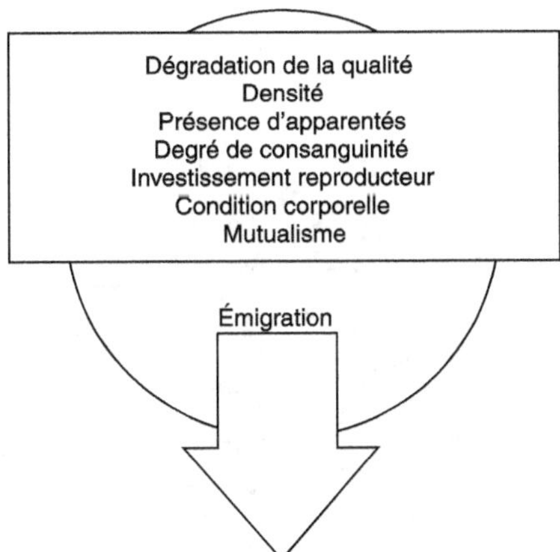

Figure 6.4. Déterminants multifactoriels de l'émigration d'un site.

Les modalités du déplacement

Dans le cas d'une dispersion postnatale, cette phase peut s'étaler sur une longue période, jusqu'à l'accession à la maturité sexuelle (une à plusieurs années). Cependant, si l'on admet que le comportement de dispersion entraîne des risques élevés de mortalité, on peut s'attendre à ce que l'animal limite la durée effective des déplacements. À quelles règles comportementales obéissent les organismes au cours des mouvements migratoires ? Cette question demeure largement inexplorée.

Du point de vue théorique, la difficulté réside dans la complexité des interactions paysage-organisme au cours du déplacement. Le paysage est une mosaïque complexe qui se modifie dans le temps. La recherche d'une relation coûts-bénéfices entre chaque parcelle d'habitat et l'organisme qui la traverse permettrait, dans l'absolu, de concevoir des cartes de friction, avec des zones perméables aux mouvements (faibles coûts) et des zones plus résistantes (coûts élevés) (Villalba *et al.*, 1998 ; Ray *et al.*, 2002 ; Fahrig, 2007). Mais les fluctuations de ces paramètres altèrent la fiabilité des prédictions. La variabilité des conditions climatiques, par exemple, peut radicalement modifier la perméabilité de chaque type d'habitat (Van Horne *et al.*, 1997). Si l'hétérogénéité des contraintes de l'habitat pour les mouvements est aléatoire, la meilleure stratégie de déplacement est alors la ligne droite car une telle trajectoire présente des coûts temporels minimaux (Wiens, 2001). Cependant, la structure du paysage n'est en général pas aléatoire et toutes les routes de moindres coûts ne sont probablement pas toujours des lignes droites. La structure des déplacements ne sera appréhendée que lorsque les règles de décision de l'individu en fonction de l'habitat seront connues (figure 6.5).

Du point de vue empirique, les données sont rares. Il est en effet souvent difficile de suivre la trajectoire des animaux et les méthodes d'étude sont encore balbutiantes. Les recaptures d'animaux marqués sont de peu d'intérêt pour cette problématique car elles ne renseignent pas sur l'itinéraire suivi entre deux points de capture.

Le radiopistage peut fournir des données plus précises chez les animaux assez lourds pour porter un émetteur (Vos, 1999). Le traçage des déplacements peut aussi être

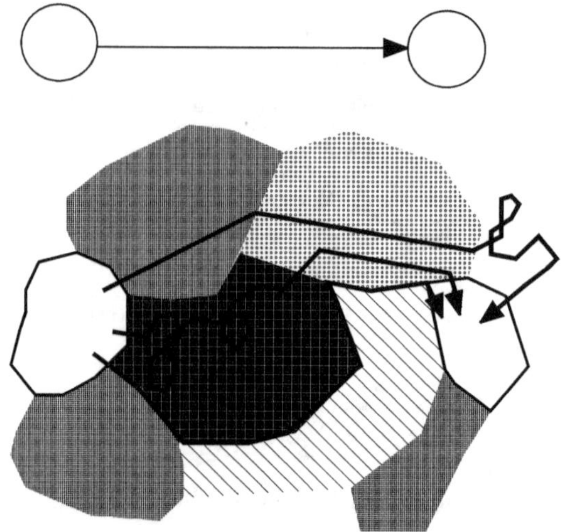

Figure 6.5. Différentes conceptions des déplacements dans la matrice qui sépare différents *patchs* d'habitat (modifié d'après Wiens, 2001).

En haut, conception classique de la dissémination d'un fragment d'habitat à un autre (voir figure 6.3). Une telle conception peut correspondre à une espèce écologiquement très spécialisée pour qui la matrice est très inhospitalière ou, à l'inverse, à une espèce généraliste relativement indifférente aux habitats traversés. En bas, prise en considération de l'hétérogénéité de la matrice du paysage pour une espèce à la valence écologique intermédiaire. Certaines parcelles sont moins perméables que d'autres aux déplacements.

établi en marquant les animaux avec des pigments fluorescents que l'animal dépose au cours de ses déplacements (Duplantier *et al.*, 1984 ; Eggert, 2002). Des crapauds ont été équipés d'une bobine de fil qui se déroule lorsque l'animal se déplace laissant une trace fiable de son itinéraire (Sinsch, 1988). Le radar harmonique[3] pourrait ouvrir de nouvelles perspectives car les transpondeurs fixés sur l'animal sont très légers (entre 1 et 30 mg) (Roland *et al.*, 1996). Ils peuvent être collés sur le tégument des Arthropodes mais aussi être installés de façon sous-cutanée chez des Vertébrés (Engelstoft *et al.*, 1999 ; Webb et Shine, 1997).

D'autres approches s'intéressent aux prises de décision des animaux cibles dans des enceintes expérimentales installées *in situ* et dont les dimensions sont suffisamment vastes pour que les réponses enregistrées soient extrapolables à l'échelle du paysage (*Experimental Model Systems* ou EMSs). Il est attendu de tels protocoles EMSs qu'ils permettent de dégager des principes généraux des réponses comportementales d'une espèce à la fragmentation des paysages (Wiens *et al.*, 1993 ; Bowne *et al.*, 1999 ; With *et al.*, 1999). Ces principes permettraient ensuite de concevoir des automates cellulaires pour prédire les flux migratoires dans un paysage explicite (With et Crist, 1995 ; Schippers *et al.*, 1996).

---

3. Technique de repérage par écholocation radar sur une cible fixée sur l'animal et qui modifie la fréquence d'émission (diode). Le réglage du récepteur radar sur cette fréquence de réémission permet de ne détecter que les échos sur la cible.

Un point important est de savoir si les déplacements de l'animal sont orientés vers un but, une cible, ou s'ils ne sont guidés que par la motivation à s'éloigner du site d'origine. Si l'on accepte la dernière hypothèse, on attend que les animaux disséminent de façon aléatoire dans toutes les directions autour du site d'origine. Cependant, les espèces pour lesquelles la plupart des individus sont fortement contraints à disséminer ont pu développer des mécanismes de détection à distance de *stimuli* provenant des habitats cibles. Les modalités du mouvement sont alors conditionnées par la distance à laquelle un animal détecte un habitat favorable. Cette zone de détection, ou *fenêtre de perception*, est particulièrement réduite chez certains campagnols forestiers fortement sédentaires des genres *Peromyscus* (Zollner et Lima, 1997) et *Microtus* (Gillis et Nams, 1998) qui ne détectent plus la présence de forêt lorsqu'ils en sont éloignés d'une dizaine de mètres dans une culture ou d'une trentaine de mètres en terrain nu. Elle est beaucoup plus vaste chez des Amphibiens, au comportement en général plus nomade, qui détectent la présence d'une mare à plusieurs centaines de mètres (Joly et Miaud, 1993).

L'influence de l'habitat sur la migration peut être appréhendée par l'analyse de performances (par exemple en comparant les vitesses de déplacement entre habitats différents) ou par des expériences de sélection de l'habitat. Ces dernières donnent le choix à des individus en migration entre différents types d'habitats. Lorsqu'ils quittent leur mare de naissance pour gagner les milieux terrestres favorables à leur croissance, les juvéniles de crapauds des joncs (*Bufo calamita*) montrent des différences de vitesse de déplacement en fonction de l'habitat (sol lisse, graviers, sol herbeux, litière forestière). Mais lorsqu'on leur donne le choix dans un dispositif en « Y » entre ces différents types d'habitat, ils ne préfèrent pas celui dans lequel ils se déplacent le plus rapidement, ce qui montre que d'autres variables sont prises en compte par l'animal comme la présence d'abris ou le potentiel hygrométrique. Les distances génétiques entre populations sont bien corrélées avec des prédictions basées sur ces préférences d'habitat au cours des migrations (Stevens *et al.*, 2004 et 2006).

Contrairement aux études éco-éthologiques, de nombreuses approches écophysiologiques ont été réalisées pour estimer les coûts liés aux déplacements. La plupart des études reposent sur des techniques respirométriques (1 g de dioxygène consommé équivaut approximativement à une dépense énergétique de 20 J). Mais il faut admettre qu'un large fossé sépare encore de telles études expérimentales et l'évaluation de coûts dans un contexte naturel. Les études respirométriques concernent en effet essentiellement des animaux à jeun qui se déplacent sous contrainte (tapis roulant, soufflerie, *fluvarium*) dans des enceintes de dimensions réduites. Extrapoler ces résultats supposerait que les animaux ne se nourrissent pas au cours des migrations. De la même manière, les risques liés aux déplacements sont souvent considérés comme élevés car la mortalité des dispersants est plus élevée que celle des résidents (Weisser, 2001).

En résumé, si les automates cellulaires ou les modèles de percolation sont des outils efficaces pour simuler des flux migratoires dans un paysage, il n'est souvent pas possible de les mettre en œuvre de façon fiable car les paramètres des mouvements de dispersion ne sont pas estimables. On attend des éthologistes qu'un effort particulier soit accompli pour établir les règles de décision et les coûts des déplacements qui permettraient de rendre les modélisations plus réalistes.

L'arrivée dans un *patch*

L'installation sur un site donné dépend probablement d'une interaction entre l'état interne des individus (diminution de la motivation à disséminer, épuisement de réserves au cours du déplacement) et la qualité de l'habitat. Étant donné la pauvreté des données sur le premier terme de l'interaction, nous ne traiterons ici que du second. Deux types de mécanismes peuvent être considérés, selon que les congénères sont impliqués ou non.

En l'absence de la prise en compte des congénères, l'immigrant peut évaluer les ressources disponibles dans le *patch* pour prendre la décision de s'y installer. Mais il peut aussi utiliser des informations indépendantes des ressources qui sont des indices indirects de la qualité de l'habitat. Une parcelle de forêt peut être reconnue à distance par sa couleur et son contraste avec l'environnement. Un point d'eau émet des molécules particulières qui permettent son repérage olfactif à distance. La sensibilité d'un animal à ce type d'indice peut relever de mécanismes d'empreinte au cours de l'ontogenèse (Klopfer, 1963 ; Wecker, 1963). Une manipulation de ce mécanisme d'empreinte est utilisée de longue date pour la réintroduction ou la gestion de populations de saumons (Hasler et Wisby, 1951 ; Hasler et Scholz, 1983). Cette manipulation consiste à marquer l'environnement olfactif de développement des juvéniles (une pisciculture) par une molécule qui n'existe pas dans l'environnement naturel (la morpholine, par exemple). Ces jeunes poissons sont ensuite lâchés dans une rivière à partir de laquelle ils vont migrer vers la mer. Lorsqu'ils atteignent la maturité sexuelle trois années plus tard et qu'ils s'approchent des côtes pour la migration anadrome, une perfusion de morpholine est installée dans le cours d'eau choisi pour la réintroduction. Lorsqu'ils détectent cette molécule, les poissons remontent le courant vers le point de perfusion autour duquel ils établissent une frayère. Dans cette opération, la morpholine est utilisée comme indice indirect de la qualité de l'habitat. Une recherche par l'animal de similarité entre l'habitat de départ et celui d'arrivée peut aussi reposer sur la plus grande efficacité des comportements dans des environnements familiers (*training effects* ; Biggins *et al.*, 1998 ; Stamps, 2001).

La présence de congénères peut être utilisée comme indicateur de qualité chez les espèces non sociales, sachant que l'attraction par les congénères est une évidence chez les espèces sociales. Un individu peut en effet tirer avantage de s'installer dans un site déjà occupé, mais où la densité n'est pas trop élevée. Ce processus a été identifié de longue date par Allee (1951) et reconnu comme « effet Allee » (*Allee effect*). Le taux de croissance par individu d'une population augmente avec la densité jusqu'à un certain niveau à partir duquel le taux d'accroissement diminue en réponse à l'intensification de la compétition. L'effet Allee repose sur plusieurs mécanismes comportementaux qui concernent aussi bien les espèces territoriales que les autres. Un premier relève de la protection contre les prédateurs par effet de dilution et/ou par vigilance communautaire. Un second mécanisme relève de la disponibilité en partenaires sexuels. Un troisième mécanisme relève de la mise en commun d'informations (*public information*). Ce partage d'informations peut concerner la recherche de nourriture par imitation des congénères qui portent des indices de succès d'affouragement (Valone, 1989 ; Danchin *et al.*, 2001). L'attraction par les congénères a été démontrée chez diverses espèces solitaires ou territoriales. Chez le saumon, chez qui, comme nous l'avons vu, une empreinte olfactive peut être manipulée, la migration anadrome est guidée par des phéromones (ou des kairomones ?) émises par les congénères (Nordeng, 1971, 1977). Ces congénères sont les juvéniles présents dans la rivière et subissant la smoltification (métamorphose qui conduit à la vie marine) (Selset et Døving, 1980). Les kairomones pourraient être les sels biliaires rejetés avec les excréments (Døving *et al.*, 1980). Chez les tritons, la migration prénuptiale est aussi influencée par la présence de congénères dans la mare (Perret, 2000). Chez des espèces territoriales comme des lézards, l'établissement de nouveaux territoires se fait aussi par agrégation aux territoires déjà établis (Stamps, 1987).

Malgré les avantages que l'individu peut en retirer, l'installation dans une nouvelle population peut aussi présenter des coûts dus aux comportements agressifs des résidents à l'égard d'un nouvel arrivant (« barrière sociale » ; Fretwell et Lucas, 1970 ; Hestbeck, 1982 ; Sutherland, 1996 ; Tobias, 1997). Au niveau régional, on peut s'attendre à ce que ces coûts augmentent avec la densité. Au-delà d'un certain seuil de densité, le comportement le plus adaptatif serait alors la philopatrie. Malgré l'intérêt de telles questions pour la gestion des populations naturelles, il faut bien admettre que ces thèmes de recherche en sont encore à leurs balbutiements et que des efforts importants de recherche en éthologie doivent être accomplis pour parvenir à une quelconque modélisation.

▶▶ Les actions d'éthologie appliquée à la fragmentation et à la dégradation des habitats

Ces actions relèvent principalement de deux approches. La première cherche à établir des règles d'organisation spatiale et de gestion temporelle du paysage qui permettent aux animaux de se déplacer et de se reproduire dans de bonnes conditions démographiques et génétiques. Cette approche, qui s'appuie sur des études éthologiques approfondies des relations à l'habitat (*sensu lato* c'est-à-dire incluant les congénères), ne manipule pas le comportement ou le fait de façon très indirecte. La seconde approche consiste en des manipulations effectives du comportement pour déplacer des animaux, leur faire éviter des zones dangereuses, ou leur faire découvrir et coloniser des espaces restaurés.

Définition des règles d'organisation et de gestion des paysages

Une fois définies les priorités de conservation (populations, espèces, communautés), l'objectif est alors de *cartographier* les habitats dans une perspective de persistance des populations et de maintien de leur qualité génétique (préservation du potentiel adaptatif). Ce travail de zonage est un préalable aux directives de gestion telles que la création d'espaces protégés et la mise en place de mesures contractuelles. Les données éthologiques jouent un rôle important dans ce travail (ou devraient le jouer).

Afin de préserver une population, la *superficie* des habitats doit assurer les besoins d'un effectif minimum pour la viabilité de la population. Cet effectif est en général supérieur à l'effectif génétique minimum qui préserve des problèmes de dérive génétique et de croisements consanguins (Lande, 1988). Toutefois, le gestionnaire doit tenir compte de l'impact du système d'appariement sur la diversité génétique. À effectif égal, une espèce polygyne présente une diversité génétique plus faible qu'une espèce monogame, car les paternités sont assurées par un nombre de mâles restreint (voir Henry et Gouyon, 1998 pour le calcul de l'effectif génétique en fonction du degré de polygynie).

L'objectif n'est cependant pas toujours de préserver une population. Les contingences locales peuvent contraindre le gestionnaire à ne préserver que de petits fragments d'habitat, mais qui peuvent concourir à des opérations de conservation à plus large échelle en étant intégrés à un ensemble d'espaces protégés à l'échelle de la population. Une population viable de castors ne peut, par exemple, se concevoir qu'à l'échelle du bassin d'un fleuve alors qu'une population viable de balbuzards se conçoit à l'échelle d'un continent. La stratégie de conservation doit alors s'inscrire dans la perspective d'un réseau au sein duquel les zones considérées comme les plus sensibles (zones d'affouragement ou zones de nidification) recevront un statut particulier de protection. Le concept de réseau repose sur une bonne connaissance des *règles de déplacement* des animaux dans la matrice du paysage, car l'efficacité des mesures de protection en dépend.

Deux types d'outils cartographiques peuvent être utilisés. Un premier outil, les *systèmes d'information géographique* permet d'établir des *cartes de friction* qui décrivent la résistance du paysage aux déplacements à partir desquelles des « bassins de dispersion » peuvent être construits (Johnston, 1998 ; Ray *et al.*, 2002 ; Joly *et al.*, 2003). Un second type d'outils, les *modèles individus-centrés spatialement explicites*, repose sur des automates cellulaires. Le paysage est décomposé en une grille dont chaque cellule présente des dimensions proches de celles de la fenêtre de perception de l'animal (Johnson *et al.*, 1992). Les déplacements sont régis par les décisions prises dans chaque cellule selon des règles préétablies. Les champs d'application des modèles individus-centrés sont très vastes car ils peuvent simuler la dynamique de population dans un contexte spatialisé explicite (Pulliam *et al.*, 1992 ; Van Apeldoorn *et al.*, 1998). Des études éthologiques et écophysiologiques approfondies des mouvements sont des préalables indispensables à la construction de tels outils. La qualité des paramètres d'entrée est en effet une condition préalable importante car ces modèles se prêtent mal, voire pas du tout, à la validation expérimentale (Grimm, 1999).

Dans une perspective d'entretien d'une connexion satisfaisante entre fragments d'habitat, le concept de *corridor* biologique a rencontré un vif succès chez les gestionnaires du milieu naturel. L'utilité de ce concept fait cependant l'objet de nombreux débats chez les scientifiques. Un corridor est un élément de configuration linéaire dont les conditions écologiques sont meilleures que celles de la matrice mais ne permettent cependant pas une installation durable (Wilson et Willis, 1975). Les principaux corridors sont les haies, les bandes enherbées (bords de routes), les fossés, etc. Si la valeur de tels éléments comme habitats de substitution est assez généralement acceptée, leur fonction de connexion entre des fragments plus vastes a été contestée (Simberloff *et al.*, 1992 ; Beier et Noss, 1998 ; Joly *et al.*, 2001). Il apparaît nettement que la conception heuristique de lien que le corridor représente a pris le pas sur l'évaluation objective de son efficacité. L'analyse de la fonctionnalité connective des corridors n'a été entreprise que très récemment (Coffman *et al.*, 2001 ; Mech et Hallett, 2001). Ces études montrent un impact positif chez des petits rongeurs (augmentation des mouvements entre *patchs* d'habitat) mais les résultats ne sont pas aussi convaincants qu'attendus. Chez les papillons en revanche, les haies favorisent les mouvements en procurant aux animaux des points de repère favorisant les déplacements (vol parallèle à une lisière) (Dover et Fry, 2001). Comme on l'aura compris, le concept de connexion par corridor nécessite des expertises éthologiques chez une grande diversité de groupes zoologiques.

▸▸ Manipulations directes du comportement

Quelques réussites spectaculaires démontrent que des opérations de manipulation du comportement sont possibles en utilisant en particulier les mécanismes d'empreinte. Nous avons déjà présenté la manipulation de l'empreinte sur l'habitat pour la restauration de populations de salmonidés. Plus récemment, une expérience fascinante a été réalisée en manipulant l'empreinte sur le parent chez les oies (Moullec, 2002). Ce type d'empreinte est bien connu depuis les travaux de Lorenz (1937). Après l'éclosion, l'attachement du jeune anatidé à son parent résulte d'un processus d'apprentissage impliquant une période sensible (voir Bateson, 1979 pour une définition de l'empreinte). Il est donc possible de manipuler ce mécanisme pour faire adopter comme parent une vaste gamme d'objets pourvu qu'ils soient animés. Un être humain peut parfaitement devenir un parent adopté.

Certaines populations d'oies sauvages sont en danger d'extinction. En Europe, l'oie naine (*Anser erythropus*) présente des effectifs extrêmement réduits. Son aire de nidification est restreinte au Nord de la Scandinavie. Elle migre en hiver vers les plaines de Roumanie et le delta du Danube où elle subit une forte mortalité due à la chasse. Peu d'espoirs étant permis quant à l'amélioration de la situation dans cette région, il a été envisagé d'amener ces oies à changer de zones d'hivernage. Le principe est d'imprégner des oisons sur des humains et d'utiliser cette empreinte pour guider la migration postnatale vers des zones protégées. Des expériences préliminaires ont été réalisées avec une espèce commune, la bernache nonnette (*Branta leucopsis*), en entraînant un groupe d'oiseaux du Cantal jusqu'à la Grande Brière avec un ULM. Cette expérience pilote a permis de mettre en place un projet de sauvegarde de l'oie naine en guidant avec succès par ULM une première troupe d'une trentaine d'oiseaux depuis le Nord de la Scandinavie vers l'Allemagne (Moullec, 2002).

▸▸ Conclusion

La contribution de l'éthologie à la gestion des populations naturelles est une réalité (Clemmons et Buchholz, 1997 ; Caro, 1998 ; Gosling et Sutherland, 2000). Cependant, on peut attendre des développements importants dans les années à venir car il est nécessaire de comprendre les règles qui régissent les phénomènes de dispersion. La dissémination d'une espèce dans un paysage hétérogène dépend de l'interaction entre la « viscosité » des populations et la « perméabilité » de la matrice du paysage. La viscosité d'une population résulte de son organisation sociale et des liens qui unissent les individus apparentés. La perméabilité de la matrice résulte des coûts et des risques auxquels sont soumis les individus qui s'aventurent à la traverser. Ces coûts et ces risques qui varient dans le temps et selon la qualité des individus (âge, condition corporelle), compliquent la tâche des éco-éthologistes. La possibilité de détecter à distance des informations sur les habitats cibles peut augmenter l'efficacité des migrations mais aussi conduire à des trajectoires qui ne sont pas optimales au niveau local. À l'heure actuelle, ces domaines de recherche sont largement inexplorés. Ils nécessitent de confronter différents outils depuis le traçage génétique jusqu'aux manipulations comportementales en passant par des simulations dans des paysages spatialement explicites. En outre, la complexité du problème résulte en une faible appropriation théorique. Des efforts sont donc à faire dans ce domaine pour guider les démarches empiriques et amplifier la valeur des observations.

Partie 4

Santé humaine, modèles pour la recherche et l'industrie

Rôles et fonctions des animaux familiers dans le développement et la santé des humains

Hubert MONTAGNER

Les rôles et fonctions des animaux familiers dans la vie émotionnelle, affective, relationnelle, sociale et intellectuelle des humains sont particulièrement clairs dès lors que l'on considère leurs interactions avec l'enfant. En effet, si on examine celles-ci à la lumière des recherches expérimentales et des études longitudinales, notamment en éthologie, et aussi des « observations cliniques », elles apportent un éclairage incomparable sur les mécanismes et processus qui façonnent le développement individuel, les phénomènes d'attachement, les conduites et les processus cognitifs chez l'homme. Si on se fonde sur les propos des enfants, en partageant l'habitat et l'intimité des humains, l'animal familier est considéré à la fois comme un ami qui fait partie de la famille, un confident qui peut tout voir et entendre, un complice qui ne trahit pas et auquel on peut accorder une confiance aveugle. Il ne parle pas et ne juge pas, et ne renvoie pas aux difficultés personnelles et familiales, sans compter les « services » qu'il peut rendre aux personnes et à la société.

Dans la vie quotidienne, les animaux familiers ont la possibilité de manifester spontanément des comportements nuancés, complexes et diversifiés, à la fois dans leur registre spécifique et dans les registres appris et façonnés au contact des humains. Leur capacité à décoder les signaux des humains et à s'ajuster à leurs conduites ainsi que leur flexibilité génèrent le sentiment qu'ils s'accordent aux émotions et aux affects (pour la définition précise de l'accordage, voir Stern, 1985). Les enfants peuvent former les représentations les plus surprenantes, effectuer les transferts les plus délirants, reconstruire leurs raisonnements, élaborer de nouveaux projets. Les interactions avec l'animal familier contribuent ainsi à façonner leur monde émotionnel, affectif, relationnel, social et cognitif. Avant d'examiner plus précisément les processus qui sous-tendent ce façonnement, il est nécessaire de présenter les spécificités et caractéristiques des animaux familiers auxquels les humains ont donné ce statut.

▸▸ Les groupes d'animaux familiers

Les animaux familiers appartiennent essentiellement à cinq groupes (les chiens, les chats, les chevaux, les dauphins et les perroquets), même si d'autres espèces peuvent remplir occasionnellement des fonctions ou des rôles d'animal familier.

Les chiens

Très attentifs à ce que fait et dit leur maître, en quête permanente d'interactions affiliatives, les chiens se montrent capables de décoder un large éventail de ses comportements, de ses odeurs (études éthologiques de Filiâtre *et al.*, 1986, 1988 et de Millot *et al.*, 1989), de ses vocalisations et onomatopées, et aussi de ses productions langagières. Ils peuvent ajuster leurs réponses à ses attentes en lui donnant l'impression qu'ils adhèrent à ses émotions et ses affects. Ils sont des coacteurs exceptionnels dans de multiples activités ou tâches humaines : chasse, transport des personnes et des marchandises, « encadrement » des troupeaux d'animaux de ferme, garde des habitations, recherche et découverte de ressources cachées, assistance aux personnes handicapées, opérations de sauvetage… Dans toutes ces coactions, les chiens peuvent moduler leur comportement en tenant compte du contexte, de la situation et du milieu, et en se fondant sur leurs expériences individuelles et leur « vécu ». Plus généralement, ils sont flexibles par rapport aux événements et à l'environnement. Certains sont capables d'anticiper le comportement du maître. C'est probablement aux chiens que, quelles que soient sa culture et son appartenance ethnique, l'homme attribue les capacités d'attachement et de fidélité les plus développées, tout en leur reconnaissant des « qualités » affectives et cognitives hors pair (pour la sélection des chiens familiers, voir Vernay, 2003).

Les chats

Les chats ont aussi un éventail de comportements qui donnent à leur maître l'impression qu'ils partagent ses émotions et ses affects. Cependant, ils sont des indépendants qui alternent les temps « égoïstes », quelles que soient la volonté et les décisions des humains, et les temps de forte dépendance et d'intimité pendant lesquels « ils ne peuvent se passer » de relations avec les personnes. Leur « esprit d'indépendance » ancré dans la dépendance vis-à-vis de l'homme en fait des partenaires « naturellement prédisposés » à sa vie quotidienne puisque les personnes alternent, elles aussi, le plus souvent, les moments égoïstes et les moments d'interdépendance affective et relationnelle (Mertens, 1991 ; Mertens et Turner, 1988 ; Turner, 1991 ; Turner et Bateson, 2000). En outre, si on les compare aux autres espèces, en particulier de félidés, les chats familiers ont la particularité de déployer un registre unique de comportements que les humains interprètent comme des débordements « personnalisés » d'attachement, de tendresse ou d'amour. Ils combinent en effet les ronronnements, les léchages, les frottements appuyés de

la tête sur les jambes, les bras ou les mains, les recherches permanentes du corps
à corps, les « œillades », les miaulements modulés, les écoulements nasaux dans
les interactions proximales, les comportements infantiles ou juvéniles… Ils ont en
même temps la capacité d'indiquer leurs besoins, leurs états et souffrances (même
si on affirme communément qu'ils souffrent en silence), leurs « motivations » et
leurs intentions. L'ensemble de leur registre en fait des générateurs et des amplifi-
cateurs incomparables des émotions, des affects et des phantasmes des humains, en
particulier les enfants.

Les chevaux

Les chevaux sont également des partenaires auxquels les humains attribuent la capacité de partager leurs émotions et leurs affects. En outre, ils ont celle de s'ajuster
aux contacts manuels, pressions des jambes, vocalisations, onomatopées et paroles
de leur(s) cavalier(s) (Goodwin, 2003 ; Mills et McDonnell, 2006). Ainsi se trouve
générée, au cours du chevauchement, une sorte de « dialogue tonico-postural »
(Wallon, 1968), c'est-à-dire d'accordage tonique, postural, émotionnel, affectif
et rythmique entre le cheval et le cavalier. C'est à partir des informations qu'ils
recueillent mutuellement sur leurs ajustements corporels grâce à leurs récepteurs
somesthésiques, à leurs propriocepteurs et à leurs récepteurs vestibulaires qu'ils
paraissent alors « faire corps ».

Les dauphins

Même si cela peut paraître mythique, le dauphin nourrit chez les humains l'idée
qu'il est en mesure de comprendre leurs signaux et leurs attentes, qu'il peut établir
des relations entre d'une part des situations bien définies et d'autre part des émissions sonores ou ultrasonores de ses congénères, mais aussi celles que produisent les
personnes (Frohoff et Paterson, 2003). En outre, sa tête d'apparence amicale, son
comportement dépourvu d'agressivité, sa sensibilité et sa capacité réelle ou supposée
d'accompagnement, de « pilotage » et d'assistance des humains en difficulté dans
le milieu aquatique, conduisent la plupart des personnes à penser que cet animal
a pour eux une véritable amitié. Enfin, le répertoire de signaux et de « phrases »
acoustiques de certaines espèces de dauphins est tellement diversifié, sophistiqué et
approprié aux contextes et situations qu'on leur prête même un langage qui pourrait
être comparable à celui de l'homme.

Les perroquets

Les perroquets peuvent être admis comme partenaires familiers, surtout s'ils sont
capables de reproduire les bruits de l'environnement, les airs musicaux, les vocalisations, les onomatopées et les paroles des humains, notamment quand ils paraissent
les imiter (Doupe et Kuhl, 1999 ; Wright et Wilkinson, 2001 ; pour la distinction
entre sens et signification, voir Montagner, 2006).

*   *

*

L'étude des relations de l'enfant avec les animaux appartenant à ces cinq groupes contribue à révéler comment différents niveaux du fonctionnement cérébral de l'enfant peuvent être activés, organisés et régulés (pour les autres animaux dont certains peuvent devenir familiers, par exemple les chèvres et les lapins, voir Montagner, 2002). Combinée aux recherches sur les systèmes de relation de l'enfant avec la mère et les autres partenaires familiaux, avec les pairs et les personnes « extérieures », elle permet de donner tout leur sens à son développement individuel, à ses processus d'attachement, à ses conduites et à son fonctionnement intellectuel, et ainsi, paradoxalement, de contribuer à réconcilier différentes théories du développement de l'être humain (Montagner, 2006 ; Montagner *et al.*, 2002).

▶▶ Comment l'animal participe à la sécurité affective de l'enfant

De nombreuses situations vécues avec les animaux ont des effets anxiolytiques et apaisants sur les humains. Par exemple, on enregistre une baisse significative du rythme cardiaque et de la pression artérielle chez un enfant qui caresse un chien (et aussi, chez les humains de tous âges qui contemplent les évolutions de poissons dans un aquarium : Friedman *et al.*, 1983 ; Katcher *et al.*, 1983). En outre, si on évalue les indicateurs comportementaux au cours des interactions entre un enfant et son chien familier, les comportements agressifs de l'enfant ont généralement une faible probabilité d'entraîner chez l'animal des menaces ou des agressions : dans la très grande majorité des cas, le chien réagit par l'évitement corporel ou la fuite (Filiâtre *et al.*, 1986, 1988 ; Millot *et al.*, 1989).

Plus fondamentalement, l'étude comportementale montre que les interactions avec un chien familier contribuent à réduire l'insécurité affective chez la plupart des enfants, en particulier ceux qui sont insécurisés (pour les indicateurs d'insécurité affective, voir Montagner, 2002, 2006). C'est ce qu'on observe de façon claire chez les enfants inquiets, anxieux ou angoissés qui ne peuvent dépasser ou relativiser leurs peurs quand ils ont vécu ou vivent des situations ou événements déstabilisants, surtout si leurs partenaires humains sont peu sécurisants ou si l'environnement est menaçant. La sécurité affective, qui s'installe et se développe au cours de la relation avec le chien, se traduit principalement par l'apaisement et la réassurance, l'atténuation ou l'extinction des comportements d'évitement, de crainte et de fuite, l'accroissement des comportements affiliatifs (sourires, rires, caresses, jubilations, offrandes et sollicitations). Elle se traduit aussi par l'atténuation des comportements dits hyperactifs (agitation corporelle, déplacements erratiques, gestes incontrôlés : Bouvard, 2002) et des comportements d'agression. L'enfant déverrouille son « monde intérieur », il parle et se confie à l'animal. C'est aussi ce qu'on observe chez les enfants handicapés, psychotiques, autistes ou « infirmes moteurs cérébraux » qui retrouvent régulièrement un chien, même si les effets sécurisants sont moins lisibles (Levinson, 1985 ; Vernay, 2003).

On observe des faits similaires dès lors que ces enfants perçoivent une possibilité d'accordage avec un chat, un cheval (Pelletier-Milet, 2004), voire avec un dauphin ou un perroquet qui parle (c'est évidemment plus rare), mais également avec d'autres animaux (lapins, cobayes, chèvres…, voir Montagner, 2002). La réduction de l'insécurité affective au cours des interactions avec un animal familier est particulièrement évidente chez les enfants qui n'ont pas noué un attachement « *secure* » avec leur mère, leur père ou un autre partenaire humain (pour la théorie de l'attachement, voir Bowlby, 1969 à 1980 ; pour les indicateurs comportementaux de l'attachement « *secure* » ou « *insecure* », voir Pierrehumbert, 2003 ; Montagner, 2002, 2006).

Par conséquent, la relation quotidienne ou fréquente avec un partenaire qui ne juge pas, qui ne renvoie pas aux difficultés personnelles ou familiales, et dont les manifestations comportementales sont apaisantes et rassurantes, peut installer ou conforter les enfants sur le versant de la sécurité affective. Surtout, lorsque ce processus est freiné, empêché ou contrarié par un attachement « *insecure* » avec le ou les partenaires familiaux (enfant maltraité ; enfant dont la mère est angoissée ou dépressive ; parent(s) souffrant de troubles de la personnalité ; ruptures au sein de la famille ; parent(s) au chômage…).

▶▶ Comment l'animal stimule le développement affectif, relationnel et social de l'enfant

Une fois la sécurité affective installée, l'enfant peut sortir de ses inhibitions. Il peut libérer toute la gamme de ses émotions et compétences. S'agissant des émotions, il les révèle sans retenue en même temps qu'il les structure : il dit à l'animal sa joie, sa peur, sa colère, sa tristesse, sa surprise ou son dégoût (les six émotions faciales considérées comme innées et universelles). Il dévoile également ses affects (inquiétudes, angoisses, frustrations, jalousies, amitiés…). Parallèlement, au cours des interactions, il perçoit chez l'animal des états intérieurs qu'il interprète comme des émotions ou des affects comparables aux siens.

La libération des émotions et des affects s'accompagne d'une libération des compétences « basiques » qui fondent le développement affectif, relationnel et social de l'enfant, mais aussi son développement cognitif. Cinq compétences majeures (ou compétences socles) ont été définies et formalisées (Montagner, 2006).

L'attention visuelle soutenue

Cette compétence socle définit la capacité du bébé, plus généralement des enfants de tous âges, à poser le regard de façon soutenue sur une « cible », c'est-à-dire de façon non fugitive, non limitée à des balayages visuels, et non interrompue par les événements extérieurs. Elle est manifeste chez les bébés et de plus en plus marquée et durable à mesure que la mère ancre sa relation avec son bébé dans la « capture » et le pilotage de son regard.

L'attention visuelle soutenue est essentielle pour le développement de plusieurs phénomènes et conduites complexes. Cette compétence socle structure en particulier la communication multicanaux. En effet, l'attention soutenue au cours des interactions permet à l'enfant d'associer, de combiner et d'intégrer aux informations visuelles celles qui sont recueillies par les canaux auditifs (notamment celles qui sont véhiculées par le langage), somesthésiques, proprioceptifs, olfactifs et autres. Il peut alors donner sens et signification aux messages plurisensoriels qui lui sont « adressés » et aux réponses du partenaire qu'il induit par ses propres manifestations. Elle permet ainsi à l'enfant de donner du sens aux émotions et affects du partenaire, de discriminer, de reconnaître les différentes personnes en associant leurs traits, voix, comportements, odeurs, émotions au cours des interactions, et d'intégrer les particularités et fonctions des « objets non sociaux ».

La quasi-totalité des enfants sont fascinés par ce qu'ils croient lire dans le regard de l'animal. À plat ventre, assis, à genoux…, ils recherchent les interactions proximales « les yeux dans les yeux ». Le développement et le renforcement de leur attention visuelle soutenue sont facilités par la « rencontre » avec l'attention visuelle des animaux familiers.

Les chiens, par exemple, sont en quête du regard des humains et ils initient ou acceptent les interactions « les yeux dans les yeux ». Le chien familier fournit ainsi à l'enfant un cadre de repères *a priori* sécurisants et structurants. Disposant d'une longue durée d'interaction « les yeux dans les yeux » avec son chien familier, il a le temps de donner sens et signification aux comportements de celui-ci et de s'y ajuster, d'interpréter ses états émotionnels et affectifs, et de s'y accorder (s'il forme l'idée que l'animal a des émotions et des affects comparables ou identiques à ce qu'il ressent). L'enfant libère en même temps ses autres compétences socles et ses productions langagières. Les observations éthologiques dans les classes d'école maternelle et d'école élémentaire montrent que, lorsque les enfants dits en échec scolaire ont la possibilité de vivre des interactions « œil à œil » avec le chien de l'enseignant(e), leurs conduites autocentrées, de crainte, d'évitement, « d'hyperactivité » et d'agression sont ensuite significativement diminuées (Montagner, 2002). Les chiens familiers peuvent être ainsi des « agents » susceptibles de jouer un rôle non négligeable dans le développement des processus liés à l'attention visuelle soutenue et qui n'ont pu se structurer chez un enfant à la maison, à l'école ou ailleurs dans le cadre de ses relations avec les humains.

Les chats ont aussi une capacité d'attention visuelle soutenue, mais seulement à certains moments, dans certains contextes et dans certaines situations (Montagner, 2002). De même, les chevaux ont une capacité d'attention visuelle soutenue, mais la latéralisation des yeux, la taille, la masse corporelle, les particularités anatomiques (naseaux et gueule impressionnants, sabots…) et l'ampleur de leurs comportements limitent les contacts « œil à œil » et les interactions proximales, en particulier quand il s'agit d'enfants. Les dauphins paraissent également avoir une capacité à initier et accepter les interactions avec les humains (c'est ainsi interprété) et les particularités de leur répertoire « vocal » donnent le sentiment qu'ils dialoguent. Cet animal peut donc, lui aussi, jouer un rôle dans certaines des constructions précédemment rapportées et liées à l'attention visuelle soutenue.

Quant aux perroquets, certaines espèces peuvent créer des situations qui conduisent à des contacts renouvelés et durables avec les humains, et ainsi à favoriser une attention visuelle soutenue. Mais, comme chez les chats, ces comportements sont épisodiques et variables selon le contexte et la situation. Par leurs productions « vocales » et « langagières », leur regard à la fois mobile et immobile qui paraît « disséquer » l'environnement et les personnes, et l'attention visuelle qu'ils leur portent, les perroquets rassemblent autour d'eux les différentes personnes du milieu familial et les visiteurs. En créant par leurs « imitations » des situations d'attention visuelle conjointe et en faisant parler, ils stimulent les comportements affiliatifs, la communication et le dialogue.

L'élan à l'interaction

On rassemble sous ce terme les manifestations de l'enfant qui entraînent une réduction de la distance interpersonnelle avec le partenaire, en particulier la mère, une proximité corporelle et des contacts apaisés et apaisants (Montagner, 2006). La plupart d'entre elles peuvent être assimilées aux comportements d'attachement distingués par Bowlby (1969 à 1980). Combinés à l'attention visuelle soutenue, les élans à l'interaction jouent un rôle essentiel dans le développement des interactions et dans l'installation puis le renforcement d'un attachement « *secure* » entre l'enfant et sa mère, mais aussi avec les autres partenaires au sein de la famille et en dehors (pairs, éducateurs, enseignants…). L'animal familier a aussi des élans à l'interaction qui stimulent et réactivent ceux des enfants.

Les chiens sont à l'écoute des humains familiers, réceptifs à leurs manifestations, et disponibles pour les interactions. Ils déploient en permanence des comportements qui les rapprochent des humains et qui conduisent ceux-ci à s'approcher d'eux. Dès qu'ils voient, entendent, sentent une personne familière, ils se ruent dans sa direction. C'est ce qu'on observe, par exemple, quand l'enfant rentre à la maison. Stimulés par les comportements affiliatifs et les activités ludiques des enfants, les chiens sont toujours disponibles pour les rejoindre et pour participer à leurs jeux. À tout moment et dans tous les contextes, ils acceptent, créent et renforcent des interactions où leur comportement est tellement ajusté à celui de l'enfant familier qu'on les interprète comme des accordages émotionnels et affectifs. Ainsi peuvent s'installer et se développer des liens étroits entre les deux partenaires. Une complicité peut se créer que l'animal remet rarement en question. Un attachement « *secure* » singulier peut également s'installer et se développer. Les liens privilégiés avec un chien aident l'enfant à libérer sans retenue l'ensemble de ses émotions et affects, mais aussi à éprouver ses processus cognitifs et ressources intellectuelles.

Chez les chats, les élans à l'interaction sont, à l'image de leurs recherches de contact, variables et modulés selon le moment, le contexte et la situation. Mais, quand ils sont manifestés, ils sont souvent « massifs », intrusifs et possessifs. Les chats recherchent le corps à corps sans retenue et envahissent les émotions et l'affectivité des humains. Ils donnent l'impression qu'ils comprennent et partagent leurs émotions, affects et pensées. C'est en particulier ce que disent, dessinent et écrivent les enfants (Duboscq, 1995). Le chat est ainsi un réceptacle et un exutoire qui peut les aider à dépasser leurs difficultés psychiques et relationnelles.

Les chevaux familiers peuvent aussi être des réceptacles uniques des émotions de l'enfant (Pelletier-Milet, 2004). Ils accourent dès qu'ils perçoivent son arrivée ou ses « signaux » sonores. Par leur comportement d'accueil, leur façon de solliciter le contact corporel et leurs comportements affiliatifs, ils ont l'air d'écouter attentivement et de comprendre leur partenaire humain. Là encore, les interactions sont perçues comme accordées, non seulement par l'enfant lui-même, mais aussi par les observateurs. En outre, les élans à l'interaction réciproques conduisent à des chevauchements au cours desquels un « dialogue tonico-postural » (Wallon, 1968) peut s'installer et se développer, y compris avec les enfants qui ne « sont pas comme les autres » (psychotiques, autistes, infirmes moteurs cérébraux…), et qui peuvent alors déverrouiller leur monde intérieur et dépasser leur insécurité affective. Les interactions de ces enfants avec un cheval ouvrent donc une autre voie qui facilite, crée ou renforce les accordages émotionnels et affectifs, et qui peut conduire à un attachement « *secure* ».

De même, les dauphins montrent vis-à-vis des humains des élans à l'interaction, que ceux-ci soient dans l'eau, sur le bord d'un bassin ou sur un bateau. Par leurs modes d'approche (cabrioles, sauts…), leur comportement d'accueil (« saluts ») et la qualité des contacts corporels qu'ils initient ou acceptent (leur peau est satinée), ils peuvent eux aussi déverrouiller le monde intérieur et installer la sécurité affective non seulement chez les enfants « ordinaires », mais aussi chez les enfants psychotiques ou autistes. Un attachement particulier peut alors se développer.

Chez les perroquets, les interactions sont réelles puisque ces oiseaux peuvent se percher sur le bras ou l'épaule d'une personne familière. En outre, par leurs productions « vocales » et « langagières », ils induisent l'approche à tout moment. Le « dialogue » proximal donne souvent aux enfants (et aux adultes) le sentiment que le perroquet donne aux mots le même sens et la même signification qu'eux-mêmes, et qu'il s'accorde à leurs émotions et affects. Il n'est donc pas étonnant qu'un lien particulier puisse se tisser entre eux.

Les comportements affiliatifs

Les comportements affiliatifs sont des comportements sociaux parfois qualifiés de positifs, c'est-à-dire qu'ils ont une forte probabilité d'entraîner des interactions ajustées de longue durée. Ils fondent les processus dits de socialisation qui régulent notamment les interactions au sein des groupes de pairs. Au cours de la première année, les comportements affiliatifs les plus fréquents et les plus durables sont les sourires, les grimaces, les rires, les jubilations, les offrandes, les sollicitations manuelles et corporelles, les gestes de désignation, les caresses et prises de la main, les baisers et « comportements apparentés », les enlacements, les pédalages, les bruits de bouche et les vocalisations. Au fil de la seconde année, les comportements affiliatifs deviennent de plus en plus sophistiqués : chez les enfants qui évoluent avec des pairs, on observe « l'émergence » et le développement de comportements de coopération, de sollicitations qui combinent le geste et la parole, d'échanges et de « trocs » d'objets, de collaborations au cours des constructions manuelles, d'anticipations des actes et déplacements du partenaire, et de « conduites » d'entraide. Entre 2 et 3 ans, ils sont « déployés » au cours d'activités symboliques et de jeux de rôle (Montagner, 2006 ; Montagner *et al.*, 1993, 1994).

S'agissant des relations entre l'homme et l'animal, deux aspects sont à distinguer : d'une part, les comportements des animaux que les humains de tous âges interprètent comme des adhésions à leurs actes, paroles, émotions, affects et pensées ; d'autre part, les comportements des enfants dans les interactions intra-familiales, avec les pairs, les éducateurs, les enseignants…

Les enfants développent des représentations à propos de la grande capacité des chiens et des dauphins à s'ajuster à leurs comportements et à s'accorder à leurs émotions, affects et pensées. Entre 6 et 11 ans, plus de 80 % les perçoivent comme des partenaires réels (chiens) ou potentiels (dauphins) dont les manifestations indiquent qu'ils sont contents, joyeux, heureux ou amicaux (Montagner, 2002). Ils se disent eux-mêmes contents, joyeux ou heureux de les rencontrer (chiens), ou à la perspective de les rencontrer (dauphins). Certains *patterns* comportementaux des animaux sont clairement décodés comme affiliatifs. Chez les chiens, il s'agit du regard direct et franc, de la gueule ouverte sans plissements du museau, des oreilles dressées, des halètements et des écoulements salivaires, des léchages « massifs », de la ou des pattes posées sur le bras, la cuisse…, des balayages amples de la queue dressée, des piaulements, des comportements juvéniles, des « offrandes » d'objets… Chez les dauphins, il s'agit du regard direct, du bec entrouvert donnant une apparence de « rigolade », des salutations (hochements de tête), des contacts avec une peau « satinée », des cabrioles et « spectacles de ballet », des clics vocaux qui invitent au jeu…

L'ensemble de ces *patterns* spécifiques des chiens ou des dauphins stimulent et organisent les comportements affiliatifs et le discours des enfants non seulement vis-à-vis de l'animal, mais aussi avec les humains qu'ils retrouvent ensuite dans le milieu familial, à l'école ou ailleurs. C'est particulièrement évident quand on suit régulièrement l'enfant en classe à partir de ses premières rencontres avec un chien. Parallèlement, ils « sortent » de leurs comportements autocentrés, de crainte et de fuite, ils n'évitent plus la rencontre et l'interaction, ils canalisent leur trop plein de mouvement (leur « hyperactivité ») et leur agressivité (leurs agressions sont rares, ébauchées, ritualisées ou non observées). Ils dévoilent au fil des semaines des capacités inattendues dans les processus de communication, les participations ludiques, les activités de coopération, les ajustements comportementaux, les interactions accordées et les « conduites » de médiation. C'est aussi ce que suggèrent quelques observations effectuées sur les relations entre un dauphin et un enfant dans un delphinarium, puis au retour à la maison et à l'école.

Comme nous l'avons souligné dans la première partie, les chats déploient un registre de comportements affiliatifs qu'on n'observe chez aucune autre espèce. Ces comportements ont un tel pouvoir évocateur et « démonstratif » des émotions et des élans affectifs supposés du chat, qu'on les considère communément comme des manifestations de séduction. Cette interprétation est confortée par l'absence d'une « finalité » ou d'une fonction clairement ou uniquement spécifique de la plupart de ces comportements. En conséquence, la plupart des humains, en particulier les enfants, attribuent à ces manifestations la même fonction et la même signification qu'à leurs propres comportements affiliatifs. En réponse, ils libèrent sans retenue leurs comportements, l'ensemble de leurs compétences socles… et leurs phantasmes.

Les chevaux ont aussi, nous l'avons vu, tout un registre de comportements interprétés comme des manifestations affiliatives. Mais, c'est surtout pendant le chevauchement que peuvent être révélées des potentialités cachées, notamment chez les enfants qui ont des troubles du développement ou du comportement, et que des constructions ou reconstructions comportementales, émotionnelles et affectives peuvent être stimulées (Pelletier-Milet, 2004). En effet, au cours de ce corps à corps, l'enfant doit tenir compte des mouvements du cheval pour ajuster à tout moment son équilibre corporel et ses gestes grâce aux informations qu'il recueille. Il vit alors des sensations et perceptions nouvelles en même temps qu'il se découvre et montre à autrui des capacités inattendues de régulation. Les interactions tonico-posturales et affiliatives au cours du chevauchement avec un cheval familier peuvent ainsi constituer un révélateur structurant de capacités jusqu'alors non lisibles chez des enfants non structurés, déstructurés ou polyhandicapés dont l'état nécessite des soins médicaux très lourds (psychotiques, autistes, infirmes moteurs cérébraux). Bien évidemment, les perroquets n'ont pas de registre affiliatif aussi clair et fonctionnel.

La capacité de reproduire et d'imiter

Le bébé révèle dès les premiers jours une certaine capacité à reproduire au moins partiellement certaines manifestations de sa mère (protrusion de la langue, bruits de bouche, vocalisations). Sa capacité de reproduction est encore plus évidente lorsqu'il est libéré de « l'immaturité tonico-posturale » qui l'empêche au cours des premiers mois d'avoir un « port de tête » contrôlé et une position assise non assistée. En effet, dans une situation expérimentale, s'il est assis par sa mère à l'âge de 4 mois dans un siège qui compense cette « immaturité », et s'il est en interaction avec un autre enfant du même âge, lui aussi installé dans un siège identique et dont la mère est également présente, il se montre capable de reproduire le comportement du partenaire : par exemple, le positionnement corporel (se pencher en avant ou s'adosser), les élans à l'interaction (le rapprochement des mains et le contact des doigts), les comportements affiliatifs (sourires, caresses de la main du partenaire…) et les vocalisations (Montagner, 2006 ; Montagner *et al.*, 1993, 1994).

Dès qu'ils en ont la possibilité, les enfants cherchent à reproduire les patrons moteurs et les vocalisations des animaux familiers, et aussi à les imiter. Par exemple, ils se mettent à quatre pattes, rampent, sautent au-dessus d'un obstacle, halètent avec la langue sortie, aboient, jappent, miaulent, « ronronnent », hennissent, émettent des clics comme un dauphin ou parlent comme un perroquet. Réciproquement, les animaux familiers faciles à conditionner ou plus généralement à instrumentaliser, se montrent capables de reproduire et d'imiter certains comportements humains. En dehors du conditionnement, les animaux familiers paraissent aussi avoir une capacité d'imitation « spontanée ». Par exemple, des chiens non dressés rapportent à leur maître un bâton, une balle, comme s'ils lui offraient l'objet en « réplique » des offrandes qu'ils ont reçues ou qu'ils ont vu faire à un tiers. Il arrive aussi qu'un chien « cache » un jouet derrière ou sous un meuble après avoir observé un parent qui a pris cet objet à l'enfant familier puis l'a dissimulé derrière une porte ou sur une étagère. On observe même que, lorsque le parent s'éloigne, l'animal va reprendre l'objet dans la gueule pour « l'offrir » à l'enfant. Le chien peut aussi « cacher » l'un des jouets de l'enfant comme « s'il lui faisait une farce ». Même si ces comportements peuvent s'expliquer par des conditionnements « implicites » ou par une succession d'apprentissages, les enfants (et les témoins adultes) pensent et disent que ce sont des imitations (« il fait comme nous : il nous a vu faire et il a compris pourquoi et comment nous avons eu ce comportement »). Ils perçoivent alors le chien comme un complice. Un chien peut aussi ouvrir une porte en se dressant sur les pattes et en exerçant un appui sur la poignée, faire tinter une cloche en tirant avec les crocs sur la corde qui la met en branle, faire couler l'eau d'un robinet par la pression exercée sur un levier, etc. Là encore, il peut s'agir du résultat de conditionnements « implicites » ou de comportements acquis par essais et par erreurs. Mais, les humains, en particulier les enfants, pensent que leur animal familier les imite et comprend le sens de ce qu'il fait, manifestant ainsi son intelligence. Le même type de comportement peut être observé chez les dauphins maintenus en bassin ou évoluant en « eau libre » et, dans une moindre mesure, chez les chevaux (Montagner, 2002). Rebelle au conditionnement, même si c'est possible, le chat paraît limité dans sa capacité de reproduire les comportements des humains ainsi que ceux qu'ils imposent. Cependant, il peut générer l'idée ou nourrir la certitude qu'il imite les personnes familières. Par exemple, quand il emprunte la même « piste » que son maître dans l'environnement extérieur, s'assoit sur la même chaise, dépose sur le paillasson le mulot qu'il vient de capturer comme s'il l'offrait, surtout quand une personne lui « offre » habituellement des objets qui déclenchent une « prédation ludique » (souris en plastique, bouchon…). Nous ne reviendrons pas sur les perroquets sauf pour souligner l'intérêt que représente l'étude scientifique des mécanismes de reproduction des mots et phrases de telle ou telle langue, et des capacités réelles de ces oiseaux à tenir compte dans leurs « émissions verbales » du contexte, des différents partenaires et des situations vécues.

L'organisation structurée et ciblée du geste

Il s'agit de la capacité du bébé à structurer et organiser ses gestes dès le premier ou le deuxième mois selon les enfants en direction des objets qui ont retenu son attention visuelle, puis dans leur préhension et leur manipulation (Bower, 1979). L'enchaînement « atteindre-attraper » est le socle des comportements qui permet ensuite aux enfants d'assembler les objets en les encastrant, les emboîtant… et ainsi de mettre en place des processus majeurs du développement cognitif.

Si la plupart des animaux familiers ne présente pas d'organisation gestuelle, ils ont en revanche une organisation corporelle, des façons de se mouvoir et des habiletés motrices qui stimulent les émotions et les compétences socles des enfants. Surtout quand elles sont combinées à une efficacité qui compense ou supplée les insuffisances des humains, ou encore à une élégance et une apparence esthétique qui les séduisent. C'est le cas des chiens, des chats, des chevaux et des dauphins. L'organisation structurée et ciblée du geste des enfants et ainsi les habiletés motrices qu'elle sous-tend sont particulièrement bien révélées, stimulées et fonctionnelles lorsqu'ils vivent au quotidien avec ces animaux (chiens, chats, chevaux). Mais également, l'animal envahit leur imaginaire au point qu'ils s'identifient à lui (par exemple, les modes de natation et les cabrioles en milieu aquatique qui simulent les évolutions des dauphins, ou encore le chevauchement d'un tronc d'arbre ou d'une chaise comme si l'enfant était sur le dos d'un cheval). Les perroquets qui parlent ne sont pas aussi inducteurs même s'ils peuvent se percher et conserver leur équilibre sur des supports mouvants, et faire preuve d'une certaine habilité en utilisant le bec et les pattes pour « manipuler » une ficelle ou d'autres objets.

▸▸ Comment l'animal libère les processus cognitifs et les ressources intellectuelles de l'enfant

Lorsqu'un enfant libère ses émotions et ses compétences socles, il peut rendre tout à fait lisibles ses processus cognitifs et ses ressources intellectuelles (décryptage de la signification des événements et des différents messages de l'environnement, induction et déduction, raisonnement, pensée abstraite, esprit critique, humour...) en alliance avec son imaginaire (Montagner, 2002, 2006).

Les relations avec un chien conduisent les enfants à mieux décrypter l'environnement. Ils voient, par exemple, comment le chien découvre des traces olfactives ou visuelles laissées par les autres animaux ou par les humains, développe des « techniques » d'approche, de contournement, d'affût, de « leurre »... adaptées à la « cible ». Témoins des évolutions d'un chien de décombres, d'avalanche ou d'assistance, les enfants peuvent observer comment il procède pour réussir ce qu'un humain ne sait pas ou ne peut pas faire. Ils sont objectivement dans des situations où ils peuvent observer et analyser comment le chien prend en compte les particularités de l'environnement et des partenaires humains, depuis la « phase » de recherche et de localisation d'une personne ensevelie ou perdue de vue jusqu'à ses réactions et ajustements au moment de la « phase » de découverte. C'est ce que montrent leurs comportements, questionnements et remarques, lorsqu'ils sont spectateurs de séances de simulation au cours desquelles l'animal est entraîné et éduqué à rechercher, découvrir et « aider » un mannequin ou tout autre substitut. La plupart sont très attentifs aux évolutions du chien, même quand ils sont habituellement autocentrés, rêveurs, « évitants », « hyperactifs », agressifs ou en échec scolaire. Ils doivent alors traiter des informations diversifiées et complexes, dégager celles qui ont un sens et une signification pour l'animal et « l'éducateur-dresseur », et en tirer des conclusions par rapport à leurs perceptions et à leur vécu, surtout quand ils sont en contact quotidien avec un chien. Engagés dans des activités ludiques, les enfants apprennent à anticiper le comportement du chien tout en découvrant qu'il est lui aussi capable d'anticiper leurs actes. En conséquence, ils réorientent et réorganisent leur comportement en permanence, recomposent leur raisonnement, élaborent de nouvelles tactiques, stratégies ou règles, surtout au cours des jeux collectifs avec les pairs (jeux de foulards, de ballons, de cache-cache...). Les chiens sont des partenaires qui stimulent et structurent les processus cognitifs, des catalyseurs des ressources intellectuelles, des inducteurs de projections et de transferts, et des activateurs de l'imaginaire.

Il en est de même pour les chats. L'enchaînement de leurs comportements d'exploration de l'environnement, de détection des proies et des intrus, d'approche, de « leurre », de prédation puis de « jeu » « avec » la proie, est un modèle caricatural de conduite méthodique et intelligente. En s'ajustant aux informations qu'ils recueillent, les chats « enseignent » aux enfants qu'on ne peut faire n'importe quoi, n'importe comment et n'importe quand, selon « la nature » et le rythme d'activité de la proie, selon leurs propres rythmes et selon les particularités du milieu. En déployant des comportements de prédation fictifs vis-à-vis de balles, bouchons, ficelles... qu'ils poursuivent, « capturent », laissent « s'échapper »... ils sont des acteurs ludiques de spectacles « désopilants » qui stimulent chez les enfants de nouveaux comportements, des tactiques ou stratégies renouvelées, des échanges comportementaux et langagiers qui créent ou facilitent la communication intra-familiale et les interprétations cognitives.

Par leurs capacités d'ajustement comportemental, de complicité et de fidélité, les chevaux donnent aux enfants le sentiment ou la certitude qu'ils ont non seulement trouvé un ami qui les « sent », les entend et les écoute, mais qu'ils ont aussi le pouvoir d'être des « acteurs décideurs » libres de leurs mouvements et capables de prendre des initiatives. Ils se découvrent capables de contrôler l'allure du cheval, de franchir des obstacles, d'investir des milieux auparavant inaccessibles ou insécurisants, et de vaincre des peurs ou des inhibitions. Ils ont les rênes tout en étant guidés par un partenaire qui se trompe rarement et qui, par ses capacités rassurantes d'ajustement corporel, leur fait comprendre ce qu'il faut faire ou ne pas faire, en souplesse et en douceur, sans agressivité, jugement et sanction. Au fond, le cheval familier de l'homme a une façon d'être et une façon de faire qui donnent aux cavaliers le sentiment qu'il est flexible et intelligent.

Les dauphins sont capables de contourner ou écarter les obstacles qui les empêchent d'accéder à un lieu de chasse ou à un lieu de rencontre avec des humains (bateau, jetée, bassin…). Ils les détectent avec précision au moyen de leur sonar. Ils sont également capables de s'ajuster aux comportements des humains hors de l'eau et en milieu aquatique. Et aussi, de communiquer au moyen de « trains » d'émissions sonores et ultrasonores qui permettent des échanges « vocaux-langagiers » organisés avec des dresseurs dans les delphinariums (des sifflets à ultrasons sont aussi utilisés), et plus « naturellement » en mer avec des pêcheurs et d'autres pratiquants du milieu aquatique. Les dauphins peuvent rechercher et rapporter des objets nommés par le dresseur, puis les « utiliser » conformément aux apprentissages (« se mettre » un chapeau sur la tête, enfiler une bouée autour du corps…), voire accompagner et soutenir un humain en difficulté. L'enfant a l'impression d'être encore mieux entendu et compris que par les personnes de son milieu puisque l'animal a l'air de leur parler et de « rigoler » quand il les écoute ou leur répond, en particulier pour l'inviter à nager ensemble ou à le « chevaucher ». Il serait intéressant d'étudier quels sont les mécanismes et processus du fonctionnement cérébral qui peuvent se structurer au cours de cette relation avec des enfants psychotiques, autistes ou polyhandicapés, plus généralement ceux qui ont des troubles plus ou moins profonds du comportement (autocentrés, évitants, hyperactifs, agresseurs-destructeurs, étranges…).

▸▸ Conclusion

Les animaux familiers jouent un rôle non négligeable, parfois essentiel, dans le déverrouillage du monde intérieur de l'enfant, et ainsi dans la levée de ses blocages ou inhibitions. En interaction avec un partenaire animal qui ne juge pas, ne trahit pas et ne renvoie pas aux difficultés personnelles ou familiales, et qui déploie un registre de comportements interprétés comme des signes d'adhésion, les enfants peuvent exprimer ce qu'ils ressentent, perçoivent et pensent. Par son attitude d'écoute apparente, l'animal familier a le pouvoir d'apaiser et de rassurer l'enfant qui lui parle et le regarde, de lui donner ou redonner confiance, et de lui permettre de dépasser ou relativiser ses peurs. Chez les enfants qui relèvent de la psychiatrie et les polyhandicapés, l'établissement d'une relation avec un animal familier s'accompagne d'une atténuation ou d'une non-manifestation des signes habituels d'insécurité affective. Parallèlement, on voit se développer des signes de sécurité affective, c'est-à-dire l'orientation du regard et du corps en direction du partenaire animal, l'acceptation et l'initiation d'interactions proximales et de contacts corporels, le sourire et les autres comportements affiliatifs. C'est pourquoi, il faut envisager la présence d'animaux familiers dans les différents lieux de vie, d'éducation et de soins des êtres humains qui sont enfermés dans leurs souffrances, leurs peurs ou leurs difficultés relationnelles et psychiques, ou qui ne parviennent pas à les dépasser (Vernay, 2003 ; Pelletier-Milet, 2004). Plus ordinairement, le contact soutenu avec un animal familier peut avoir des effets apaisants, anxiolytiques et sécurisants chez l'enfant qui vit un événement déstabilisant, tel qu'un décès ou une recomposition familiale.

Les relations avec les animaux familiers permettent également à l'enfant de libérer sans retenue toute la gamme de ses émotions et de ses autres états affectifs (amitié, jalousie, haine…). Parallèlement, elles structurent les capacités de base (ou compétences socles) de l'enfant qui sous-tendent son développement et jouent un rôle essentiel dans le renforcement de son attachement initial, l'établissement de nouveaux attachements, la régulation de ses comportements et de ses conduites sociales, et ses processus de socialisation.

Le contact avec des animaux familiers joue également un rôle essentiel dans la structuration des processus cognitifs de l'enfant et dans le développement de ses ressources intellectuelles. Les comportements des animaux familiers en tant que partenaires stimulent en effet le fonctionnement cérébral de l'enfant (traitement des informations du monde extérieur, raisonnements structurés et organisation de la pensée). La curiosité, l'observation soutenue et sélective, la concentration intellectuelle et l'imagination activent les processus déductifs et inductifs dans une pensée en mouvement. En toute sécurité affective, les animaux familiers donnent ainsi à l'enfant des clés essentielles du savoir et de la connaissance. Ils lui apprennent à apprendre.

L'analyse comportementale des relations entre les enfants et leur animal familier est donc particulièrement pertinente pour mettre en évidence et étudier le pouvoir révélateur et structurant des animaux sur le développement affectif et cognitif de l'enfant. Elle montre que, à côté des engagements formels dans les apprentissages explicites à la maison, à l'école ou ailleurs, les interactions avec les animaux familiers sollicitent chez les enfants des processus déductifs et inductifs qui organisent leur raisonnement et leur pensée.

Chapitre 8

Modèles animaux et traitements des désordres comportementaux chez l'homme

Catherine BELZUNG

La mise au point de nouveaux traitements des désordres du comportement humain comme les maladies psychiatriques (dépression, schizophrénie, autisme, désordres anxieux) ou les maladies neurodégénératives (maladie d'Alzheimer, de Parkinson, chorée de Huntington) nécessite l'utilisation de modèles animaux. Ces modèles ont en général été mis au point chez des espèces de laboratoire, tels que les rongeurs (rats, souris) et plus rarement les primates. Différentes stratégies peuvent alors être utilisées qui consistent à imiter certains aspects de la pathologie humaine. De cette manière, on peut imiter l'étiologie de la maladie (lorsqu'elle est connue), imiter les symptômes et/ou évaluer l'aptitude du traitement à les supprimer. Ces traitements sont le plus souvent pharmacologiques mais plus récemment d'autres méthodes se sont développées, comme des traitements chirurgicaux (technique des greffes intra-cérébrales dans le domaine des maladies neurodégénératives) ou génétiques (thérapie génique). Les symptômes observés ont en général une expression physio-logique et comportementale, si bien que leur mesure nécessite une bonne connais-sance de l'éthologie des espèces de laboratoire. Ainsi, dans une première partie, nous présenterons les notions théoriques liées au concept de modèle animal puis nous illustrerons, dans une seconde partie, les différents points théoriques abordés, à l'aide d'exemples concrets.

▸▸ Aspects théoriques

À quelles conditions peut-on dire qu'un modèle animal est vraiment un bon modèle de la pathologie humaine correspondante ? Pour Hertz (1894), un modèle est une construction de l'esprit qui peut n'avoir aucune ressemblance apparente avec ce qu'il représente : entre les deux, il faut qu'il y ait un « parallélisme de ressemblance entre les lois ». Si l'on applique cette proposition à la notion de modèle animal, cela signifie qu'il n'est pas nécessaire que le comportement observé chez l'animal ait une quelconque ressemblance avec les comportements humains : il suffirait que le modèle soit sensible aux mêmes facteurs de variation. Plus récemment, plusieurs critères ont été proposés qui précisent la façon d'apprécier la légitimité d'un modèle animal pour une pathologie humaine. Les plus couramment admis à l'heure actuelle sont les critères de validité phénoménologique (« *face validity* »), de validité d'homologie (similarité des étiologies et des mécanismes biologiques sous-jacents) et de validité de prédiction (« *predictive validity* ») (McKinney, 1984 ; Treit, 1985 ; Willner *et al.*, 1992).

Validité phénoménologique

Sur le plan phénoménologique, le modèle animal est considéré comme valide lorsque les modifications physiologiques, comportementales, expressives, cognitives et subjectives observées chez l'animal sont identiques à celles observées chez l'homme. Pour ce qui est des émotions, le critère de validité phénoménologique peut sembler assez facile à atteindre en ce qui concerne les réponses physiologiques, comme la modification du rythme cardiaque ou de la pression artérielle, lorsque les espèces employées sont des mammifères. En effet, le système nerveux autonome qui régule ces réponses est assez comparable chez les différentes espèces de mammifères (Nilsson, 1983).

Concernant la composante comportementale, il faut noter que la notion d'isomorphisme, c'est-à-dire d'identité sur le plan de la traduction symptomatique d'un phénomène, doit être prise sur un plan très général puisque l'isomorphisme en question ne concerne pas la réponse elle-même, mais la fonction de la réponse. Par exemple, lorsqu'un sujet est confronté à un prédateur, l'une des réponses possibles est la fuite qui a pour fonction de se soustraire à la présence du prédateur et de préserver ainsi l'intégrité physique/psychique du sujet. La réponse de fuite peut être de voler si l'animal considéré est un oiseau ou de nager s'il s'agit d'un poisson, alors que la réponse humaine peut être de courir, de prendre la voiture ou l'avion. On peut noter ici que la possibilité de cet isomorphisme entre espèces doit être replacé dans le cadre général de la théorie de l'évolution selon laquelle un comportement donné est sélectionné en fonction de sa valeur adaptative. C'est d'ailleurs la continuité phylogénétique entre espèces qui fonde la légitimité de l'utilisation de modèles animaux pour modéliser des pathologies humaines. Or, la sélection naturelle porte sur les conséquences du comportement, et non sur le comportement lui-même. Ainsi, c'est bien la fonction qui est sélectionnée et non sa traduction phénoménologique. Dans l'exemple donné, la fonction est de se soustraire au prédateur et donc d'augmenter sa survie.

Pour ce qui est de l'aspect expressif, les choses se compliquent singulièrement du fait de variations culturelles dans la manière de se comporter ou d'exprimer ses émotions. Par exemple, l'expression faciale de la peur chez les habitants de Nouvelle-Guinée n'est identifiée par des citoyens américains que dans 18 % des cas ! Si, donc, nous avons tant de difficultés à étiqueter les états émotionnels d'habitants de cultures différentes de la nôtre, qu'en est-il de l'expression émotionnelle des animaux ! L'évaluation émotionnelle devient encore plus difficile lorsque l'on s'intéresse au parallélisme phénoménologique d'expressions qui comportent chez l'homme une forte part verbale et sociale ou de celles associées à des émotions complexes. En effet, comment modéliser les altérations sur le plan verbal ou social observées dans certaines psychoses (autisme, schizophrénie) ou certains troubles neurologiques (aphasie, agnosie, etc.) ? Comment modéliser certaines émotions comme le rire ou les « frissons musicaux » qui surgissent si volontiers chez les humains ?

Les choses deviennent plus délicates encore lorsque l'on s'intéresse aux composantes cognitive et subjective, qui sont difficiles à modéliser car une partie de l'expérience humaine semble tout simplement absente de l'univers animal. On peut, pour illustrer ce point, se référer au philosophe Jonas, qui distingue clairement les aptitudes humaines de celles de l'animal. Par exemple, en ce qui concerne la part cognitive, il écrit : « La mémoire humaine se distingue du souvenir animal. Ce dernier est joint à la sensation actuelle. [...] Mais il n'y a rien pour montrer que ce genre de souvenir jouit d'une présence imaginaire des objets, et il y a tout pour argumenter contre la supposition que, si c'était le cas, cette présence est sous le contrôle du sujet, susceptible d'être convoquée ou écartée à volonté » (1966, p. 178). Ce point de vue a été récemment étayé par une revue de la littérature qui montre que certains processus comme l'aptitude à voyager mentalement dans le temps n'apparaît que tardivement dans le *phylum*, probablement chez les grands singes (Belzung et Philippot, 2007). Or, cette aptitude permet certains processus pathogènes, comme la rumination mentale, qui est centrale dans certains troubles comme les désordres anxieux. Cette remarque souligne bien que les modèles animaux des pathologies psychiatriques, qui ont le plus souvent recours à des rongeurs, ne sont que des constructions imitant certains aspects de la pathologie, et pas la pathologie en tant que telle. Tel comportement d'une souris peut être décrit comme « *depressive-like* », sans que l'on puisse jamais dire que « la souris est déprimée ». Pour ce qui est de la part affective, Jonas précise de même l'incomplétude des modèles animaux : « Comme la satisfaction humaine est différente de la satisfaction animale et dépasse de loin sa portée, il en est de même de la souffrance humaine, bien que l'homme ait aussi sa part à l'éventail de ce que ressent l'animal. Mais l'homme seul peut être heureux ou malheureux, grâce à ceci qu'il mesure son être à des termes qui transcendent la situation immédiate. Suprêmement préoccupé de ce qu'il est, de la manière dont il vit [...] l'homme, et l'homme seul, est ouvert au désespoir » (1966, p. 194).

Validité homologique

Ce critère implique la similarité des étiologies et des mécanismes biologiques sous-jacents. On peut noter ici que ce critère n'est pas simple à remplir.

Tout d'abord, en ce qui concerne l'étiologie sur le plan des événements qui induisent le phénomène, la situation peut sembler simple dans certains cas bien précis. Par exemple, on sait que la peur et l'anxiété sont en général provoquées par la confrontation à une menace réelle ou potentielle alors que l'agression est plutôt liée à la frustration réelle ou potentielle. On sait également que certaines pathologies dites « pathologies de l'anxiété » (même si d'autres classifications que le DSM-IV les décrivent comme des neuroticismes[1]) comme les états de stress post-traumatiques sont la conséquence directe de la confrontation à un événement traumatique que le sujet a subi ou duquel il a été témoin, et dans lequel il y avait directement une menace concernant sa survie. Cependant, dans d'autres cas, les causes sont très mal connues (ceci est particulièrement vrai de la plupart des désordres du comportement). Quelle est la cause de la schizophrénie ou de l'autisme ? De plus, il faut bien distinguer les causes proximales, immédiates et les causes distales. Si on reprend l'exemple de l'anxiété cité plus haut, la confrontation à une menace est une cause proximale alors que des causes distales, tels que des facteurs génétiques ou épigénétiques, peuvent conférer au sujet une sensibilité accrue à l'évaluation du risque. Par exemple, on a pu observer, aussi bien chez l'homme que chez l'animal, qu'un maternage brusque augmente la sensibilité au stress chez ces individus une fois adultes (Calatayud et Belzung, 2001 ; Calatayud *et al.*, 2004). En outre, il ne faut pas oublier ici que les différentes espèces vivent dans des « mondes propres » différents, ce que l'éthologiste von Uexküll (1957) a conceptualisé sous la notion « d'*Umwelt* ». L'« *Umwelt* » d'une espèce donnée englobe à la fois le monde perçu par les membres de l'espèce (« *Merkwelt* ») et ses capacités d'action (« *Wirkwelt* »). Cet « *Umwelt* » est donc différent d'une espèce à l'autre, puisqu'il est coextensif aux aptitudes sensori-motrices mais aussi au monde subjectif de l'espèce en question. Par exemple, les rongeurs sont des espèces macrosmatiques : c'est donc l'odeur, et non la vue, qui est la modalité sensorielle principale. Ainsi, un sujet donné va agir en fonction de ce qu'il perçoit olfactivement. Le monde auditif est également différent puisque ces espèces perçoivent des sons se situant dans la gamme ultrasonore, non perceptibles par l'homme. De plus, les mondes vécus sont totalement différents d'une espèce à l'autre, en fonction des contraintes éthologiques de l'espèce. Par exemple, un isolement social tel qu'il est souvent pratiqué au cours d'une situation de test aura un impact important chez une espèce sociale ou grégaire alors qu'il aura des conséquences moindres chez une espèce non sociale. La confrontation avec un espace vaste et ouvert induira des comportements d'évitement chez une espèce agoraphobe comme la souris (qui vit normalement dans des galeries souterraines) alors qu'elle aura peu d'impact sur une espèce vivant dans des milieux ouverts, comme les bovins par exemple (Prut et Belzung, 2003). Ainsi, les causes d'un comportement donné ne peuvent être strictement homologues entre les espèces.

En ce qui concerne la similarité des mécanismes biologiques sous-jacents, il s'agit là d'un critère qui peut *a priori* sembler assez peu problématique. Par exemple, on peut mentionner le fait que le support génétique des neurodégénérescences (chorée de Huntington, maladie d'Alzheimer, maladie de Parkinson) est remarquablement bien conservé par l'évolution des espèces, si bien que l'on peut trouver des modèles de ces troubles chez des espèces aussi frustes que la drosophile (Muqit et Feany, 2002). Les caractéristiques de ces modèles sont résumées dans le tableau 8.1. Cependant, les choses sont moins simples lorsque l'on cherche à modéliser des pathologies non liées à un gène unique à pénétrance complète, ce qui est le cas de l'ensemble

---

1. Le neuroticisme est l'une des grandes dimensions de la personnalité : les sujets dont le score est élevé sur ce facteur se caractérisent par l'expérience chronique d'émotions négatives quel que soit le niveau objectif de menace présenté par l'environnement.

Tableau 8.1. Modélisation des troubles neurodégénératifs humains chez l'animal.

Pathologie	Phénoménologie chez l'homme	Modifications chez l'homme modélisables chez d'autres espèces	Modélisation chez l'animal
Chorée de Huntington	Mouvements anormaux apparaissant en moyenne vers l'âge de 40 ans et dus à un gène autosomal dominant	Répétition de trinucléotides CAG codant pour la polyglutamine induisant des dégénérations de neurones et des inclusions toxiques intranucléaires	Drosophile : Expansion du gène codant pour la polyglutamine induisant des agrégats nucléaires et des dégénérescences
Maladie d'Alzheimer	Perte anormale des fonctions cognitives survenant au cours du vieillissement associée à des anomalies histopathologiques (amas neurofibrillaires, plaques séniles) et une dégénération des neurones cholinergiques	Mutation du gène codant pour la protéine *tau* qui cause les amas neurofibrillaires	Souris : Induction d'une mutation de la protéine *tau* qui cause des modifications dépendantes de l'âge, l'accumulation d'une forme phosphorylée de protéine *tau* et la neurodégénérescence progressive Pas d'amas neurofibrillaires ou de plaques séniles
		Mutation du gène de l'APP[2], de la préséniline 1 ou préséniline 2	Souris : Altération de l'expression du gène APP-*like protein*, l'homologue de l'APP cause des morts cellulaires Pas d'amas neurofibrillaires ou de plaques séniles
Maladie de Parkinson	Déficit moteur et postural associé à une dégénération des neurones dopaminergiques nigro-striés et des inclusions cytoplasmiques dénommées « corps de Lewy »	Mutations du gène de l'α-synucléine ; la protéine correspondante étant abondante dans les corps de Lewy	Souris : Expression de la forme humaine du gène de l'α-synucléine induit une dégénération progressive des neurones dopaminergiques dépendant de l'âge et associée à des agrégats cytoplasmiques

2. APP : alipoprotéine.

des maladies mentales. On estime par exemple que seulement 0,4 % des maladies d'Alzheimer sont liées à un gène unique à pénétrance complète, c'est-à-dire une variante d'un gène qui induit la maladie chez 100 % des sujets. Pour les pathologies psychiatriques, l'aspect génétique n'est en général qu'une composante impliquée seulement en partie dans l'étiologie de la maladie (moins de 50 % pour la schizophrénie et la dépression majeure).

On peut aussi évoquer la modélisation non pas des causes génétiques, mais des déficits neurologiques. Pensons par exemple à une pathologie telle que la maladie de Parkinson qui se traduit chez l'homme par une perte des neurones dopaminergiques du *striatum*, par une hypokinésie et des problèmes posturaux. On peut facilement léser les neurones dopaminergiques du *striatum* avec certaines substances neurotoxiques (6-OHDA, MPTP) chez le rongeur de laboratoire ou le primate, et observer des symptômes très similaires à ceux observés chez des patients parkinsoniens. Cependant, les choses ne sont pas aussi simples qu'elles en ont l'air et se compliquent singulièrement lorsque l'on s'intéresse à la modélisation des maladies psychiatriques et à la modélisation des déficits cérébraux qui y sont associés. Certains aspects sont faciles à reproduire chez l'animal : par exemple, on peut induire chez la souris des modifications de la microstructure de l'hippocampe identiques à celles que l'on trouve chez un patient humain atteint de schizophrénie. Cependant, on atteint des limites à la modélisation lorsque l'on cherche à imiter chez le rongeur des variations neurobiologiques associées à des modifications de certaines aires cérébrales, d'apparition phylogénétique tardive. En effet, certaines aires cérébrales ne sont pas du tout homologues chez les rongeurs et les humains. Ceci est particulièrement vrai pour certaines zones néocorticales comme le cortex pré-frontal : rapporté à la taille du cerveau, cette structure est 296 fois plus grosse chez l'homme que chez la souris. Or, des modifications morphologiques ou fonctionnelles de cette structure ont été observées dans la plupart des maladies mentales (schizophrénie, dépression, stress post-traumatique, maladie d'Alzheimer, anorexie mentale) : on imagine donc facilement que l'on ne pourra jamais observer chez la souris les effets désastreux que l'on observe chez l'homme dans le cas d'un dysfonctionnement de cette aire du cerveau. Tout comme ce que nous avions déjà pu observer pour la similitude sur le plan comportemental, il devient évident que, pour ce qui concerne la modélisation de ces maladies, on peut tout au plus modéliser certains aspects de la pathologie, et non la pathologie elle-même. Or il n'est pas sûr que cette « modélisation partielle » ait un sens. En effet, on sait que le cerveau est une structure complexe, composée d'un grand nombre de sous-systèmes interagissant les uns avec les autres selon une dynamique largement non linéaire. L'état de l'un de ces sous-systèmes peut donc modifier l'état d'un autre, ce qui implique que le système entier, qui est bien plus que la somme de ses sous-systèmes, ne fonctionne peut être pas de la même manière selon que les autres composants sont ou non présents et actifs (Belzung et Chevalley, 2002). Ainsi, il se peut qu'un *striatum* ou une amygdale de souris ne fonctionne pas du tout de la même manière que celle d'un humain, et cela en dépit d'une apparente similarité dans l'organisation anatomo-fonctionnelle (pour approfondir ce point, voir Belzung *et al.*, 2005).

Enfin, il faut remarquer aussi que l'expression comportementale associée à l'activation ou l'inhibition de certains éléments du système n'est pas forcément identique chez toutes les espèces. Par exemple, chez l'ensemble des mammifères, la mélatonine semble associée aux cycles nycthéméraux. Elle est en effet toujours libérée pendant la période nocturne du cycle. Cependant, comme chacun le sait, certaines espèces sont actives le jour (l'homme, en général) alors que d'autres sont plutôt actives la nuit (comme les rongeurs). Ainsi, l'administration de cette substance provoque le sommeil chez les humains alors qu'elle entraîne l'éveil chez la souris.

Validité prédictive

D'après ce critère, le modèle animal est censé être sensible aux traitements qui sont efficaces dans la pathologie humaine. Autrement dit, un modèle d'anxiété doit donc être sensible aux anxiolytiques, un modèle de dépression aux antidépresseurs, un modèle de schizophrénie aux neuroleptiques, un modèle de maladie de Parkinson aux anti-parkinsoniens et ainsi de suite. De ce fait, ces modèles deviendraient prédictifs, puisque l'efficacité positive d'un traitement dans un modèle permettrait de faire des prévisions sur son activité clinique. Ceci est évidemment vrai aussi bien pour des traitements pharmacologiques que pour des traitements chirurgicaux (par exemple les greffes intra-cérébrales de neurones fœtaux dans le cas de la maladie de Parkinson) ou des traitements par génie génétique qu'on peut imaginer dans le futur.

Pour être un bon prédicteur, un test donné doit donc être sensible uniquement aux substances efficaces dans la pathologie humaine (les vrais positifs) et non aux traitements non efficaces. Cependant, dans beaucoup de tests, on a décrit des faux positifs, c'est-à-dire des substances actives uniquement dans le modèle animal et des faux négatifs lorsque les substances sont actives seulement chez l'homme.

Les faux positifs

Très souvent, les réponses spontanées des rongeurs sont basées sur l'inhibition comportementale. Par exemple dans les tests d'anxiété, les souris présentent une inhibition du comportement d'exploration qui est réduite par les anxiolytiques. On peut faire la même observation pour les modèles de dépression. Par exemple, dans le test de la nage forcée, un rongeur est introduit dans un bécher d'eau froide duquel aucune échappatoire n'est possible. En effet, son diamètre est trop faible pour que l'animal puisse nager et son bord trop haut pour lui permettre de se soustraire à l'eau en grimpant sur le bord. Dans un premier temps, les rats présentent des mouvements de nage ou des tentatives pour grimper alors que dans un deuxième temps, les rats restent immobiles à la surface de l'eau. Cette immobilité est réduite par des antidépresseurs. Or, qu'il s'agisse de l'inhibition de l'exploration ou de l'immobilité dans la nage forcée, il s'agit là de comportements qui sont facilement débloqués par l'administration d'un psychostimulant comme l'amphétamine. Ainsi, les substances stimulant l'activité locomotrice sont souvent des faux positifs. Pour contrer cet effet, il faudrait inclure dans les modèles à la fois des variables dont l'occurrence est augmentée par une stimulation de l'activité et des variables dont l'expression n'est pas modifiée. Autre détail important : pour avoir une bonne valeur prédictive, un test doit être sensible non seulement aux mêmes substances que l'affection clinique mais encore aux mêmes modes d'administration. Par exemple, en clinique, les antidépresseurs ne sont efficaces qu'après un traitement chronique. Or, dans certains modèles comme celui de la nage forcée, ils sont efficaces aussi après administration aiguë : dans ce cas, on parlera aussi de faux positifs.

Les faux négatifs

Un autre risque à ne pas négliger est lié à l'existence de faux négatifs. L'exemple des tests d'anxiété dits de « conflit conditionné » — un modèle particulièrement cruel, développé pour tester les effets des premières benzodiazépines — en est une belle illustration. Il s'agit de situations dans lesquelles un rongeur, généralement un rat, est placé dans un dispositif de conditionnement opérant. Il apprend ainsi à se nourrir en appuyant sur un levier. Une fois le conditionnement acquis, chaque appui survenant au cours d'une période signalée par un son ou une lumière sera renforcé simultanément et de façon contradictoire par un choc électrique et par l'aliment. Dans ce cas, on constate que les rats présentent une baisse des appuis pendant la période signalée, alors que le nombre d'appuis pendant la période non signalée reste inchangé. Ce test a été mis au point au début des années 1960, alors que les benzodiazépines étaient les anxiolytiques de référence. On constata que ces substances augmentaient le nombre d'appuis punis reçus, sans modifier les appuis non punis. On conclut alors que ce modèle était sensible à l'action des substances anxiolytiques. Malheureusement, quand au début des années 1980 apparurent de nouveaux anxiolytiques agissant par un autre mécanisme que les benzodiazépines, leur utilisation n'avait aucune action dans les modèles de conflit conditionné et furent donc décrits comme négatifs. Leur efficacité clinique actuelle suggère néanmoins qu'en fait il s'agissait de faux négatifs ! Probablement que ces tests ne mesurent en rien une activité anxiolytique, mais plutôt une activité de « type-benzodiazépine », incluant aussi une augmentation de la faim et une diminution de la sensibilité à la douleur (Belzung, 2001). Plus tard encore, un effort considérable fût fait pour tenter de construire des modèles qui se rapprochent davantage de « l'*Umwelt* » de l'animal. C'est ainsi qu'a été mise au point toute une série de modèles éthologiques incluant la confrontation avec un prédateur réel (un chat s'il s'agit de souris ou de rats), ou avec des *stimuli* évoquant le prédateur (poils de prédateur, odeurs artificielles de prédateurs, fèces…). Et la surprise fut de taille puisque ces modèles ne répondaient pas du tout aux benzodiazépines, mais aux antidépresseurs !

Un autre type de faux négatifs concerne les substances liées à une pharmacologie différente chez l'homme et chez l'animal. Par exemple, des antagonistes des récepteurs à la tachykinine NK1 ont été proposés comme traitement de certains désordres anxieux. Or, il existe d'importantes différences entre espèces en ce qui concerne ces récepteurs et leur pharmacologie. Par exemple, le CP 96 345, un ligand de ces récepteurs, a une très forte affinité pour le récepteur NK1 humain mais une affinité très faible pour le même récepteur chez le rat. De plus, leur distribution dans les aires du système limbique est aussi très différente entre ces deux espèces (Rupniak et Kramer, 1999). Cette substance est donc efficace chez l'homme, tout en ayant une activité médiocre chez le rat ou la souris. Que faire dans ce cas ? La solution est de trouver une espèce qui a des récepteurs NK1 plus proches de ceux de l'homme que ceux du rat. La gerbille semble un candidat idéal mais malheureusement très peu de tests ont été mis au point chez cette espèce (voir pour discussion Belzung et Griebel, 2001).

▶▶ Exemple d'un modèle animal de comportement humain normal : la modélisation de l'anxiété

Par commodité de langage, on utilise souvent l'expression « modèles animaux d'anxiété », alors qu'il s'agit le plus souvent de situations dans lesquelles seule la variable comportementale est mesurée. Notons également qu'il s'agit de comportements normaux, observés dans leurs manifestations les plus exacerbées, et non pas de phénomènes pathologiques, lesquels se caractérisent par la chronicité de l'anxiété. Il faudrait donc parler de tests de comportements de type anxieux, plutôt que de modèles d'anxiété. Il existe différents tests de ce type : certains sont basés sur des réponses conditionnées et d'autres sont basés sur des réponses spontanées. Dans cette seconde catégorie, on peut inclure les tests d'exploration et les tests de confrontation à un prédateur ou bien à un *stimulus* associé au prédateur (poils, fèces). Dans un souci de simplification, nous n'aborderons que les premiers.

L'exploration est un comportement déclenché par la confrontation d'un individu avec un élément nouveau. Cet élément peut être l'environnement lui-même, ou uniquement un élément de l'environnement tels qu'un objet, un congénère ou un aliment. Cependant, la plupart des situations utilisées en psychopharmacologie utilisent la confrontation avec un milieu nouveau dans lequel l'animal est en général introduit. Ce type de test, dont « *l'openfield* » est le plus populaire, a été mis au point en 1934 pour l'étude de l'émotivité chez les rats de laboratoire par Hall. Il consiste à introduire de force un rongeur, en général un rat ou une souris, dans une enceinte inconnue (photo 8.1). On observe chez ces animaux une augmentation des réponses physiologiques associées à l'anxiété (défécations, miction, élévation

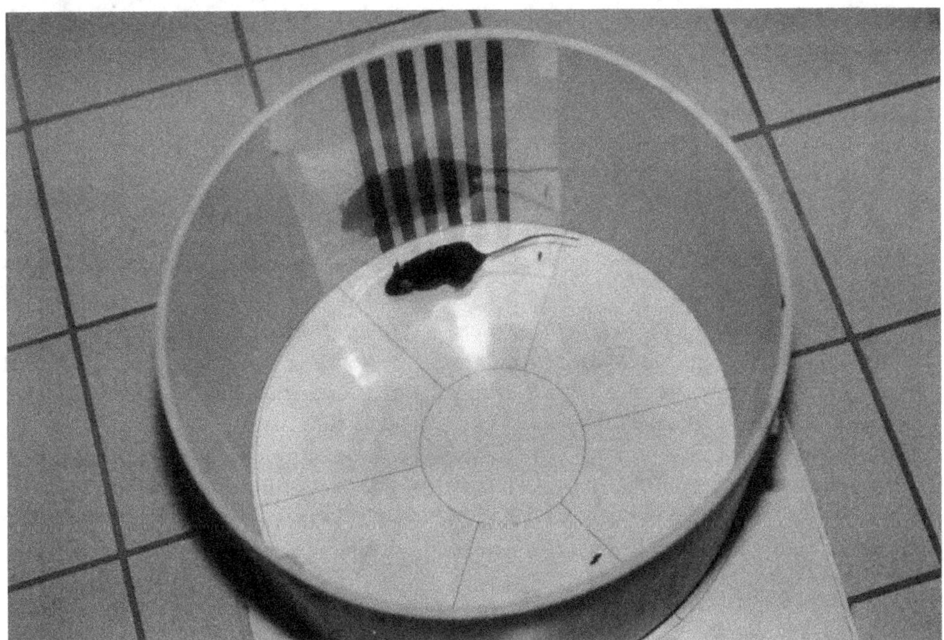

Photo 8.1. Le test de *l'openfield* (cliché : S. Barreau, université de Tours).

du taux de corticostérone plasmatique) ainsi qu'un comportement de thigmotaxie : les animaux évitent le centre du dispositif et longent les parois. Ces comportements sont liés au fait que les animaux sont introduits de force dans ce milieu (on ne les observe plus si l'animal a pu s'y introduire librement ; Misslin et Cigrang, 1986) et qu'ils présentent une aversion spontanée pour les milieux ouverts et éclairés (en effet, il s'agit d'espèces qui vivent dans des galeries souterraines au sein desquelles ils ont un contact permanent avec les parois grâce à leurs vibrisses). Les traitements pharmacologiques (benzodiazépines, alcool éthylique) ou génétiques (invalidation de certains gènes) entraînent une augmentation des entrées dans le secteur central et une augmentation des redressements, ce que l'on interprète en général comme une désinhibition comportementale (cf. Prut et Belzung, 2003 pour une revue). En effet, on suppose que l'exploration de cet environnement stressant est inhibée par l'anxiété.

L'utilisation de tests d'exploration pour l'évaluation de substances anxiolytiques s'est largement répandue par la suite. Aujourd'hui, la plupart des tests de comportement anxieux utilisent l'inhibition de l'exploration envers un environnement aversif comme mesure de l'anxiogenèse. Le plus souvent, il s'agit de situations dans lesquelles un animal, généralement nocturne, est placé dans un milieu inconnu constitué de deux parties contrastées, l'une d'elles étant moins aversive (photo 8.2) (partie obscure du test des cages claires-obscures, partie fermée du labyrinthe en croix surélevé…) que l'autre. Dans ce cas, on constate en général une préférence pour la partie la moins aversive, qui est atténuée par des traitements anxiolytiques.

Photo 8.2. Le labyrinthe en croix surélevé (à gauche) et le test des cages claires-obscures (à droite) (cliché : C. Ducottet).

Par la suite, le test de l'*openfield* a été « exporté » vers d'autres espèces aussi différentes que des animaux de rente (moutons, veaux, cochons, lapins, poulets), des animaux sauvages (renards par exemple) et même des invertébrés (abeilles, homards). Or, il est bien évident que l'« *Umwelt* » de ces espèces est parfois très différente de celle d'un rongeur. Les mammifères domestiques comme les bovins ou les ovins sont des animaux grégaires (chapitre 4) dont le milieu naturel est précisément constitué d'espaces ouverts, si bien que, contrairement à ce qui se passe pour des espèces vivant dans des galeries, un test comme l'*openfield* est stressant chez ces espèces, essentiellement en raison de la restriction de l'espace disponible et de la séparation sociale (cf. Boissy, 1998 pour revue). Il en est de même pour d'autres tests d'exploration, comme par exemple le test du labyrinthe en croix surélevé auquel certains chercheurs ont exposé des cochons. Ces animaux ne marquaient pas du tout de préférence pour les bras fermés. On peut noter ici l'apport immense de l'éthologie, qui permet de préciser, en fonction du milieu habituel des espèces considérées, l'impact des différentes manipulations de l'environnement. Ceci devrait être pris en considération lorsque les expérimentations nécessitent des espèces moins classiquement utilisées en laboratoire, mais aussi bien sûr lors de l'utilisation de rongeurs de laboratoire. Par exemple, comme cela a été expliqué plus haut, la gerbille semble un meilleur modèle pour tester les effets de ligands du récepteur NK1 que le rat ou la souris. Or, l'habitat naturel de cette espèce est constitué d'environnements semi-désertiques très ouverts si bien qu'un *openfield* ou d'autres milieux ouverts dans lesquels on mesure habituellement l'effet des anxiolytiques ne sont pas du tout adaptés pour induire les réponses d'anxiété chez cette espèce.

▸▸ Quelques exemples de modèles animaux de désordres comportementaux

Nous allons ici décrire deux exemples qui nous semblent illustrer parfaitement les défis et les limites de la modélisation animale : celui des maladies neurodégénératives et celui, beaucoup plus compliqué, d'une maladie mentale à la symptomatologie complexe et aux causes largement non élucidées comme la schizophrénie.

La modélisation des maladies neurodégénératives

Ces maladies telles que la maladie d'Alzheimer, la maladie de Parkinson ou encore la chorée de Huntington se caractérisent par des symptômes cognitifs ou moteurs accompagnés de la dégénérescence de certains neurones du système nerveux central. Nous avons déjà vu (tableau 8.1) que certains aspects, comme les causes génétiques de ces pathologies (et pas forcément la maladie elle-même), peuvent être modélisés chez différentes espèces telle que la drosophile. Les modèles murins ou primates permettent la mise au point de traitements, ce qui ne semble pas être le cas avec les modèles invertébrés et souligne la nécessité de mettre au point des modèles murins pour tester l'activité potentielle de nouveaux médicaments.

Par exemple, dans le cas de la maladie de Parkinson, on observe une dégénérescence des neurones dopaminergiques du *striatum* probablement causée par un stress oxydatif. Étant donné qu'il existe un homologue de ces projections chez les primates mais également chez les rongeurs de laboratoire, les modèles animaux de cette maladie consistent en une lésion des neurones dopaminergiques grâce à l'injection d'une substance neurotoxique, la MPTP (1-methyl-4-phenyl-1,2,3,6-tetrahydropyridine) dans la substance noire *pars compacta*, dans laquelle se trouvent les corps cellulaires des neurones dopaminergiques projetant vers le *striatum*. Cette substance induit un stress oxydatif, et donc la perte des neurones dopaminergiques dans le *striatum*, qui se traduit par des anomalies sur le plan postural, de l'akinésie, des tremblements et de la rigidité (cf. Tolwani *et al.*, 1999 pour revue). Si l'on administre des agonistes dopaminergiques, des chélateurs ferriques, des inhibiteurs de la synthèse d'oxyde nitrique ou des antagonistes des canaux calciques aux animaux avant la lésion, on observera un effet neuroprotecteur. Ce type de traitement peut donc être utilisé chez des patients pour freiner l'évolution de la maladie. Cela montre l'intérêt de la modélisation de ces pathologies chez l'animal pour la mise au point de nouveaux traitements.

Dans d'autres cas, comme par exemple la chorée de Huntington qui se traduit par des mouvements incontrôlables, on sait que la dégénérescence des neurones GABAergiques et cholinergiques est la conséquence de la présence d'un gène autosomal dominant. Le modèle consiste donc à imiter cette anomalie chez des souris transgéniques. Dans ces deux cas, le modèle a donc consisté à tenter d'imiter l'anomalie biologique, qui est considérée comme un facteur causal de la maladie.

Dans le cas de la maladie d'Alzheimer, les choses semblent largement plus compliquées. Cette maladie se caractérise par la présence de dépôts extracellulaires appelés plaques séniles contenant la protéine β-amyloïde, par l'enchevêtrement intracellulaire de neurofribilles constitués de protéine *tau* hyperphosphorylée, par des pertes neuronales, par le déclin des fonctions cognitives, comme l'apprentissage et la mémoire. Ces différentes anomalies apparaissent avec l'âge puisqu'on estime que chez l'homme, la maladie touche 10 % des personnes âgées de plus de 65 ans et 40 % des plus de 80 ans. Certains gènes semblent conférer une susceptibilité plus élevée à développer la maladie : le gène codant pour la protéine amyloïde (gène APP, sur le chromosome 21 de l'homme), le gène de la préséniline 1 (gène PS1, sur le chromosome 14 humain) et, de façon plus anecdotique, le gène de la préséniline 2 (gène PS2). Ainsi, des souris mutantes ont pu être générées dans lesquelles ces différents gènes sont surexprimés. Par exemple, certaines souris mutantes pour l'APP présentent une accumulation de la protéine amyloïde qui augmente avec l'âge (à partir de l'âge de 6-8 mois dans certains modèles et de 13 ou même 18 mois dans d'autres) et pas avant, ce qui semble imiter le décours temporel de cette accumulation chez l'homme. S'agit-il pour autant d'un modèle de la maladie d'Alzheimer ? Tout d'abord, remarquons que chez l'homme ces gènes semblent impliqués surtout dans certaines formes de maladies d'Alzheimer, appelés formes familiales et qui ne concernent que 0,4 % des cas répertoriés. Or, il n'est pas certain que les formes familiales soient vraiment « exemplaires » de la maladie. De plus, on peut noter qu'il est extrêmement difficile de déterminer le rôle causal de ces différents éléments et leurs interactions. Par exemple, le déclin des fonctions cognitives précède l'apparition des plaques amyloïdes chez les souris APP alors qu'aucune des souris transgéniques générées ne présente d'enchevêtrement de neurofibrilles. Ceci suggère que les différents modèles sont tout au plus capables d'imiter certains aspects de la pathologie humaine, mais certainement pas la pathologie à proprement parler. Par ailleurs, les anomalies sur le plan comportemental consistent généralement en une néophobie, ce qui n'est pas l'un des symptômes les plus caractéristiques de la maladie chez l'homme. De plus, curieusement, dans un grand nombre de ces modèles génétiques, peu de travaux portant sur les éventuels déficits cognitifs ont été entrepris alors que d'autres anomalies ont été constatées, comme par exemple une augmentation de l'agressivité.

La modélisation de la schizophrénie

Si la situation semble assez simple en ce qui concerne la modélisation des désordres impliquant des comportements adaptatifs (peur, apprentissage) ou des pathologies dont on connaît avec précision les anomalies sur le plan neuro-anatomique, susceptibles d'être présentes aussi bien chez l'animal que chez l'homme, il n'en est pas de même lorsqu'il s'agit de modéliser des désordres psychiatriques complexes, à l'étiologie incertaine, telle que la schizophrénie. Quels sont les symptômes observés ? Il s'agit essentiellement d'un retrait social, d'une anhédonie, d'hallucinations auditives, de délires, apparaissant chez de jeunes adultes (en général entre 20 et 30 ans) et persistant tout au long de la vie. Sur le plan neuro-anatomique, on observe des altérations du système dopaminergique, essentiellement dans le cortex pré-frontal, l'hippocampe, le cortex entorhinal et le noyau *accumbens*. Certains de ces symptômes semblent faciles à imiter chez l'animal, tel que par exemple le retrait social, alors que d'autres semblent beaucoup moins accessibles à une telle modélisation, comme les délires. De plus, si l'on veut vraiment imiter la pathologie humaine, les troubles doivent être absents avant l'âge adulte.

Quelle est l'étiologie de cette maladie ? Comment la modéliser ? Là, on se heurte à une situation encore plus complexe puisqu'il existe un foisonnement de théories, se situant à des niveaux épistémiques complètement différents. Et les chercheurs semblent avoir une fâcheuse tendance à n'utiliser que le modèle illustrant le mieux leur ancrage théorique. En effet, certains postulent que les symptômes observés sont la conséquence d'un déficit des processus de traitement de l'information, les sujets ne parvenant plus à orienter leur attention préférentiellement vers les éléments les plus saillants de leur environnement (par exemple les éléments nouveaux) et traitant donc n'importe quel *stimulus* comme s'il était pertinent, même s'il s'agit d'un *stimulus* non associé à un renforçateur et présenté de façon répétée : les malades hiérarchisent donc les informations présentes dans l'environnement selon d'autres critères que les sujets sains et présentent par exemple un déficit de l'habituation[3]. Ces auteurs proposent donc des modèles animaux basés sur l'habituation : habituation à la réponse de sursaut (diminution de l'intensité de la réponse de sursaut en réaction à un événement inattendu au fur et à mesure des différentes présentations), onde P50 (diminution de l'amplitude de l'onde cérébrale évoquée dans l'aire auditive après présentation d'un deuxième *stimulus*), inhibition « *pre-pulse* » (le fait que lorsque l'on présente un *stimulus* de faible intensité suivi d'un *stimulus* d'intensité plus forte, la réponse des animaux au *stimulus* d'intensité forte est atténuée). D'autres auteurs proposent qu'il s'agit d'un déficit de l'inhibition latente[4]. Naturellement, les anti-psychotiques utilisés dans la clinique atténuent ces déficits.

Dans ces deux premiers cas, on peut remarquer qu'il s'agit en fait de modéliser certains symptômes, présents il est vrai également chez les patients atteints de schizophrénie. Mais il n'est pas certain que modéliser des symptômes permette de modéliser la maladie, qui est probablement un enchevêtrement complexe de symptômes. Par exemple, le déficit de l'inhibition « *pre-pulse* » est présent dans d'autres désordres affectant le système nerveux central, telles que les dépressions bipolaires, l'épilepsie des lobes temporaux, la chorée de Huntington et les attaques de panique. On pourrait suivre le même raisonnement pour d'autres symptômes de cette maladie, comme par exemple le retrait social, présent également dans l'autisme.

---

3. Diminution des réponses d'orientation envers un *stimulus* neutre présenté plusieurs fois de suite.
4. Lorsqu'un sujet a appris à ignorer un *stimulus*, tout conditionnement ultérieur utilisant le dit *stimulus* comme *stimulus* conditionnel est retardé.

D'autres auteurs se focalisent sur une possible origine biologique, plutôt que sur l'aspect symptomatique. Ainsi, certains situent l'origine de la schizophrénie au niveau génétique (anomalies des gènes *NR4A2, CB1, CHRNA7, COMT* chez les patients schizophrènes, études de liaisons portant sur des parties du chromosome 15) et vont proposer des modèles animaux comme les souris congéniques pour des parties de chromosomes orthologues au chromosome 15 humain, l'invalidation génétique des gènes impliqués chez l'homme ou impliqués dans l'action des médicaments anti-psychotiques. Ces souris sont ensuite testées dans des modèles comportementaux « mesurant » l'intérêt pour des congénères ou les processus de traitement de l'information. Par exemple, chez des souris déficientes pour le gène *Dvl1* (un gène de polarité existant également chez la drosophile), on a décrit un *pattern* comportemental caractérisé par une diminution des interactions sociales et un déficit dans le traitement de l'information. Du coup, sans prendre davantage de précautions, ces souris ont été proposées comme un modèle animal de désordre psychiatrique ! La naïveté de la proposition peut surprendre, non seulement à cause de l'idée qu'un gène existant chez la drosophile puisse être impliqué dans un désordre psychiatrique humain à la phénoménologie aussi complexe (incluant des symptômes sur le plan verbal) mais aussi parce que les données épidémiologiques suggèrent que même chez l'homme, la composante génétique est loin d'expliquer l'étiologie de cette pathologie.

Pour d'autres auteurs encore, la schizophrénie serait liée à des anomalies du développement pré-natal. Les modèles proposés consistent dans ce cas à pratiquer des injections prénatales d'acétate de méthylazoxyméthanol (AM) ou de corticostérone, ou encore des hypoxies néonatales. Par exemple, les injections prénatales d'AM induisent des modifications sur le plan neuro-anatomique chez les rats adultes qu'on peut mettre en parallèle avec celles observées chez les personnes schizophrènes. Cependant, notons que très peu d'anomalies comportementales ont été décrites chez ces rats. Quant aux hypoxies néonatales, n'oublions pas que la population des schizophrènes se caractérise en effet par une incidence plus élevée des hypoxies à la naissance, mais que la très grande majorité des personnes ayant souffert d'une hypoxie à la naissance ne développe pas de schizophrénie.

D'autres auteurs enfin ont proposé une étiologie néonatale et les modèles correspondants sont la lésion précoce de l'hippocampe ventral, la privation maternelle ou l'élevage en isolement. Par exemple, la lésion de l'hippocampe ventral est pratiquée chez des rongeurs nouveau-nés (âgés de 7 jours) par injection d'acide iboténique dans cette aire cérébrale. Parvenus à l'âge adulte (50 jours), ces rats présentent une modification de comportement dépendant de la dopamine telle qu'une hyper-activité locomotrice après confrontation avec un milieu nouveau, une exacerbation de l'effet de l'amphétamine sur l'activité locomotrice, une exacerbation de l'effet de l'apomorphine sur les stéréotypies comportementales, une diminution de la catalepsie après *challenge* avec l'halopéridol et des déficits de l'inhibition « *pre-pulse* ». Certaines de ces anomalies sont sensibles aux traitements par antipsycho-tiques. Notons au passage la circularité du raisonnement : pour mettre au point de nouveaux traitements, on utilise un modèle sensible à des comportements associés à un neuromédiateur comme la dopamine. Or, à l'heure actuelle, de nouveaux traitements prometteurs, non dopamine-dépendants, apparaissent sur le marché comme des antagonistes NK3 ou les antagonistes du récepteur au glutamate NMDA.

▸▸ Conclusion

Comme on vient de le voir, la mesure du comportement est d'une importance centrale dans le domaine de la mise au point de nouveaux traitements pour les patients atteints de désordres psychiatriques ou de pathologie neurodégénératives. Et, à ce titre, l'éthologie a été un apport extrêmement précieux puisque les travaux issus de cette discipline ont souligné la nécessité de mesurer les comportements des animaux de laboratoire d'une façon détaillée. Cela s'est vérifié par exemple dans le cas des tests de comportement anxieux, dans lesquels on ne se contente plus seulement de mesurer le fait que les animaux passent ou non du temps dans des zones dangereuses du dispositif expérimental mais également les items comportementaux d'approche/évitement qui permettent notamment de vérifier l'état motivationnel des animaux. Cette façon de procéder a permis la mise au point de certains traitements nouveaux qui n'auraient certainement jamais vu le jour autrement. L'apport de l'éthologie animale pour la santé humaine n'a pas seulement été méthodologique mais aussi théorique. Par exemple, cette discipline a insisté sur l'importance de tenir compte du « monde propre » de l'animal, ce qui a permis de définir les animaux-modèles comme des acteurs plutôt que comme des machines répondant passivement à des sollicitations de leur environnement interne ou externe. Lorsque l'on mesure l'effet de traitements pharmacologiques sur le comportement, cela a son importance car la tentation est parfois forte (et elle est renforcée par l'utilisation de techniques d'enregistrement automatisé du comportement) de réduire la réponse de l'animal à une molécule exactement comme on voit la réponse d'un paramètre biochimique : un phénomène purement mécanique ne nécessitant nullement l'existence d'un sujet acteur.

Chapitre 9

Éthologie et robotique :
vers une gestion de précision
des sociétés animales

Claire DETRAIN et Jean-Louis DENEUBOURG[1]

De tout temps, l'homme a construit des systèmes artificiels capables d'interagir avec des organismes vivants et d'en contrôler le comportement. Ainsi, de simples leurres mimant la réalité permettent d'attirer l'animal pour la pêche et la chasse, ou de l'écarter des cultures vivrières et des zones d'habitation dans le cas d'animaux ravageurs ou vecteurs d'agents pathogènes. Plus récemment, ces systèmes artificiels se sont perfectionnés dans la mesure où ils sont dotés d'une spécificité, d'une flexibilité et d'une autonomie leur permettant d'interagir avec l'animal de façon dynamique. En outre, ils sont susceptibles d'offrir une aide efficace à la gestion des espèces animales d'intérêt économique qui, pour la plupart, se caractérisent par un mode de vie social ou du moins grégaire. Ces leurres pourraient induire de nouveaux comportements, synchroniser les activités d'un élevage ou, au contraire, freiner des phénomènes de panique collective.

Si la robotique offre au biologiste un outil puissant pour étudier et contrôler le comportement animal, les sociétés animales et leurs mécanismes de fonctionnement sont à leur tour des sources d'inspiration pour les informaticiens et les roboticiens à la recherche de systèmes artificiels autonomes, moins dépendants d'un contrôle permanent par un opérateur. Ainsi, plusieurs robots de conception simple mais capables d'interagir selon des règles inspirées des sociétés d'insectes possèdent des propriétés remarquables de robustesse, de flexibilité et d'adaptation à un environnement changeant et imprévisible. À l'avenir, la création de sociétés mixtes de

1. Les auteurs, chercheurs qualifiés au Fonds national belge de la recherche scientifique, ont bénéficié du soutien financier du Fonds E. Defay (projet FRFC n° 2.4510.01.617.08.F) ainsi que de la Commission européenne (projet FET OPEN IST 2001-35506-LEURRE). Merci à Y. Gossuin pour son aide dans l'illustration de ce chapitre.

robots et d'animaux semble d'une part, un moyen élégant et innovant de concrétiser une telle synergie entre robotique et éthologie, et d'autre part, ouvre de nouvelles perspectives dans la gestion du vivant.

▶▶ Les précurseurs

L'éthologie nous a montré qu'il est possible d'interagir avec l'animal en utilisant des systèmes artificiels. Une découverte essentielle de cette discipline est que des comportements animaux, parfois complexes, peuvent être efficacement contrôlés par des objets simples mais porteurs de quelques signaux pertinents. Un des travaux précurseurs dans ce domaine est l'étude par Tinbergen (1951) du comportement territorial de l'épinoche mâle. Une réplique parfaite d'épinoche mais aux flancs non colorés ne suscite que peu de réactions chez l'animal testé. Par contre, un leurre aux formes grossières, évoquant à peine un poisson mais dont le ventre présente une vive coloration rouge, déclenche une réponse territoriale typique. La littérature scientifique foisonne d'exemples similaires où des leurres suscitent des comportements spécifiques (Curio, 1976). Dans toutes ces expériences, le *stimulus* responsable du déclenchement du comportement est identifié — parmi toutes les caractéristiques de l'animal — par la construction d'objets offrant une image simplifiée et partielle de l'animal (McFarland, 2001). Depuis longtemps, ce principe a été appliqué notamment

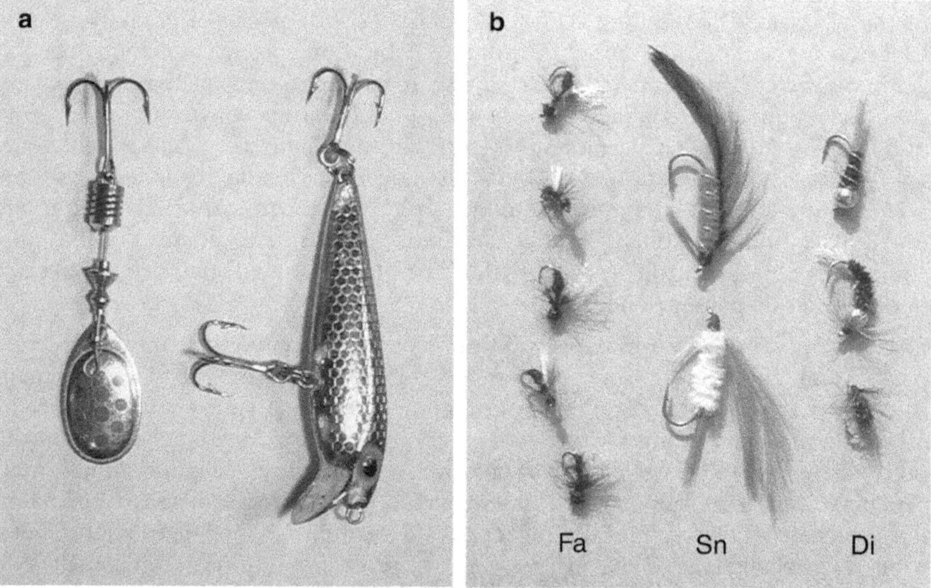

Photo 9.1. Exemples de leurres employés pour la pêche. Le poisson est attiré par des leurres reproduisant plus ou moins fidèlement un autre poisson ou par de simples « cuillères » dont la forme ovale, le mouvement et le scintillement suffisent à induire sa réponse (photo a). Pour la pêche en rivière, on utilise des mouches artificielles (photo b) imitant la forme d'un diptère (Di), d'un sexué ailé de fourmi (Fa) ou d'un insecte porteur de *stimuli* supra-normaux (Sn).

pour la chasse et la pêche (photo 9.1 ; Ragonneau, 2003). Ainsi, les caractéristiques des leurres attirant le plus efficacement le poisson ou le gibier ont été sélectionnées sur une base empirique. Si certains de ces leurres sont des copies conformes de la réalité, d'autres sont des « chimères » se limitant à renforcer quelques traits essentiels de l'animal, comme par exemple des *stimuli* supra-normaux. Ainsi, un leurre qui s'éloigne de la réalité peut gagner en efficacité. Ce type d'interaction entre un leurre et un animal est cependant limité, peu dynamique et cesse dès que le comportement est exprimé.

▸▸ Donner une réponse spécifique à chaque animal

Une étape importante dans l'élaboration de systèmes artificiels interagissant avec l'animal consiste à les doter d'une flexibilité et d'une capacité à répondre spécifiquement à l'animal. Le système artificiel n'est plus simplement porteur d'un signal fixe mais devient capable d'adapter sa réponse à chaque animal en fonction de son profil comportemental. Actuellement, ces interactions dynamiques entre un agent artificiel et un animal sont dans leur grande majorité l'apanage d'outils classiques dotés d'une autonomie (clôtures, mangeoires…). La spécificité des réponses est essentiellement liée à l'utilisation de signaux émis par l'un ou l'autre élément artificiel, notamment électronique porté par l'animal. Dans le domaine de l'élevage, des clôtures « intelligentes » peuvent ainsi « reconnaître » la vache qui s'en approche de trop près et le cas échéant, augmenter l'intensité de leur décharge électrique en fonction de la fréquence des tentatives de sortie de chaque individu (Butler *et al.*, 2006). De même, des machines à traire automatiques sont capables grâce à des techniques d'analyse d'image de localiser les trayons du pis, de les laver, de les traire puis de les sécher grâce à un bras robotisé (Veysset *et al.*, 2001). Chaque vache peut ainsi décider d'utiliser la machine ; en retour, celle-ci identifie chaque animal et adapte spécifiquement la traite à la fréquence et à la durée des visites précédentes. Dans ces exemples, les interactions entre l'animal et la machine restent basées sur de simples renforcements négatifs (décharge électrique d'une clôture) ou positifs (offre de la traite). Cependant, de tels systèmes artificiels capables d'individualiser leur réponse et de l'adapter à l' « histoire » et au profil comportemental de chaque animal peuvent accroître la précision et l'efficacité de la gestion des élevages.

Bien que ces interactions se limitent à un seul animal, leurs conséquences peuvent être importantes au niveau du groupe et l'impact de ces systèmes artificiels sur les structures sociales des animaux d'élevage reste en grande partie à évaluer. Ainsi, au sein d'un troupeau, la position hiérarchique d'un animal conditionne souvent son ordre d'accès à des « services » tels que la traite. Dès lors, le fonctionnement du groupe peut être bouleversé par l'automation qui réduit l'impact de la hiérarchie de dominance en permettant à chaque animal d'accéder à son gré à ces services et qui permet ainsi de limiter les risques de conflit entre individus. L'automation permet également à l'homme d'influencer à distance les comportements individuels grâce à l'utilisation de renforcements négatifs imposés à chaque animal.

▸▸ Accroître la complexité et les capacités d'apprentissage des systèmes artificiels

La complexification de systèmes artificiels, capables de percevoir et de reproduire différents comportements de l'animal, peut être dès à présent envisagée. En effet, ces dernières décennies, les technologies de l'information ont connu des avancées significatives : les performances des microprocesseurs ont fortement progressé, les capteurs et les algorithmes de traitement de l'information se sont perfectionnés. Ces technologies permettent de disposer de robots aux comportements plus complexes mais aussi plus aptes à s'adapter aux variations de leur environnement et aux réactions de leur « interlocuteur ». En d'autres termes, il n'est plus utopique de construire un robot qui soit apte à répondre de façon adéquate à de multiples signaux qui peuvent différer dans leur nature et leur combinaison ou qui puisse moduler son comportement en fonction de ses expériences antérieures. Jusqu'à présent, les efforts des chercheurs pour accroître la complexité comportementale des robots misent sur le binôme homme-machine. La perspective de débouchés commerciaux, notamment ludiques, a conduit plusieurs firmes ou équipes à développer des robots humanoïdes ou des robots animaux tels que le chien Aibo™ conçus pour « vivre » dans notre ombre. Plusieurs chercheurs en intelligence artificielle tentent également de développer des robots capables d'un apprentissage social tel que « Kismet », une tête animée aux traits stylisés capable d'identifier et d'exprimer des états émotionnels comme la joie, l'intérêt ou la peur (Steels, 2002 ; Kaplan *et al.*, 2002 ; voir également le site du MIT[2]).

La majorité des travaux portant sur des interactions complexes entre un robot et un être vivant reste actuellement centrée sur l'humain et limitée aux laboratoires d'intelligence artificielle. Pourtant, nombre de comportements chez les animaux dépassent la simple réaction *stimulus*-réponse et consistent comme dans l'espèce humaine en des séquences comportementales complexes et dynamiques où chaque réponse de l'animal dépend du résultat de l'interaction précédente. Ces réponses ne sont pas nécessairement déterministes ou uniques, différentes séquences pouvant être générées.

Dans un contexte social, ces séquences sont remplacées par un réseau d'interactions. Aujourd'hui, les agents artificiels capables d'interagir efficacement avec l'animal dans de telles séquences complexes sont le plus souvent des leurres aux comportements télécommandés ou préprogrammés (Michelsen *et al.*, 1992). De tels robots s'avèrent être des outils de recherche pour l'éthologiste car ils lui permettent de manipuler indépendamment chacun des *stimuli*, de juger de leur impact et de contrôler l'échange d'informations entre individus. L'homme reste cependant omniprésent derrière la machine et la notion d'autonomie, un vain mot. À cet égard, la construction d'un robot capable de « dialoguer » de façon autonome avec un animal et d'en contrôler le comportement représente une avancée majeure mais n'en est encore qu'à ses balbutiements. Outre une technologie de pointe, ceci requiert d'identifier au préalable les informations et les *stimuli* pertinents pour l'animal, de les reproduire et de décrypter des algorithmes comportementaux souvent subtils.

---

2. MIT : Massachusetts Institute of Technology (http://www.ai.mit.edu/projects/humanoid-robotics-group/, consulté le 02/06/2009).

▸▸ Intégrer la dimension sociale du comportement animal

La construction d'un robot, dont la communication est limitée à un seul animal, semble peu adaptée au domaine des productions animales ou de la gestion de l'environnement, qui vise surtout à contrôler le comportement d'un groupe et non celui d'un individu isolé. En effet, la majorité des espèces animales d'intérêt économique se caractérise par un mode de vie sociale ou du moins grégaire (chapitre 4). Beaucoup d'animaux d'élevage sont issus de la domestication d'espèces vivant naturellement en groupes structurés et hiérarchisés. À la complexité de certaines séquences comportementales de l'individu s'ajoute donc celle liée aux interactions que l'animal entretient au sein de son groupe, souvent maintenu par l'homme à des densités élevées. Le comportement de chaque individu, sa motivation et ses capacités d'apprentissage peuvent être influencés de façon drastique et subtile par la présence et le comportement de ses congénères (Nicol, 1995 pour revue ; Boissy *et al.*, 2001a). Il importe donc qu'un système artificiel puisse intégrer cette dimension sociale de l'animal et contrôler les multiples interactions qui s'établissent entre les membres du groupe.

Contrôler la configuration spatiale d'un groupe

À l'intérieur d'un groupe tel qu'un troupeau de bovins, une bande d'oiseaux ou un banc de poissons, les multiples interactions directes ou indirectes entre animaux conduisent l'ensemble du groupe à adopter une configuration spatiale ou à s'engager dans une activité donnée. Or, des règles comportementales relativement simples telles que « bouger dans le même sens que son voisin » et/ou « maintenir une distance interindividuelle minimale » suffisent souvent à rendre compte de la diversité des structures spatiales du groupe (Aoki, 1984 ; Gueron et Levin, 1993 ; Goss *et al.*, 1993 ; Parish et Edelstein-Keshet, 1999 ; Henderson *et al.*, 2000 ; Deneubourg *et al.*, 2002). En connaissant ces règles comportementales, il est notamment possible d'orienter les déplacements d'un groupe de mouettes flottant sur l'eau par l'utilisation d'une fausse mouette téléguidée (De Schutter *et al.*, 2001). De même, l'observation des configurations spatiales d'un groupe de canards couplée à leur modélisation a permis de développer un robot mobile, autonome, capable, à l'instar d'un chien berger, de les rassembler puis de les conduire vers un endroit déterminé (photo 9.2 ; Vaughan *et al.*, 1998 ; voir également Henderson *et al.*, 2000). L'originalité de ce robot « Sheepdog » est qu'il est basé sur des algorithmes relativement simples et qu'il exploite un nombre réduit de règles comportementales pour contrôler l'essentiel du déplacement collectif des oiseaux.

Contrôler l'activité d'un groupe

Les exemples d'influence du contexte social sur l'activité des animaux sont fréquents, divers et multiples. Les termes de facilitation sociale, de comportement allélomimétique ou de comportement contagieux sont utilisés pour désigner des situations où le comportement d'un individu déclenche le même comportement chez son voisin (Galef, 1988 ; Nicol, 1995 ; Gautrais *et al.*, 2007). Par exemple, au sein d'un troupeau, la simple vue d'un individu en fuite déclenche la fuite de ses congénères.

Photo 9.2. Le robot « Sheepdog » guide un groupe de canards vers un lieu déterminé sur base d'algorithmes décisionnels simples (reproduit avec l'autorisation du docteur R. Vaughan et du Silsoe Research Institute).

Les exemples de comportements allélomimétiques abondent chez les animaux domestiques, notamment dans le domaine de l'alimentation chez les poules, les porcs, les chevaux ou encore les bovins (Nicol, 1995). Ces comportements peuvent être déclenchés par des *stimuli* très simples où la perception visuelle joue souvent un rôle important. Ainsi, la vue d'un poussin picorant induit ce même comportement chez ses congénères et conduit à une forme de synchronisation de l'alimentation. L'émission des *stimuli* adéquats par un système artificiel est donc susceptible d'influencer la dynamique de propagation de ces comportements allélomimétiques au sein de l'élevage. Par exemple, les poussins peuvent être stimulés à manger à la vue d'un faux poussin en bois picorant le sol, cette stimulation étant accrue par la perception du bruit d'un bec frappant le substrat (figure 9.1 ; Tolman, 1967 ; voir aussi Picard *et al.*, 1997). Outre la synchronisation de l'alimentation, ces comportements allélomimétiques peuvent conduire à l'acquisition de nouvelles préférences alimentaires (Ralphs *et al.*, 1994). Un robot mimant des comportements alimentaires sur de nouvelles sources de nourriture pourrait orienter l'alimentation de l'ensemble du groupe. On contrôlerait ainsi la quantité ou/et la qualité de nourriture ingérée spontanément par l'animal sans avoir recours à des méthodes invasives. Évaluer le rôle de l'imitation dans l'émergence de comportements collectifs et construire des robots susceptibles d'influencer la fréquence de réalisation de ces comportements sont deux objectifs qui ouvrent des perspectives intéressantes pour la gestion des animaux d'élevage dans le respect de leur bien-être (chapitre 12).

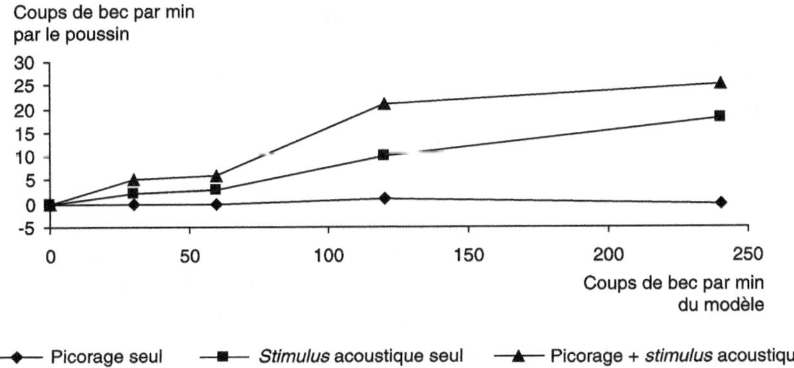

Figure 9.1. Comportement de picorage chez les poussins (modifié d'après Tolman, 1967). Le picorage peut être stimulé par la vue d'un leurre picorant le sol surtout si le son d'un bec frappant le sol y est associé. Par contre, le *stimulus* acoustique seul n'est pas suffisant pour induire un comportement d'alimentation chez les poussins.

▶▶ Développer des sociétés de robots autonomes

Dans de nombreuses situations, un robot isolé, contrôlé en permanence par l'homme gagne à être remplacé par plusieurs robots mobiles et autonomes. L'autonomie de ces robots ne se réfère pas ici à celle d'une entité isolée qui se suffit à elle-même mais au contraire inclut une forte composante sociale. Le système dans son ensemble bénéficie alors de la coopération et de l'échange d'information entre chacun des robots.

Décentraliser l'« intelligence » des systèmes artificiels

La capacité d'un groupe de robots à produire des réponses collectives optimales et, le cas échéant, à interagir efficacement avec des sociétés animales, réside dans la pertinence de leurs algorithmes comportementaux et de leurs règles d'interactions interindividuelles. À cet égard, l'étude de l'organisation sociale chez les animaux a fait d'importants progrès dans l'analyse du lien entre les comportements des individus et ceux du groupe, ainsi que dans la mise en évidence de propriétés génériques. Notamment chez les insectes sociaux, le comportement collectif résulte de multiples interactions simples entre individus, couplées à des *feed-backs* positifs ou négatifs (Deneubourg et Goss, 1989 ; Camazine *et al.*, 2001 ; Deneubourg *et al.*, 2001). Un exemple classique est le recrutement par piste chez les fourmis (Detrain *et al.*, 1999 ; Devigne et Detrain, 2006 ; Detrain et Deneubourg, 2002, 2006). Ainsi, la sélection du chemin le plus court ou de la source de nourriture la plus proche a lieu même si de simples comportements tels que déposer et suivre une piste sont réalisés de façon identique par toutes les fourmis pour toutes les sources. Une solution optimale pour le groupe émerge spontanément de la compétition entre différentes sources d'informations associées à des phénomènes amplifiants. Des exemples similaires chez les fourmis et les abeilles concernent la sélection de la meilleure source de nourriture (Detrain *et al.*, 1999 ; Seeley *et al.*, 1991) et du meilleur site de nidification

(Camazine *et al.*, 2001) ou encore la distribution des tâches entre des groupes d'individus spécialisés (Gordon, 1996). Ce comportement de groupe qui émerge de la multiplicité d'interactions simples entre individus n'ayant qu'un accès limité à une information locale est souvent nommé « intelligence collective, décentralisée » ou « intelligence en essaim » (Bonabeau *et al.*, 1999).

Ces dernières années, cette stratégie de décentralisation des décisions a été utilisée avec succès pour résoudre des problèmes de transport, de traitement et de distribution de l'information dans différents types de réseaux biologiques (par exemple, les réseaux de pistes des fourmis : Dussutour *et al.*, 2004) ou de réseaux artificiels (par exemple, les réseaux informatiques : Bonabeau *et al.*, 1999). Au-delà des applications informatiques, les roboticiens tentent maintenant d'ancrer les concepts d'intelligence décentralisée dans la réalité (Martinoli *et al.*, 2002). Des robots sont actuellement capables de coopérer, de communiquer ou d'interagir par l'intermédiaire des modifications qu'ils imposent à leur environnement. Chaque robot est doté d'un émetteur et d'un récepteur : sa position, sa décision et son mouvement influencera le comportement de ses semblables. Indépendamment d'un contrôle par l'homme, plusieurs robots autonomes sont ainsi capables de manipuler des objets de façon coordonnée et de regrouper, sans plan préétabli, des objets préalablement dispersés de façon aléatoire (Deneubourg *et al.*, 1991 ; Beckers *et al.*, 1994). À l'instar des files de canetons suivant leur mère, de tels robots peuvent également se regrouper spontanément et former des colonnes menées par un robot *leader* ou par l'expérimentateur (Goss *et al.*, 1993). Ils sont également capables de contourner spontanément des obstacles ou encore de gérer collectivement leur énergie afin de rester opérationnels (Krieger *et al.*, 2000).

Outre un changement conceptuel par rapport à la robotique traditionnelle, cette décentralisation de l'« intelligence » entre plusieurs robots autonomes et mobiles leur confère deux propriétés particulièrement intéressantes : tout d'abord, la simplicité des entités et de leurs algorithmes de décisions et ensuite, la robustesse du système aux événements aléatoires. Appliquée aux robots, cette relative simplicité des comportements individuels résulte en une grande stabilité et fiabilité de l'ensemble : leur simplicité de construction les rend moins sensibles aux pannes et leur similitude les rend interchangeables, la perte d'un robot affectant peu les performances du groupe. En outre, ces sociétés décentralisées se caractérisent par une grande robustesse à tout événement aléatoire tel que le blocage ou l'interférence du signal. Loin d'être préjudiciable, cette composante aléatoire peut même devenir source d'innovation pour le groupe. Les individus « perdus » sont susceptibles de trouver de nouvelles ressources ou encore d'offrir des voies alternatives lorsque les autres sont face à une impasse. À l'instar des sociétés d'insectes (Deneubourg *et al.*, 1986), la composante aléatoire des interactions permet au groupe de robots de trouver des solutions lorsque le système est bloqué dans une situation sous-optimale. Cette robustesse aux pannes et à l'aléatoire est l'atout majeur de ces systèmes robotiques décentralisés : elle leur permet de fonctionner en dehors de l'espace contrôlé d'un laboratoire d'intelligence artificielle et, en conditions réelles d'élevage, de mieux résister aux contraintes ou de bénéficier des opportunités d'un environnement changeant.

Créer des sociétés mixtes de robots et d'animaux

La création de sociétés mixtes de robots et d'animaux qui coopèrent et échangent des informations est aujourd'hui possible (photo 9.3). L'étude du comportement d'agrégation des blattes *Periplaneta americana* a permis d'en dégager les principales lois telles qu'une probabilité de séjourner en un endroit donné croissant avec le nombre de congénères déjà présents (Amé *et al.*, 2006 ; Jeanson *et al.*, 2005). En se fondant sur ces acquis, des robots baptisés « Insbot » ont été construits et sont capables d'intégrer les algorithmes comportementaux des insectes et d'y réagir, l'animal influençant la machine et *vice versa* (Caprari *et al.*, 2005 ; Asadpour *et al.*, 2006). Proches par la taille, ces robots ne sont pas des homologues mais des analogues des insectes. Par exemple, là où la blatte emploie ses antennes, la machine dispose d'un détecteur infrarouge lui permettant de distinguer un obstacle, un autre robot ou une blatte. L'objectif poursuivi est de prouver que de tels robots autonomes parviennent à influencer le comportement collectif des blattes, les poussant à adopter des solutions qu'elles n'auraient pas élues spontanément[3] (Sempo *et al.*, 2006 ; Halloy *et al.*, 2007). À terme se dessinent, tant en recherche fondamentale qu'appliquée, des enjeux dépassant largement le seul monde des insectes et s'étendant aux animaux d'élevage qui manifestent également des comportements grégaires et collectifs. Des sociétés mixtes d'animaux et d'agents artificiels autonomes sont susceptibles d'offrir des solutions concrètes à diverses contraintes économiques imposées aux éleveurs. Ainsi, les taux *minima* de réponse (par exemple un taux minimum d'alimentation)

Photo 9.3. Une blatte, *Periplaneta americana,* faisant face à un micro-robot de type « Insbot » (© ULB-EPFL).

---

3. Voir le site du projet : http://leurre.ulb.ac.be/index2.html (consulté le 02/06/2009).

pourraient être plus aisément atteints et maintenus artificiellement par l'usage de plusieurs robots stimulant les animaux à réaliser le comportement souhaité. En effet, l'augmentation du nombre de robots présents permettrait d'accroître l'intensité globale du *stimulus* et, le cas échéant, de dépasser les seuils critiques de réponse de chaque individu. En outre, chaque robot ayant un rayon d'interaction limité aux animaux spatialement proches, la dispersion de plusieurs robots coordonnés au sein de l'élevage permettrait d'uniformiser voire de synchroniser la réponse de l'ensemble du groupe.

Si plusieurs robots peuvent aider à maintenir une cohérence comportementale au sein d'un groupe d'animaux, à l'inverse, ils peuvent également contribuer à désynchroniser des populations et à prévenir l'émergence de comportements collectifs indésirables. Par exemple, les phénomènes de panique collective sont une cause majeure de mortalité et de morbidité dans les élevages industriels. La propagation et le niveau d'intensité de ces paniques reposent sur des processus d'amplification directement liés à la densité et au nombre d'animaux présents. L'introduction de plusieurs robots gardant, en toutes circonstances, des comportements normaux voire apaisants, permettrait de contrecarrer l'amplification de phénomènes locaux de panique et d'éviter leur contagion à l'ensemble de l'élevage. L'intégration de systèmes artificiels dans des sociétés animales pour en contrôler la dynamique comportementale est aujourd'hui un défi que doivent relever conjointement éthologistes et roboticiens.

▸▸ Conclusion

Les différentes questions abordées dans le présent article s'inscrivent dans une démarche aussi ancienne que l'histoire de l'humanité. En effet, la manipulation du vivant commence avec les chasseurs-cueilleurs, se poursuit avec la domestication et trouve aujourd'hui son apogée avec les manipulations génétiques. La démarche du scientifique, dans le but d'identifier les lois du vivant, n'est guère différente, si ce n'est au niveau des moyens mis en œuvre. Les différents exemples cités dans cet article sont relativement modestes dans leur application mais apparaissent comme une première étape vers des projets plus ambitieux où animaux et agents artificiels coopéreraient pour mener à bien un ensemble de tâches. Les systèmes sociaux et leurs propriétés collectives laissent penser que quelques agents artificiels sont suffisants pour conférer au groupe un ensemble de comportements qu'ils n'adoptent pas spontanément. Les insectes sociaux, à l'origine de plusieurs idées développées dans cet article, nous fournissent de nouveaux modèles de réflexion inspirés de l'organisation sociale, autocontrôlée de leur nid. On peut penser qu'une autonomie comparable pourrait être acquise par des sociétés animales couplées à des robots. Les progrès dans les différents domaines de l'éthologie des sociétés animales, de la chimie de la communication et de la technologie de l'information — ainsi que les coûts de plus en plus bas de ces outils —, font entrevoir pour un avenir proche des changements majeurs dans nos relations avec l'animal pour parvenir à une gestion plus efficace, un meilleur respect de l'animal et une amélioration de son bien-être.

Partie 5

Bien-être animal

Chapitre 10

Éthique et bien-être de l'animal d'élevage

Raphaël LARRÈRE et Florence BURGAT

C'est au nom de la « demande sociale » que le « bien-être animal » dans les productions animales est devenu un domaine de recherche reconnu dans la communauté scientifique internationale. Au lendemain de la seconde guerre mondiale, la « demande sociale » aurait été de disposer de produits animaux en quantités croissantes, à des prix accessibles à des budgets modestes. Les recherches zootechniques et vétérinaires s'appliquèrent donc à intensifier la production. L'animal était considéré comme une « machine thermodynamique » dotée de mécanismes d'autorégulation. Les recherches en zootechnie sont parvenues à en améliorer le rendement énergétique et à maximiser l'efficacité de toutes ses fonctions (nutrition, croissance, reproduction)… mais au prix de conditions qui s'avèrent contraignantes pour l'animal. L'objectif de fournir une abondance de produits bon marché ayant été atteint depuis lors, la « demande sociale » se porterait désormais sur de nouveaux attributs des productions animales : les consommateurs réclament des produits de qualité et se préoccupent des conditions dans lesquelles les animaux ont été élevés ainsi que des conséquences environnementales de cette activité (pollution des nappes phréatiques et des cours d'eau). « Le respect du bien-être des animaux [étant] en passe de devenir une demande sociale majeure » (Veissier *et al.*, 1999), il conviendrait donc de mobiliser différentes disciplines (éthologie, neurophysiologie, sciences cognitives) pour apprécier le bien-être des animaux d'élevage et contribuer à la définition de nouvelles normes de production, susceptibles de satisfaire la « demande sociale » contemporaine. Bien que cette justification des recherches sur le bien-être animal ait la faveur de nombreux scientifiques, elle réduit cependant un problème éthique à un choix de société, avec toutes les fluctuations que cela suppose.

▶▶ Une « demande sociale » ?

« La notion de recherche finalisée repose entièrement sur cette idée qu'il y aurait quelque part une demande et que cette demande serait disons, "exprimable" » (Latour, 1995). Tout chercheur appartenant à un institut de recherche finalisée sait qu'il a pour double mission de produire des connaissances certifiées et de répondre à « la demande sociale ». Aussi a-t-il appris à justifier ses projets sur ces deux registres de légitimation : quiconque a répondu à des appels d'offres sait d'ailleurs fort bien comment argumenter que la recherche qu'il envisage correspond à une « demande sociale » (expression quasi incantatoire qui justifie *ipso facto* son utilité). Mais, à vrai dire, seuls les économistes ont une notion claire de ce qu'ils entendent par « demande sociale » : c'est une demande validée par le marché. Lorsqu'ils s'emploient à évaluer la « demande sociale de bien-être animal », les économistes calculent donc quel est, pour les consommateurs, le « bénéfice » procuré par la consommation de produits animaux dont l'obtention est certifiée conforme à différentes normes de bien-être (le problème étant qu'il leur est alors difficile de distinguer le bénéfice du confort moral qu'ils ont à consommer les produits du bien-être, de celui qui tient à la qualité organoleptique, présumée supérieure, de ces produits).

Or, dès le colloque national issu des Assises de la recherche de 1982, il était précisé que la demande sociale, qui venait d'être légitimée par le discours ministériel, « n'est pas réductible […] à la sphère de l'économie » (Théry et Barré, 2001). Aussi, lorsque l'on évoque cette fameuse demande, sans référence explicite au comportement et aux préférences du consommateur, ne sait-on jamais précisément qui l'exprime et comment, ni quel est son contenu exact, ni si toutes les demandes (éventuellement contradictoires) doivent être satisfaites. Tel est bien le cas des scientifiques impliqués dans les recherches concernant le bien-être animal, comme l'a montré l'enquête effectuée auprès des agents de l'Inra, du Cneva[1] et de différents instituts techniques de l'élevage (Burgat, 2001).

Nous serions donc tentés de formuler l'hypothèse suivante : la demande sociale à laquelle se réfèrent les spécialistes du bien-être animal est issue de la rencontre entre les revendications des associations de protection des animaux (portées jusqu'aux instances européennes) et l'activité d'une communauté scientifique (déjà bien établie dans les pays de l'Europe du Nord) sous le label de l'*animal welfare*. C'est cette communauté (rassemblant des spécialistes du comportement, de l'univers mental et des aptitudes cognitives des animaux, mais aussi des spécialistes d'éthique animale, des philosophes et des théologiens) qui a traduit les revendications protectrices en terme de bien-être, et peut faire valoir son expertise, tant pour évaluer la réaction des animaux aux contraintes qui leur sont imposées, que pour traduire les aspirations de la protection animale en normes de production. En d'autres termes, la « demande sociale de bien-être animal » va d'autant plus de soi qu'elle a été construite par l'hybridation d'ambitions scientifiques (tout à fait légitimes, au demeurant) et de revendications sociales (tout aussi fondées).

▸▸ Une demande de « bien-être » ?

S'il est aussi facile de solliciter la demande sociale sans éprouver le besoin de la définir et d'en identifier le contenu, c'est bien parce qu'il s'exprime quelque chose, au sein du corps social, au sujet du sort des animaux d'élevage.

---

1. Centre national d'études vétérinaires et alimentaires, aujourd'hui renommé Agence française de sécurité sanitaire des aliments (Afssa).

Comme l'a montré Thomas (1985), une sensibilité nouvelle à l'animal se manifeste dès le début du XVIIIe siècle en Angleterre, un peu plus tard en France. Les progrès de la civilisation des mœurs — c'est-à-dire du contrôle social des pulsions violentes — conduisent alors les gens de bonne société à condamner la cruauté à l'égard des animaux. D'abord restreinte aux classes moyennes des cités, qui s'indignaient contre le traitement que l'on faisait subir aux bêtes de somme, cette sensibilité au sort des animaux s'est depuis lors largement répandue : elle conduit de nos jours à une réprobation diffuse des formes d'élevage industriel. Une réprobation qui, contrairement à ce que prétendent les professionnels, ne concerne pas seulement des citadins trop prompts à projeter sur l'élevage et sur les animaux de ferme, l'expérience qu'ils ont des relations affectives qu'ils entretiennent avec leurs animaux de compagnie. Les éleveurs eux-mêmes s'interrogent sur les techniques industrielles d'élevage et certains n'hésitent pas à les réprouver. On considère que les animaux y sont traités comme des machines, des « outils de production », alors qu'il s'agit d'êtres vivants, et, qui plus est, d'êtres sensibles.

De plus en plus nombreux sont donc ceux qui s'interrogent sur les conditions de vie des animaux de rente, et s'inquiètent du fondement moral de certaines pratiques (claustration, contention, mutilations, modifications génétiques…). L'intérêt porté à ce problème se manifeste de trois façons : dans l'entreprise réglementaire qui, à l'issue d'un compromis entre divers impératifs, décide de prendre des mesures destinées à améliorer les conditions de vie des animaux ; dans la revendication protectrice qui ne remet pas en cause les finalités de l'élevage (et en particulier l'engraissement d'animaux pour la boucherie), mais pour qui les conditions de vie imposées aux animaux jusqu'à leur sacrifice importent pour des raisons morales ; enfin dans les positions végétarienne et végétalienne qui n'admettent pas que des animaux soient élevés dans le but d'être consommés et reconnaissent leur droit à vivre comme un droit fondamental.

Bien que la réglementation favorable au bien-être animal fasse l'objet du chapitre suivant, il convient cependant de l'évoquer ici pour y voir le résultat d'une négociation entre des acteurs dont les intérêts divergent : intérêts des producteurs et intérêts des animaux (défendus par les scientifiques spécialisés dans l'étude du bien-être animal et/ou les associations de protection des animaux de ferme), sans oublier les contraintes juridiques qui imposent à toute nouvelle réglementation de s'inscrire dans un ensemble préexistant de normes (zootechniques, sanitaires, commerciales, etc.). Cette réponse ne peut, de par le compromis dont elle est issue, satisfaire aucune des parties : les avancées sont toujours jugées trop importantes et contraignantes du point de vue des producteurs, toujours trop timides et d'application trop différée par les défenseurs de la cause animale. Si l'interrogation sur les fondements des droits et des devoirs moraux n'est pas étrangère à l'exercice de la protection juridique et réglementaire des animaux, elle y trouve une réponse minimaliste : les animaux demeurent des biens exploitables jusqu'à l'*abusus* (droit de détruire la chose), mais selon des conditions qui doivent respecter leur nature d'êtres vivants et sensibles. Les réglementations prises au titre du bien-être font ainsi écho à l'article 9 de la loi du 10 juillet 1976 qui, du fait de la reconnaissance du caractère sensible de l'animal, enjoint son propriétaire de le placer « dans des conditions compatibles avec les impératifs biologiques de son espèce ».

Dans ce qu'il est convenu d'appeler la protection animale, il faut distinguer le sentiment commun et quelque peu naïf, partagé par de nombreux citoyens, et la façon dont des associations de protection des animaux le traduisent en revendications et en propositions précises. La critique de sens commun, lorsqu'elle s'adresse aux formes contemporaines de l'élevage, s'inscrit dans un double refus : refus de remettre en question la finalité de l'élevage et la consommation de viande ; refus d'accepter que les animaux soient élevés dans des conditions telles, que leur liberté de mouvement et leur vie sociale étant mises à mal, les contraintes qui leur sont imposées, sont à l'origine de souffrances physiques et mentales. Activité ancestrale, et dotée à ce titre d'une valeur anthropologique fondamentale souvent considérée comme « naturelle » — nous n'entrerons pas ici dans l'exposé des arguments naturalistes et/ou culturalistes qui entendent la légitimer —, la consommation carnée constitue une pratique aujourd'hui largement majoritaire (du moins dans la civilisation occidentale). Pour cette raison, et parce que la visibilité de la souffrance est de moins en moins acceptée par l'ensemble des couches sociales, c'est une double inscription dans la tradition carnée et dans le refus d'une souffrance manifeste qui s'affirme dans l'opinion des citoyens et des consommateurs sensibilisés au sort des animaux. Si cela conduit les consommateurs à délaisser les productions de l'élevage industriel, le producteur de viande peut avoir intérêt à satisfaire leurs attentes. Le refus de consommer les produits issus de la souffrance animale n'est donc pas un obstacle à la production : sous cet aspect socio-économique, et au-delà de la réglementation européenne, la création de labels peut être une solution qui réponde aux inquiétudes morales du public, en garantissant aux consommateurs qu'ils peuvent disposer de produits d'animaux ayant été élevés dans des conditions qui leur assurent un certain bien-être. Le fait qu'en France, ces labels soient auto-décernés par les organisations de producteurs, alors que dans d'autres pays, ils le sont par une association de défense des animaux, n'est pas une donnée négligeable. Le *marketing* tire judicieusement parti de la confusion entre mode d'élevage et qualité du produit[2].

Même si elles expriment des revendications plus ou moins radicales (pouvant aller jusqu'à la mise en cause de certaines activités d'élevage : élevage pour la fourrure, production de foie gras, production de chapons), les associations de protection des animaux rejoignent l'attitude commune en ne contestant pas par principe l'alimentation carnée. Mais elles se distinguent de la réprobation du sens commun en s'interrogeant précisément sur les techniques d'élevage, en se préoccupant de l'authenticité des labels, et en proposant des modifications précises. De même, se soucient-elles des conditions de transport et des conditions de mise à mort des animaux. Sur ce dernier point, elles s'interrogent sur la possibilité même d'une « mort sans souffrance ». Il suffit, en effet, de réfléchir à ce qui précède (ou entoure) les mises à mort dans les abattoirs, de s'informer sur les techniques par lesquelles elles sont réalisées, pour s'apercevoir que le mixte d'approbation et de réprobation

---

2. On peut, à cet égard, donner l'exemple du « veau sous la mère » : ce label renvoie à un mode d'élevage qui n'induit en réalité aucun mieux-être de l'animal, dans la mesure où le veau est amené à sa mère pour les tétées et reconduit dans une loge séparée immédiatement après. Dans l'esprit de l'acheteur, la vache et le veau ont passé ensemble, au pré, la période d'engraissement de ce dernier. De même, une certaine confusion règne-t-elle dans l'esprit des consommateurs entre les labels de qualité, les labels « fermiers » et les labels « élevés en plein air ».

— « oui, mais sans souffrance » — ne peut que difficilement être satisfait : le nombre d'animaux tués[3] impose aux chaînes d'abattage une cadence telle, que l'on ne saurait observer le soin qu'il faudrait apporter pour une mort « en douceur » (euthanasie). Aussi, prendre au sérieux les motivations des protecteurs des animaux d'élevage ne requiert pas seulement une modification des méthodes d'élevage, de transport et de mise à mort, mais aussi une réduction du nombre d'animaux concernés. Entre une consommation indifférente, mais soucieuse d'éviter la souffrance, et le refus de tout produit de l'élevage, les militants et sympathisants de la protection animale expriment leur malaise vis-à-vis des conditions d'élevage, de transport et d'abattage par des revendications précises, mais aussi par le refus de consommer certains produits. Cela peut aller de la volonté de ne consommer que des animaux élevés en plein air, au refus de la viande (mais pas du poisson) en passant par le *boycott* de certains produits (foie gras, magret, chapons).

Les animaux n'ont-ils que le droit d'être bien traités durant le temps nécessaire à leur engraissement ? Ont-ils droit à la vie ? Le végétarisme, mode d'alimentation fondé sur le refus de consommer des produits issus de la mort animale (viande et poisson), échappe à ces questions que la protection animale laisse sans réponse. Du moins le fait-il partiellement, du point de vue plus radical encore, des végétaliens : ceux-ci font valoir que la production d'œufs, de lait et de laitages suppose la mise à mort de poussins mâles, de veaux et d'animaux de réforme, si bien que l'innocence de ces méthodes de production (dont la finalité n'est pas la consommation carnée) n'est qu'apparente. Fondé sur le refus de toute exploitation animale, le végétalisme exclut donc la consommation de lait, d'œufs et de miel, de même qu'il réprouve l'utilisation du cuir, de la laine et de la soie. D'un point de vue moral, végétarisme et végétalisme soutiennent (avec plus ou moins de rigueur) que les animaux ont non seulement le droit de ne pas souffrir, mais que leur vie leur appartient, quels que soient les soins qu'ils reçoivent de l'homme. L'idée d'un échange — vie contre bons soins —, qui caractérise la position protectrice (à conditions qu'il s'agisse effectivement de *bons* soins), est ici rejetée : marché de dupes, contrat inégalitaire. Bref, rien ne donne le droit de « voler à des êtres sensibles le seul bien qu'ils possèdent, leur propre vie »[4]. Ainsi, pour les uns, l'animal ne s'appartient pas (sa vie est le bien des hommes) ; pour les autres, cette vie ne saurait être la propriété de l'être humain : le droit à vivre est tenu pour un droit fondamental.

L'examen schématique des courants de pensée qui mettent en question l'élevage des animaux tel qu'il est pratiqué de nos jours (et dans les sociétés industrialisées) révèle à quel point l'enjeu des revendications sociales et des recherches développées sous la rubrique du bien-être animal est éthique : il s'agit de saisir ce qu'il convient de respecter chez l'animal domestique, de savoir si celui-ci peut bénéficier (ou non) de droits moraux, et quelle est l'étendue de ces droits. C'est la raison pour laquelle, les scientifiques seraient bien inspirés, au lieu de répondre à une demande sociale en grande partie fabriquée et dont nul ne sait exactement ce qu'elle est (ou d'adhérer

---

3. Nombre d'animaux tués en France pour l'année 2000 : 1 132 281 000 (toutes espèces confondues ; source : Ofival).
4. Extrait de l'argumentaire diffusé lors de la seconde marche pour la « fierté végétarienne et végétalienne », à Paris, le 18 mai 2002.

implicitement à tel ou tel courant de pensée), de s'interroger sur les questions éthiques soulevées par le débat entre les différentes aspirations sociales exprimées.

▸▸ Questions éthiques relatives à l'élevage

En critiquant les méthodes contraignantes de l'élevage « en batterie », en s'horrifiant du sort des vaches atteintes de l'ESB (encéphalopathie spongiforme bovine) ou à la vue des grands bûchers de moutons et de porcs lors des dernières épidémies de fièvre aphteuse, le sens commun révèle que l'on ne saurait traiter les animaux comme des objets. Si cette réification est insupportable, c'est qu'il y a quelque chose à respecter chez l'animal, que celui-ci n'a pas qu'une valeur instrumentale (pour une présentation critique de ces questions, voir : Goffi, 1994 et 2001 ; Larrère et Larrère, 2001 ; Larrère, 2002).

Que faut-il donc respecter chez l'animal ? On serait tenté de répondre : d'abord l'être vivant. Certes, mais de ce point de vue, les animaux ne se distinguent pas des plantes ou des bactéries. Dans la tradition philosophique, ce qu'il faut respecter chez l'animal (par rapport aux choses et aux plantes), c'est la sensibilité. Cette capacité à ressentir (et exprimer) des états mentaux comme la douleur, la souffrance et le plaisir est, en effet, commune aux hommes et aux animaux. Précédant chez les premiers ce qui les distingue des seconds (la parole, la raison, la symbolisation, etc.), elle justifierait d'accorder le droit de ne pas souffrir à tout être (humain ou animal) dont on a de bonnes raisons de penser qu'il est sensible. Remarquons que respecter l'être sensible n'implique pas de s'interdire toute forme d'instrumentalisation. Cela signifie simplement que le traitement que l'on fait subir à l'animal (comme à l'homme) n'est pas un acte moralement neutre, qu'il ne va pas de soi, et ne dérive pas non plus d'un quelconque droit supérieur, c'est dire qu'il doit être justifié par une fin. Si l'on considère que la souffrance est un mal et le plaisir un bien, la justification portera sur la balance entre la somme de souffrances infligées par une action et la somme de plaisirs qu'elle procure. Telle est bien la démarche de l'utilitarisme.

L'univers moral de l'utilitarisme ne se réduit pas à l'humanité : il comprend tous les êtres sensibles, et eux seuls. Pour l'utilitariste (s'il est rigoureux), l'élevage des animaux (quelles qu'en soient les conditions) n'est pas illégitime en principe, mais il n'est légitime que si l'augmentation totale de bien-être qui va en découler (pour les hommes, comme pour les animaux) excède la quantité de souffrances qu'il inflige. Les animaux (ou les hommes) concernés rentrent simplement dans le calcul du « plus grand bonheur pour le plus grand nombre », et chaque individu (homme ou animal) comptera pour un dans la sommation des souffrances et du bien-être. C'est donc implicitement à cette éthique que se réfèrent les scientifiques lorsqu'ils se préoccupent de bien-être animal et c'est aussi souvent à des considérations utilitaristes que font appel les militants de la protection animale. Ni les uns ni les autres cependant ne tiennent un raisonnement utilitariste jusqu'au bout. On sait, en effet, que l'utilitarisme justifie le sacrifice des intérêts, voire de la vie, d'un ou de plusieurs individus, s'il peut s'ensuivre une augmentation générale de bien-être. L'utilitarisme va donc permettre de justifier, selon les circonstances, le sacrifice d'un grand nombre d'animaux (pour le bien-être des humains, ou pour la santé du bétail) ou celui des éleveurs (pour le bien-être des animaux, ou la santé des humains). Il est ainsi fréquent que le calcul utilitariste conduise à des solutions qui choquent la morale commune. Et l'on en vient à penser qu'il faut quand même un minimum de déonto-logie si l'on veut protéger les hommes et les animaux. En dehors de l'assurance que leur souffrance sera équitablement prise en compte, les animaux peuvent-ils avoir des droits que nous serions moralement obligés de respecter ?

Dans une tradition philosophique d'origine kantienne, la réponse est, en général, négative : la communauté morale s'identifie à l'humanité puisque seul l'homme peut rationnellement reconnaître en tout autre être raisonnable la qualité d'être une « fin en soi » et d'avoir, de ce fait, une valeur intrinsèque. Parce qu'ils ne sont pas des êtres de raison, les animaux ne sont pas des fins en soi. Ils n'ont pas de valeur intrinsèque et ne peuvent avoir qu'une valeur instrumentale (celle que les hommes leur accordent). Cependant, si les animaux n'ont pas de droits que nous devrions respecter, ce ne sont pas des choses : parce qu'ils souffrent, nous pouvons avoir des devoirs envers eux, ou plus exactement nous nous devons de ne pas faire preuve de cruauté à leur égard. Nous n'avons ainsi envers les animaux que des devoirs indirects, dérivés des devoirs que nous avons envers nous-mêmes. Il est contraire à la dignité humaine de faire souffrir un animal. Bien qu'elle soit le plus couramment admise (et le plus moralement confortable), la faiblesse de cette argumentation est qu'elle ne spécifie pas quels sont les devoirs que nous avons envers les animaux : qu'est-ce qui distingue une attitude dégradante et cruelle d'un traitement empreint d'huma-nité ? Ne risque-t-on pas de laisser cette distinction à l'appréciation subjective des individus ?

Sans remettre en question la qualification morale de l'humanité, un philosophe comme Regan (1983) a donc tenté d'examiner s'il était possible de faire bénéficier les animaux de droits moraux. Il défend ainsi que tous les êtres qui sont les sujets d'une vie (*subjects-of-a-life*) ont une « valeur inhérente » qu'il convient de respecter : la possession de cette valeur interdit de leur infliger le moindre dommage, quand bien même il en résulterait des conséquences favorables (pour d'autres que lui-même). Or, certains animaux sont des sujets de vie : ils sont titulaires de droits qui interdi-sent de les instrumentaliser — que ce soit par l'élevage ou pour l'expérimentation scientifique. Quant aux animaux qui n'ont pas de valeur inhérente, Regan ne s'en préoccupe guère et l'on peut supposer, qu'ils n'ont, à son avis, aucun droit... Ce qui ne signifie pas que nous n'ayons pas de devoirs envers eux. Cet élargissement subversif de la déontologie kantienne pose immédiatement la question de ses limites. Quels animaux peuvent-ils prétendre être les sujets d'une vie ? Les êtres suscep-tibles d'avoir une valeur inhérente sont, bien entendu, des êtres sensibles et dotés d'états mentaux, mais ils doivent, en outre, selon Regan avoir une conscience de soi et l'inscrire dans une représentation du temps. Ils ont une mémoire du passé. Un horizon d'attente oriente leurs actions. Ces capacités sont-elles uniquement celles des hommes ? Sont-elles aussi celles des mammifères les plus évolués, les primates en particulier ? Mais qu'en est-il des vaches ou des poulets ? Or, il est important de distinguer si la vache et le poulet sont ou ne sont pas des *subjects-of-a-life*. Si la vache et le poulet ne sont pas des *subjects-of-a-life*, ils n'ont, selon Regan, aucun droit et on peut leur faire subir n'importe quel traitement dès lors qu'il n'est pas avilissant pour celui qui l'inflige. Si l'on considère, par contre, que les vaches et même les poulets sont des *subjects-of-a-life,* alors ils ont une valeur inhérente et l'élevage lui-même est condamnable. Les scientifiques peuvent-ils nous éclairer sur ce point ? Enfin, on peut s'interroger sur une théorie qui fait dériver les droits moraux dont peuvent bénéficier les animaux de leurs performances cognitives. C'est une solution qui pourrait représenter un danger pour des humains dont les aptitudes cognitives sont, en raison d'un handicap quelconque, inférieures à celles de certains animaux.

C'est pourquoi Feinberg (1974 et 1978) a tenté de définir des droits qui ne soient pas exposés aux mêmes paradoxes. Selon lui, il suffit d'avoir des intérêts pour avoir des droits. Or, pour que les animaux aient des intérêts, il faut et il suffit qu'ils aient une « vie conative », c'est-à-dire des désirs et des états mentaux. Cette vie conative n'accorde pas aux animaux de valeur intrinsèque : ils n'ont pas en principe droit à la vie. La vie conative fait simplement que les animaux qui en sont dotés peuvent être satisfaits ou frustrés, et donc qu'ils ont des intérêts. Certes, ils n'ont pas la capacité de les défendre eux-mêmes, mais il est légitime que des individus, se faisant les porte-parole des intérêts en cause, exigent que ceux-ci soient respectés. Dans la théorie de Feinberg, l'élevage, même pour la boucherie, est légitime, mais il ne l'est que sous condition de ne pas violer les droits de l'animal. S'il est loisible de sacrifier des animaux, il faut bien les traiter, éviter toute souffrance et toute claustration excessive.

▸▸ Regards portés sur l'animal d'élevage

Voici donc, rapidement esquissées, quelques-unes des postures morales actuellement dominantes dans le débat européen et nord-américain concernant la condition des animaux dans nos sociétés. Ces postures, par-delà leurs divergences, s'appuient toutes sur l'évidence que les animaux — on notera qu'il s'agit d'espèces que l'on a coutume d'appeler supérieures en raison de la complexité de leur organisation — sont capables de souffrir, et d'une souffrance que l'ignorance de son possible terme rend plus grande encore, ainsi que plusieurs auteurs l'ont noté (récemment Linzey, 2006). En effet, la douleur, lorsque nous, êtres humains adultes et en pleine possession de nos facultés mentales, en connaissons le motif et l'issue et parce que nous pouvons lui donner un sens, ainsi que l'atteste la réflexion sur le mal tant dans les religions que dans la philosophie (Scheler, 1936), peut être transcendée, tandis que l'animal est privé d'une « connaissance apaisante, [de] l'idée religieuse ou philosophique, bref [du] concept » (Horkheimer et Adorno, 1944) qui, seuls, peuvent opérer cette sursomption. Mais nous n'entrerons pas ici dans une discussion sur la nature de la douleur et de la souffrance animales pour souligner seulement que, pour le sens commun, c'est-à-dire cette capacité de juger partagée par tout un chacun, il n'est pas douteux que les animaux (au moins ceux qui nous occupent ici) souffrent physiquement et psychiquement.

Néanmoins, à côté de ce qui peut paraître relever d'un dogmatisme réservé à certains humanistes se dresse une argumentation, fondée sur l'observation des animaux, qui refuse elle aussi de reconnaître aux animaux leur part de malheur. Ce sont les conditions de cette observation sur lesquelles nous voudrions nous arrêter un instant. Il est patent que le regard éthologique porté sur les animaux d'élevage est différent de celui porté sur les grands singes, qui sont de plus en plus souvent (mais ce n'est pas toujours le cas) observés dans leur milieu naturel et dans leurs interactions avec leurs congénères. Aussi est-ce alors au *comportement*, cette « relation dialectique avec le milieu » (Merleau-Ponty, 1942), que l'on s'intéresse, loin de l'étroitesse de la perspective « behaviouriste », ou même cognitiviste, étudiée en laboratoire. Ne faut-il pas se décider à opter pour une direction qui tenterait d'appréhender le propre de chaque espèce ? Enfin, en choisissant de regarder l'animal seul, et enfermé qui plus est, empêché de toute expression comportementale, on ne lui donne aucune chance de manifester son intériorité. De telles conditions — et c'est ce sur quoi nous voulons tout particulièrement insister — *rendent précisément impossible l'expression de tout comportement*. Il apparaît que le comportement est alors conçu comme une suite de postures isolables et indépendantes du milieu dans lequel elles s'expriment. C'est la vaste question de la « structure du comportement », pour reprendre le titre d'un ouvrage majeur (Merleau-Ponty, 1942) sur le fondement des définitions du comportement depuis son origine « behaviouriste », qu'il faudrait traiter.

▸▸ Conclusion

Comme la justification des recherches sur le bien-être, l'effort réglementaire se réfère implicitement à un compromis entre l'utilitarisme et la conception kantienne des devoirs indirects. Le mouvement pour la protection animale articule des arguments relevant de l'utilitarisme et de la théorie de Feinberg. Quant au végétarisme, il se réclame implicitement d'une théorie proche de celle de Regan, en étendant, au bénéfice du doute, la qualité d'être le sujet d'une vie à tout animal (ou du moins à tout vertébré). Pour ce qui concerne la mise au point de systèmes d'élevage respectueux des besoins éthologiques des animaux, nécessaire serait le secours des approches phénoménologiques qui s'attachent aux manifestations non plus d'un corps (objet de l'exploration anatomo-physiologique) et d'un esprit (objet de l'exploration cognitive) mais, pour reprendre l'expression de Buytendijk, d'une « corporéité animée ». Il est remarquable que la plupart de ces grands auteurs sont des biologistes qui ont voulu rompre avec une lecture réductionniste du comportement et, plus largement, de la vie.

Chapitre 11

Législation et réglementation dans le domaine du bien-être animal

Sonia DESMOULIN et Pierre LE NEINDRE

Les préoccupations concernant le traitement des animaux dans les sociétés humaines sont fort anciennes, mais elles se sont longtemps exprimées dans les seuls champs de l'éthique et de la philosophie. Leur traduction sur le terrain législatif et réglementaire est finalement assez récente. À la différence de certaines propositions philosophiques visant à « libérer » les animaux, la protection juridique ne se donne pas pour objectif de remettre en cause leur utilisation mais d'en adoucir les modalités. Cette volonté de protection a provoqué une évolution dans le régime juridique applicable aux animaux, évolution qui semble loin d'être terminée.

C'est un aperçu de cette évolution juridique que l'on tentera de présenter ici, tout en signalant que les textes sont nombreux, régulièrement modifiés ce qui peut provoquer des problèmes de cohérence et des débats que nous n'envisagerons pas dans ces lignes (leur explicitation complète demanderait effectivement des développements qui dépassent le cadre de ce chapitre ; Desmoulin, 2006). Dans ce but, nous adopterons d'abord un point de vue chronologique, afin de percevoir les principales évolutions en la matière. Nous présenterons ensuite la législation européenne, car elle apparaît comme une source fondamentale du droit de la protection animale. Enfin, nous nous intéresserons aux acteurs qui interviennent dans l'élaboration comme dans l'application des textes.

▸▸ La législation sur la protection animale : principales évolutions

Les animaux appropriés

En France, jusqu'en 1850, les animaux ne sont protégés en droit pénal que par l'infraction d'atteinte aux biens d'autrui. Les sanctions prescrites sont alors proportionnelles à l'atteinte à la propriété (loi du 28 septembre 1791, puis articles 452 et 453 du Code pénal de 1810 qui prévoient une aggravation de la peine lorsque l'acte a été perpétré dans des bâtiments ou sur des terres dont le maître de l'animal était propriétaire). En 1850, paraît la première loi punissant les mauvais traitements sur les animaux. Le propriétaire peut dorénavant être sanctionné alors que la propriété mobilière confère traditionnellement le droit de disposer voire de détruire les biens. Une condition est cependant posée pour prononcer la culpabilité : il faut que les faits aient eu lieu en public et sur un animal domestique. Même si l'auteur de la proposition de loi, le général Grammont, est un défenseur de la cause animale, l'objectif visé est surtout de protéger les personnes exposées à des scènes de violence. Les députés voulaient réagir contre les spectacles désolants qui pouvaient parfois se dérouler dans la rue, lorsqu'un cheval s'écroulait sous le poids de sa charge ou lorsqu'un chien était battu à mort.

La législation sera ensuite progressivement réformée, son champ d'application sera élargi et les actes de cruauté commis hors la présence du public seront sanctionnés (décret du 7 septembre 1959, loi du 19 novembre 1963). Cependant, les courses de taureaux et les combats de coqs font l'objet de textes particuliers prévoyant une exception justificative lorsqu'il existe une tradition locale ininterrompue.

Le véritable tournant dans la prise en considération du « bien-être » animal intervient au cours des années 1970. En 1976, une loi datant du 10 juillet exige que tout animal, étant un « être sensible », soit placé par son propriétaire « dans des conditions compatibles avec les impératifs biologiques de son espèce ». Bien que le concept de « bien-être animal » n'apparaisse pas explicitement dans cette loi, la formule se rapproche des termes utilisés dans la Convention européenne sur la protection des animaux dans les élevages, adoptée la même année par le Conseil de l'Europe. Cette convention précise que « tout animal doit bénéficier d'un logement, d'une alimentation et des soins qui — compte tenu de son espèce, de son degré de développement, d'adaptation et de domestication — sont appropriés à ses besoins physiologiques et éthologiques conformément à l'expérience acquise et aux connaissances scientifiques ». Elle recourt expressément à l'expression de « bien-être animal ». Ces textes s'attachent déjà aux besoins des animaux et appellent au développement des connaissances scientifiques, espèce par espèce, sur le terrain de la physiologie mais aussi du comportement animal. Il s'agit de protéger les bêtes dans leur quotidien et pas seulement d'interdire aux hommes des actes indignes d'eux.

Cette protection ne couvre cependant pas tous les animaux. La loi de 1976 vise les animaux appropriés mais concerne autant les animaux sauvages lorsqu'ils sont capturés ou apprivoisés que les animaux domestiques. Elle organise aussi la protection en fonction des utilisations que le propriétaire pourrait faire de l'animal : exploitation agricole, recherche scientifique, compagnie ou autre… Si on retrouve partiellement la distinction classique entre animaux sauvages et domestiques, une réelle évolution est intervenue puisque certains animaux sauvages peuvent bénéficier de ce texte. La protection s'étend donc au monde des animaux sensibles, mais n'est activée que par la détention ou la maîtrise de l'animal. C'est en effet la capture et la privation de liberté qui créent les conditions de survenance d'éventuelles blessures ou frustrations. L'homme est considéré comme responsable de ce qu'il maîtrise.

La protection générale, accordée par le biais de l'incrimination des mauvais traitements, de l'abandon, des sévices graves ou des actes de cruauté, se double d'une réglementation spécifique aux différentes utilisations de l'animal. Des décrets et des arrêtés sur l'élevage et le parcage des animaux (décret du 1er octobre 1980, complété par l'arrêté du 25 octobre 1982), sur leur transport (décret du 13 décembre 1995, modifié en 1999), sur leur abattage (décret du 1er octobre 1997) ainsi que sur les expériences pratiquées à des fins scientifiques sur les animaux vertébrés (décret du 19 octobre 1987, modifié par le décret du 29 mai 2001) ont ainsi été adoptés avant d'être codifiés pour l'essentiel dans le Code rural en août 2003. Aujourd'hui, les textes organisant la protection des animaux appropriés ou détenus figurent aux articles L. 214-1 et suivants et R. 214-1 et suivants du Code rural. Il s'agit alors d'imposer des pratiques plus respectueuses des besoins des animaux dans les différentes activités visées. On tente de fixer des règles minimales de bonne conduite.

Les animaux sauvages libres

Les animaux sauvages libres, de leur côté, ne sont protégés que lorsqu'ils appartiennent à une espèce considérée comme en danger. Cette protection est tournée vers le maintien d'un nombre suffisant de spécimens pour garantir la survie de l'espèce, en interdisant toute destruction, tout prélèvement et en garantissant un environnement sans agression extérieure. Elle est essentiellement le produit de textes supranationaux, comme la Convention sur le commerce international des espèces en danger, signée à Washington en 1973 (et ratifiée par la France en 1977) ou les conventions de Berne et de Bonn signées en 1979 (ratifiées par la France en 1989, la première est relative à la conservation de la vie sauvage et du milieu naturel de l'Europe, la seconde vise la conservation des espèces migratrices). Par ailleurs, les Communautés européennes (puis l'Union européenne), en plus d'avoir adhéré à ces conventions aux côtés des États membres, ont publié des directives pour conserver les populations d'oiseaux sauvages (directive de 1979) et favoriser le maintien de la biodiversité par le rétablissement ou la préservation des habitats naturels et des espèces d'intérêt communautaire (directive de 1992, programme Natura 2000).

Au-delà du souci environnemental, on peut toutefois remarquer que les textes sur le piégeage commencent à tenir compte du « bien-être » individuel des animaux sauvages. Les textes français prévoient la possibilité de motiver le refus d'homologuer un piège en cas de risque de blessures et de douleurs trop importantes, et appellent au développement des connaissances sur les espèces recherchées ainsi que sur les mesures susceptibles de diminuer leurs souffrances. Les textes internationaux, comme l'accord international entre la Communauté européenne et les États-Unis d'Amérique sur des normes de piégeage sans cruauté (signé en 1998), précisent que les facteurs comportementaux doivent être pris en compte au même titre que les indicateurs physiologiques, lors de l'évaluation des techniques de capture (voir également l'accord, conclu la même année, entre la Communauté européenne, la Russie et le Canada).

▸▸ La législation européenne en matière de bien-être animal

Les animaux dans les élevages

La lutte contre la souffrance des animaux considérés individuellement est beaucoup plus avancée dans le domaine de l'élevage, de l'abattage, du transport et de l'expérimentation animale. Des règlements et des directives communautaires ont, en effet, été adoptés pour imposer dans les États membres des normes minimales en matière d'élevage pour les poules pondeuses (directive 86/113/CEE, remplacée par la directive 1999/74/CE du 19 juillet 1999), les veaux (directive 91/629/CE du 19 novembre 1991, modifiée par la directive 97/2/CE du 20 janvier 1997) et les porcs (directive 91/630/CE, modifiée par les directives 2001/88 du 23 octobre 2001 et 2001/93 du 9 novembre 2001). Ces textes imposent des dimensions minimales pour les cages ou les boxes, des aménagements (grattoirs ou perchoirs pour les poules par exemple), des conditions en matière d'aération, d'humidification de l'air, de luminosité. Certaines pratiques sont interdites (attaches pour les truies et les cochettes, case individuelle pour les veaux après huit semaines sauf exception, etc.). Un projet de directive relative à la protection des poulets « de chair » a été déposé le 30 mai 2005. Ces directives sont complétées par une directive cadre, de portée plus générale : la directive 98/58/CE du 20 juillet 1998. Conçue comme le pendant communautaire de la Convention européenne sur la protection des animaux dans les élevages, cette directive pose des exigences générales en terme de compétence des personnes en charge des animaux, de soins aux animaux malades ou blessés, de nourriture des animaux, d'adaptation des équipements automatiques ou mécaniques et d'inspection régulière. Aux exigences sanitaires (nettoyage, désinfection, aération, nourriture saine) s'ajoutent des impératifs directement liés aux besoins éthologiques des animaux : espace pour se déplacer, nécessité d'une alternance entre les périodes d'éclairage et d'obscurité… En matière de transport, la directive 91/628/CEE du 19 novembre 1991 prévoyait également un aménagement des véhicules et des trajets, afin de limiter les risques de blessure et les réactions de stress. Elle doit être remplacée à compter du 5 janvier 2007 par le règlement 1/2005 du 22 décembre 2004. Ce règlement renforce les règles techniques en matière d'équipement pour les trajets d'une durée supérieure à huit heures. Surtout, il étend les obligations à l'ensemble des personnes impliquées dans le processus, en exigeant des transporteurs, mais aussi des organisateurs de transport, des conducteurs et des détenteurs d'animaux transportés qu'ils veillent au bien-être des animaux et au respect des textes. Ces différents textes sont applicables directement ou après transposition (pour les directives) dans les différents États membres.

Les animaux utilisés à des fins d'expériences scientifiques

Pour les animaux vertébrés utilisés à des fins expérimentales, une directive exige depuis 1986 (directive 86/609/CEE modifiée par la directive 2003/65/CE en juillet 2003) que toute souffrance ou angoisse inutile soit évitée et que l'on respecte les besoins des spécimens utilisés, avant, pendant et après les actes scientifiques. Les animaux doivent être anesthésiés et euthanasiés avant leur réveil lorsque l'expérience risque d'avoir des conséquences traumatisantes ou douloureuses. En application de cette directive, des procédures d'autorisation des expériences, des expérimentateurs ou des établissements d'expérimentation ont été mises en place par les États membres. La France a opté pour un système reposant essentiellement sur l'agrément des établissements et des expérimentateurs chefs d'équipe (autorisations accordées pour une durée de 5 ans, articles R. 214-87 et suivants du Code rural), mais d'autres pays ont imposé l'obtention d'une autorisation pour chaque protocole expérimental (tel est le cas de la Grande-Bretagne, sous la forme de l'octroi préalable du « permis de projet »).

▸▸ Les acteurs

Les instances européennes

Les interventions du Conseil de l'Europe et des Communautés européennes, puis de l'Union européenne, ont fait rapidement progresser les exigences en matière de « bien-être » animal. Ces deux institutions ont des rôles complémentaires, mais elles sont bien distinctes.

Le *Conseil de l'Europe* est une organisation internationale regroupant actuellement 43 pays, parmi lesquels figurent les États membres de l'Union européenne, mais aussi la Suisse, la Turquie et de nombreux pays d'Europe de l'Est comme la Croatie ou l'Albanie... Fondée en 1949, cette organisation qui siège à Strasbourg a pour vocation de rédiger et de proposer à la signature des conventions, généralement dans des domaines touchant l'éthique ou l'humanitaire. Les États membres, et même certains États extérieurs au Conseil parfois, peuvent alors signer, puis ratifier le texte, afin qu'il soit applicable en droit interne.

Parmi les productions du Conseil de l'Europe en matière de protection animale, on compte cinq textes principaux : la Convention européenne sur la protection des animaux en transport international (1968, révisée en 2003), la Convention européenne sur la protection des animaux dans les élevages (1976), la Convention européenne sur la protection des animaux d'abattage (1979), la Convention européenne relative à la protection des animaux vertébrés utilisés à des fins expérimentales ou à d'autres fins scientifiques (1986) et la Convention européenne sur la protection des animaux de compagnie (1987). À l'exception de la Convention sur la protection des animaux d'abattage, la France a ratifié toutes ces conventions. La Communauté européenne a ratifié la Convention sur la protection des animaux dans les élevages, la Convention sur la protection des animaux utilisés à des fins expérimentales et la Convention révisée sur la protection des animaux en transport international. Ces textes engagent les signataires, mais n'ont pas d'effet direct dans l'ordre juridique interne et leur application ne fait pas l'objet d'un contrôle par une juridiction.

Les textes adoptés par l'*Union européenne* sont, au contraire, obligatoirement transposés par les États membres sans qu'une ratification soit nécessaire. Parfois, ils sont même directement applicables (c'est le cas des règlements communautaires). De plus la Cour de justice des communautés européennes et les juridictions internes des États sont en charge de vérifier leur respect. Cette qualité découle directement de l'organisation des Communautés européennes, devenues la Communauté européenne. Le développement et le bon fonctionnement du marché économique communautaire doivent être assuré notamment par l'harmonisation des législations internes. Les animaux, en tant que « produits agricoles », doivent connaître les mêmes méthodes d'élevage, d'abattage et de transport dans toute la communauté si l'on veut limiter les risques de concurrence déloyale[1] (les procédés ne doivent pas obligatoirement être les mêmes, mais les contraintes de production doivent être identiques).

Ces textes relèvent désormais de la compétence conjointe du Conseil (réunion des ministres concernés issus des gouvernements des États membres) et du Parlement européen (codécision). Ils sont issus de propositions formulées par la Commission, organe gestionnaire de l'Union. Celle-ci est secondée dans son travail de préparation par des comités d'experts. En matière de bien-être animal, le Comité vétérinaire permanent, regroupant les chefs des services vétérinaires des États membres ou leurs délégués, servait jusqu'en janvier 2002 de comité de réglementation. Le Comité scientifique « Santé et bien-être animal », composé d'experts indépendants, intervenait pour fournir une information claire et actualisée sur les progrès de la science, ainsi que pour émettre des avis sur les textes applicables. Désormais, depuis l'adoption du règlement (CE) 178/2002 du 28 janvier 2002, l'Autorité européenne de sécurité des aliments centralise toutes les procédures d'expertise scientifique dans le domaine de la protection animale pour la Communauté[2]. Dans ce nouveau contexte, le Comité permanent de la chaîne alimentaire et de la santé animale a remplacé le Comité vétérinaire permanent. Sa compétence élargie devrait lui permettre de couvrir toute la chaîne alimentaire. Les Comités scientifiques, devenus des « groupes scientifiques », sont intégrés aux organes de l'Autorité européenne de sécurité des aliments. Ce sont eux qui délivrent les informations scientifiques relatives aux besoins comportementaux des animaux et à l'éthologie.

Parce qu'il a été jugé important de pouvoir faire évoluer les normes techniques en fonction des dernières connaissances scientifiques, les directives sur la protection animale comportent une procédure simplifiée de révision des annexes donnant un rôle important au Comité permanent de la chaîne alimentaire et de la santé animale. La directive de 1999 sur les poules pondeuses a ainsi été justifiée par les conclusions d'un rapport du comité scientifique estimant que les « conditions de bien-être » des poules pondeuses, élevées tant dans les cages en batterie que dans d'autres systèmes d'élevage, étaient insuffisantes et que certains de leurs besoins ne pouvaient en aucun cas être satisfaits dans les cages en batterie. En conséquence, depuis le 1er janvier 2002, les cages de poules pondeuses doivent être aménagées de façon à permettre aux animaux d'exprimer des comportements de grattage (litière), de perchage (nid et perchoir), etc. Les élevages en cages non aménagées ne seront plus tolérés à compter du 1er janvier 2012.

---

1. On pourra consulter les documents sur le site de l'Union européenne (http://ec.europa.eu/food/index_fr.htm, consulté le 02/06/2009).

2. Pour plus d'informations, consulter le site : www.efsa.europa.eu/fr.html (consulté le 02/06/2009).

Depuis 1997 et la déclaration n° 24 annexée à l'Acte final du traité sur l'Union européenne, les institutions communautaires et les États membres de l'Union se sont engagés à tenir pleinement compte, lors de l'élaboration et de la mise en œuvre de la législation communautaire, notamment dans le domaine de la politique agricole commune, des exigences en matière de bien-être animal. C'est dans cette perspective que la directive 98/58/CE du 20 juillet 1998 concernant la protection de tous les animaux d'élevage a été adoptée. Or, ce texte précise notamment que « lorsqu'un animal est continuellement ou habituellement attaché, enchaîné ou maintenu, il doit lui être laissé un espace approprié à ses besoins physiologiques et éthologiques, conformément à l'expérience acquise et aux connaissances scientifiques ». Les besoins éthologiques des animaux sont donc pris en considération par ce biais. Dans son plan d'action pour le bien-être des animaux 2006-2010, la Commission européenne entend poursuivre dans cette voie en relevant les normes minimales en matière d'élevage, mais aussi en introduisant des « indicateurs de bien-être animal » dans la législation européenne.

La nouvelle politique agricole commune (PAC réformée en 2003) complète le dispositif ainsi mis en place par un système d'aides conditionnées au respect des normes en matière de protection des animaux. Cependant, les exigences en matière de bien-être animal pourraient placer les éleveurs européens en situation difficile si les producteurs étrangers ne subissaient pas les mêmes contraintes. Pour cette raison, la législation européenne prévoit que les importations soient conditionnées par la certification que les animaux importés ont bénéficié d'un traitement équivalent dans le pays exportateur. En parallèle, la Commission européenne négocie avec l'Organisation mondiale du commerce (OMC) et l'Office international des épizooties (OIE) pour que le bien-être animal soit pris en compte au niveau international. L'OIE a d'ailleurs adopté en mai 2003 un programme de travail sur le bien-être animal, dont l'objectif est d'élaborer des normes internationales en matière de transport et d'abattage des animaux.

Les instances françaises

Les directives communautaires sont transposées en droit français. Leur révision régulière oblige donc l'administration à réformer périodiquement les décrets et arrêtés concernés. Ce travail est réalisé dans le cadre du ministère de l'Agriculture, à la direction générale de l'Alimentation (bureau de la Protection animale). Il fait également intervenir des experts vétérinaires et scientifiques.

Les vétérinaires inspecteurs, qui sont chargés de l'application des textes, sont depuis le décret du 22 février 2002 intégrés dans un nouveau corps, celui des « inspecteurs de la santé publique vétérinaire ». Regroupés au sein des services vétérinaires départementaux, ces fonctionnaires sont habilités à rechercher et à constater les infractions en matière de protection animale. Ils vérifient l'application des textes spécifiques aux différentes activités (scientifiques, agricoles, de transport, de spectacles, etc.), ainsi que le respect des prescriptions plus générales de droit pénal en matière de protection animale : interdiction des mauvais traitements (article R. 654-1 du Code pénal), des actes de cruauté et sévices graves (article R. 521-1 du Code pénal), de l'abandon (même article, *in fine*), des atteintes volontaires à la vie (article R. 655-1 du

Code pénal) et des atteintes involontaires à la vie ou à l'intégrité d'un animal (article R. 653-1 du Code pénal).

Des Conseils départementaux de la santé et de la protection animales ont été institués (articles R. 214-1 et suivants du Code rural) afin d'évaluer la mise en œuvre des mesures applicables tant en matière de divagation d'animaux dangereux qu'en matière de détention des animaux ou de bien-être animal. Ils peuvent également aider les décideurs publics à faire évoluer le droit.

Au-delà des obligations imposées par les textes, le bien-être animal entre progressivement dans les préoccupations des consommateurs et des hommes politiques. Cette évolution des mentalités et des pratiques devrait être soutenue par les avancées de la recherche en matière de bien-être animal. En France, de nombreuses structures de recherche et de développement travaillent sur cette question, en particulier à l'Inra mais également dans les universités et les instituts techniques. Le décret du 26 mars 1999 a, par ailleurs, confié à l'Agence française de sécurité sanitaire des aliments (Afssa) mission de mener des « programmes de recherche scientifique et technique, notamment dans le domaine [...] du bien-être des animaux et leurs conséquences sur l'hygiène publique et la sécurité sanitaire des aliments ». Ces recherches doivent permettre à l'Afssa d'assurer auprès du ministre de l'Agriculture et des autres ministères intéressés, un appui scientifique pour « l'élaboration, l'application et l'évaluation des mesures prises dans le domaine [...] du bien-être animal et de leurs conséquences sur l'hygiène publique et la sécurité sanitaire des aliments ». Les connaissances dans le domaine de l'éthologie participent naturellement des informations dont les décideurs doivent tenir compte pour évaluer la pertinence de la réglementation en matière de bien-être animal et la faire évoluer autant que de besoin.

▸▸ Conclusion

Contrairement à ce qui est observé dans d'autres parties du monde, l'Union européenne, et la France en son sein, a pris des mesures réglementaires pour améliorer les conditions de vie des animaux. Ces normes sont adoptées dans un souci de cohérence communautaire, afin d'éviter les distorsions de concurrence entre États membres, mais également pour répondre à une attente des citoyens européens. Joint aux préoccupations en matière de santé animale, le souci d'améliorer les conditions de vie et d'élevage des animaux constitue assurément un élément marquant de notre époque. Ces mesures entraînent, il est vrai, des contraintes pour les acteurs des filières de l'élevage. En effet, ces derniers doivent aménager au mieux leurs pratiques pour se conformer aux exigences réglementaires tout en assurant la rentabilité de leurs entreprises. Ces contraintes peuvent provoquer des inégalités en matière de concurrence avec les acteurs extra-communautaires. La prise en compte du bien-être animal dans les accords de l'Organisation mondiale du commerce sera donc un réel enjeu pour le futur.

Chapitre 12

Évaluation du bien-être des animaux en captivité ou en élevage

Isabelle VEISSIER et Alain BOISSY

Le bien-être animal est une expression introduite en France vraisemblablement dans les années 1980, du fait de la traduction du mot anglais « welfare » utilisé dans la réglementation européenne (cf. par exemple les directives européennes pour la protection des poules en batterie (directive 88/166/EEC) ou celle des porcs en élevage intensif (directive 91/630/EEC)). Toutefois, les concepts sous-jacents à la notion de bien-être étaient déjà utilisés dans la littérature scientifique : on parlait ainsi d'adaptation, voire de stress lorsque cette adaptation était difficile (1979). Le terme « *welfare* » recouvre à la fois le bien-être d'un individu (sa santé, son confort…) et sa protection, c'est-à-dire les mesures prises pour garantir son bien-être (1987). Nous ne traiterons pas ici de la protection animale (cf. chapitre précédent) mais du bien-être lui-même, tel qu'il peut être ressenti par l'animal. En effet, élaborer une réglementation sur le bien-être suppose que celui-ci soit objectivable. Par ailleurs, la question de la protection des animaux ne se pose que pour les animaux qui vivent au contact de l'homme (animaux domestiques, de compagnie, de laboratoire ou animaux sauvages maintenus en captivité), non pas que les autres animaux soient dépourvus de sensibilité mais parce que l'homme n'est pas responsable de l'environnement dans lequel ils vivent. En outre, le fait de chercher à mieux comprendre le bien-être chez les animaux pourrait être interprété comme un moyen d'entériner leur statut de mise à la disposition de l'homme. Néanmoins, c'est le moyen actuel le plus efficace dont nous disposons, pour améliorer la condition animale en étroite relation avec les mesures de protection juridique. Par conséquent, nous nous attacherons ici à souligner l'éclairage que la notion de bien-être apporte à l'étude des relations entre un individu et son environnement.

▸▸ Qu'est-ce que le bien-être ?

Contrairement à de nombreux concepts de biologie, il n'existe pas une définition du bien-être unanimement reconnue. Néanmoins, la plupart des auteurs s'accordent avec la définition de Hughes (1976) selon laquelle le bien-être est un état de complète santé mentale et physique, où l'individu est en harmonie avec son environnement. Toutefois, la notion d'harmonie est loin d'être précise. Elle est généralement utilisée pour signifier que les besoins et les désirs d'un individu sont satisfaits (Veissier *et al.*, 2000). Les divergences apparaissent alors entre auteurs n'attribuant pas la même importance aux différents besoins de l'animal. Ainsi, on décrit classiquement trois approches du bien-être animal (Appleby, 1999) : l'approche naturaliste, l'approche adaptative et l'approche mentale.

L'approche naturaliste est basée sur l'idée que l'animal doit pouvoir vivre sa vie « naturelle », c'est-à-dire ce pour quoi il a été conçu (Rollin, 1993). Cette approche, qui s'est développée avec l'éthologie, est confortée par la mise en évidence d'une motivation de l'animal pour réaliser des comportements du répertoire de son espèce. Ainsi, des visons sont prêts à travailler pour accéder à un bassin d'eau où ils peuvent nager, des poules sont prêtes à rester dans un courant d'air pour se maintenir sur un sol couvert de litière… (Mason *et al.*, 2001) (Faure et Mills, 1995). De plus, la privation de certains comportements du répertoire est suivie d'effets rebonds : des veaux, initialement privés de contacts sociaux et de mouvements, interagissent plus avec d'autres veaux et se déplacent plus une fois qu'ils en ont la possibilité (Dellmeier *et al.*, 1985). Aussi certains éthologistes considèrent-ils que, pour que le bien-être d'un animal soit respecté, ce dernier doit pouvoir exprimer les comportements propres à son espèce. Ainsi, Stolba et Wood-Gush (1984) ont décrit le répertoire comportemental de cochons en les observant dans un environnement semi-naturel puis ils ont proposé un mode de logement permettant aux animaux d'exprimer les comportements précédemment observés. L'approche naturaliste conduit à favoriser des environnements d'élevage proches de la niche écologique de l'espèce. Aussi les systèmes extensifs et l'élevage à l'extérieur sont-ils souvent considérés comme respectant mieux le bien-être de l'animal que les systèmes intensifs[1]. Cependant, à notre sens, la notion de comportement naturel ne suffit pas à justifier celle de bien-être animal. En effet, tous les comportements observés spontanément dans la nature ne sont pas sous-tendus par une forte motivation positive et leur privation ne conduit pas forcément à un état de tension mentale, voire de stress. Par exemple, le fouissage chez le porc, qui se caractérise par un creusement du sol avec le groin, semble plus une activité opportuniste puisque sa privation n'entraîne aucun effet rebond (Studnitz et Jensen, 2000). Par ailleurs, les comportements anti-prédateurs, qui font bien partie du répertoire comportemental de l'espèce (avec des différences de stratégie d'une espèce à l'autre), ne sont pas sous-tendus par une motivation positive : c'est l'évitement du prédateur qui compte et non pas la réalisation du comportement.

L'approche adaptative repose sur le principe que tout individu possède des mécanismes d'adaptation à son environnement permettant de maintenir l'homéostasie. Lorsque les ajustements de l'individu permettent de réduire aisément l'écart entre l'environnement actuel et les conditions optimales (où tous les besoins de l'individu seraient satisfaits), on juge l'individu adapté et son bien-être préservé (Broom, 1996). En revanche,

---

1. Les systèmes extensifs font rarement l'objet de règlements : le premier article de la Convention européenne sur la protection des animaux dans les élevages mentionne que « la présente convention s'applique à l'alimentation, aux soins et au logement des animaux, en particulier dans les systèmes modernes d'élevage intensif » (*Journal officiel*, n° L 323 du 17/11/1978, p. 0014-0022, article 1).

lorsque l'homéostasie ne peut plus être maintenue avec des moyens spécifiques, une réponse de stress est observée, résultant de l'activation de systèmes biologiques particuliers : la branche orthosympathique du système nerveux autonome et l'axe corticotrope (Selye, 1973 ; Mormède, 1995). Si l'écart perdure, l'individu s'épuise en cherchant à s'adapter. Selon cette approche, le bien-être est considéré sur un *continuum* allant d'un niveau très faible à un niveau excellent (Broom, 1993). Cette approche peut conduire à l'amélioration des conditions de vie des animaux, par réduction de l'écart entre l'environnement réel et l'optimum. Elle peut aussi conduire à sélectionner des animaux ayant des facultés d'adaptation élevées (Faure, 1979), ce qui en élevage revient souvent à sélectionner les plus productifs dans l'environnement qui leur est imposé (Sandoe et Christensen, 1998a). Une des difficultés de l'utilisation de la notion d'adaptation réside dans la détermination de la limite entre le normal (l'adaptation) et l'anormal (le stress). En outre, l'adaptation au milieu n'est pas une caractéristique propre aux animaux. En effet, les plantes aussi possèdent des mécanismes qui leur permettent de s'adapter aux variations de température ou d'humidité, par exemple. Elles peuvent aussi présenter des difficultés d'adaptation. Pour autant, on ne parlera pas de bien-être des plantes (encore que certains auteurs parlent — abusivement à notre sens — de stress hydrique chez les végétaux). Aussi, l'adaptation au milieu ne permet-elle pas d'aborder la spécificité de la notion de bien-être.

Selon nous, seule *l'approche mentale*, permet d'aller au cœur de la question. Le bien-être y est défini comme un état qui résulte de l'absence d'émotions négatives prolongées — telles la peur, la douleur, la frustration —, voire de la présence d'émotions positives — joie, plaisir (Dawkins, 1983 ; Fraser et Duncan, 1998 ; Boissy *et al.*, 2007b). Le bien-être est défini comme un état subjectif propre à chaque individu, qui dépend de la façon dont il perçoit son environnement. En effet, si l'on parle du bien-être des animaux, et non pas de celui des plantes, c'est qu'une certaine forme de sensibilité leur est accordée (Singer, 1990 ; Sandoe et Christensen, 1998b ; Burgat, 2002).

Ces trois approches ne sont pas aussi disjointes qu'elles ne le paraissent. Il existe en effet des liens entre comportement naturel et stress. Ainsi, Mason *et al.* (2001) ont montré chez le vison que la privation de la nage, qui est un comportement naturel pour cette espèce et pour lequel l'animal est motivé (cf. plus haut), entraîne une élévation du cortisol urinaire, réponse typique de stress. De la même façon, des truies qui disposent d'un substrat (tel qu'une litière de copeaux) fouillent celui-ci alors que d'autres qui en sont privées présentent des niveaux de cortisol et catécholamines circulants plus élevés (De Leeuw et Ekkel, 2004). La non-réalisation d'un comportement pour lequel l'animal est fortement motivé peut donc conduire à un stress. Par ailleurs, il existe également des liens étroits entre stress et émotions. Bien que le stress ait été souvent considéré comme une réponse réflexe d'un organisme face à un événement menaçant son homéostasie (Selye, 1973 ; Mormède, 1995), il est maintenant admis qu'il dépend de la façon dont l'individu perçoit la situation dans laquelle il est. Ainsi, des singes que l'on fait jeûner présentent une élévation de cortisol urinaire qui disparaît si on « trompe » les animaux en leur donnant des aliments de même aspect que l'aliment habituel mais sans valeur nutritive (Mason, 1971). De même, des rats qui reçoivent des chocs électriques développent plus ou moins d'ulcères gastriques selon qu'ils peuvent ou non prédire l'apparition du choc ou en contrôler la fin (Weiss, 1972). Les réponses de stress semblent donc découler non pas directement de la situation aversive à laquelle est confronté l'animal, mais de la perception du caractère aversif de cette situation par l'animal, perception d'où découle une réponse émotionnelle (Mason, 1971).

Les trois approches du bien-être animal peuvent donc être réunies en une seule plus globale, où les émotions tiennent une place centrale. Le bien-être d'un individu résulte de l'absence d'émotions négatives prolongées et de la présence d'émotions positives. Dans cet état, l'individu peut alors satisfaire ses motivations et s'adapter à son environnement. Ainsi, comme le souligne Duncan (2002), « *animal welfare is all to do with the feelings of animals and not the primary needs that these feelings have evolved to protect* »[2].

▸▸ La notion de bien-être peut-elle être appliquée aux animaux domestiques ?

La continuité entre espèces a été démontrée depuis fort longtemps, au moins au plan de l'anatomie et de la physiologie. Pour autant, la continuité des capacités émotionnelles des animaux est rarement acceptée. Les arguments faisant état de la sensibilité des animaux et de la nécessité de respecter leur bien-être sont souvent taxés d'anthropomorphisme (Armengaud, 2001). Aussi, est-il nécessaire de s'assurer de l'existence d'une certaine forme de sensibilité des animaux afin de donner corps aux initiatives visant à assurer le bien-être des animaux.

Pour certaines théories en psychologie cognitive, les émotions découlent de l'évaluation de l'environnement par l'individu (Lazarus, 1993 ; Scherer, 2001). Or, de quelles évidences disposons-nous, chez les animaux qui nous intéressent, pour pouvoir appliquer ce concept ? L'idée que les animaux sont capables de représentation de l'environnement (au sens d'informations stockées et utilisées dans des contextes nouveaux) a été introduite dans les années 1930 par des psychologues tels Tolman (Hall *et al.*, 1998). Ainsi, Crespi (1940, cité par Hall *et al.*, 1998) avait montré que des rats ne parcouraient pas à la même vitesse un couloir pour obtenir une quantité donnée de nourriture selon que celle-ci était égale, inférieure ou supérieure à celle qu'ils avaient l'habitude d'y trouver (figure 12.1). De plus, nous avons vu plus haut qu'un *stimulus* aversif ne produit pas les mêmes effets chez un rat ou un singe selon la façon dont l'animal perçoit le caractère aversif du *stimulus*. Bien que les animaux utilisés en élevage aient moins fait l'objet de recherches, ils semblent aussi capables d'une certaine représentation de leur environnement. Ainsi, des vaches exposées à une température ambiante élevée n'y répondent pas de la même façon selon qu'elles y sont exposées de manière progressive ou brutale (Johnson et Vanjonack, 1975). Dans le premier cas, une légère diminution du cortisol, correspondant à une adaptation physiologique, est observée dans la circulation sanguine. Dans le second cas, une élévation transitoire du cortisol plasmatique rapide et de forte amplitude est observée avant sa diminution. Ce pic semble directement lié au fait que l'animal a perçu l'anomalie.

Se basant sur les réactions psychophysiologiques des animaux lors d'une manipulation par un homme, Cabanac (1998) a suggéré que les émotions étaient apparues dans

---

2. Traduction : « [le bien-être animal fait référence aux ressentis ou sentiments des animaux et non pas aux besoins primaires qui sont à l'origine de ces sentiments] ».

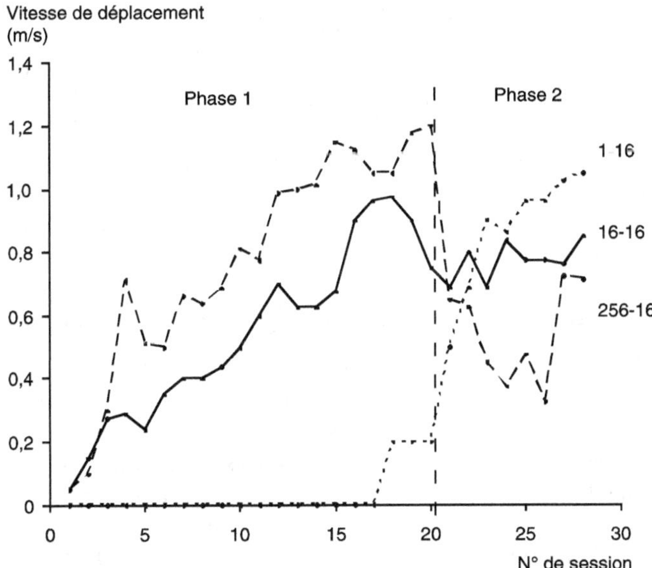

Figure 12.1. « Effet Crespi ».

Des rats ont été entraînés à parcourir un couloir pour recevoir 1, 16 ou 256 granulés d'aliment (phase 1). Puis tous les rats sont récompensés avec 16 granulés (phase 2). En phase 2, les rats 256-16 (soumis à une réduction de récompense) parcourent le couloir plus lentement que les rats 16-16, et les rats 1-16 (soumis à une augmentation de récompense) plus rapidement. On en déduit que les rats ont développé des attentes face à la situation de test, attentes qui dépendent de leur expérience préalable : les rats 256-16 reçoivent une récompense inférieure à leurs attentes ; les rats 1-16 reçoivent au contraire une récompense supérieure à leurs attentes.

le règne animal à partir des reptiles. En effet, alors que les mammifères, les oiseaux et les reptiles répondent à la préhension par l'homme par une augmentation de la température corporelle, cette réaction est absente chez les batraciens et les poissons. Toutefois, d'autres auteurs considèrent que tous les vertébrés sont capables d'éprouver de la souffrance (Broom, 2001). Ainsi, les poissons téléostéens possèdent des structures nerveuses très similaires — au plan fonctionnel — à celles des vertébrés dits supérieurs qui sont impliquées dans le vécu émotionnel de l'individu (Sneddon, 2002). De plus, ces poissons sont capables de mémoriser une information sur le caractère aversif d'un événement en vue d'une utilisation ultérieure (Topal et Csanyi, 1999). Enfin, certains auteurs pensent que même des invertébrés comme les céphalopodes doivent être considérés comme des êtres pouvant éprouver de la souffrance du fait de leurs capacités cognitives élaborées (Bateson, 1991). Quoi qu'il en soit, il semble bien que tous les animaux utilisés en élevage et les animaux de compagnie sont capables d'éprouver de la souffrance, ce qui justifie pleinement de se préoccuper de leur bien-être. Bien que les règlements de protection animale portent actuellement sur les mammifères et les oiseaux, il n'est pas surprenant que le cas des poissons soit désormais analysé[3].

---

3. Une première recommandation pour la protection des poissons utilisés en élevage a été adoptée par le Conseil de l'Europe le 5 décembre 2005 et est entrée en vigueur le 5 juin 2006.

L'appréciation du bien-être d'un animal

En l'état actuel des connaissances, le niveau de bien-être d'un animal s'apprécie en déterminant où il se situe entre les deux extrêmes que constituent l'harmonie et le mal-être. Elle procède de deux démarches complémentaires : d'une part, la recherche des éléments qui concourent à atteindre l'harmonie entre les besoins de l'individu et les conditions environnementales — ce qui revient à tenter de définir les motivations de l'animal — et d'autre part, l'évaluation des efforts d'adaptation de l'animal placé dans un environnement qui s'éloigne des conditions idéales.

Mesure des éléments permettant d'atteindre l'harmonie

L'analyse des besoins des animaux permet de mieux définir ce que serait un environnement idéal pour l'animal. Les besoins des animaux peuvent être connus au travers de l'étude de leur physiologie ou, lorsqu'il s'agit de concevoir des installations de logement, par l'observation des mouvements et postures des animaux. Ainsi, des *principes d'ergonomie* peuvent être appliqués aux animaux, l'animal étant considéré comme un agent devant effectuer certaines tâches : se nourrir, se reposer, se déplacer... L'approche ergonomique permet de limiter les blessures et d'améliorer le confort des animaux en aidant à concevoir des installations respectueuses de leur taille, de leurs postures et de leurs mouvements. Par exemple, afin de définir la taille optimale de cases individuelles pour des veaux, leurs postures de repos ont été observées (figure 12.2, de Wilt, 1985). Les veaux libres de leurs mouvements se couchent avec les deux postérieurs allongés pendant environ trois heures et demie par jour (Gesmier, 1996). Or dans cette posture, le veau occupe une largeur au sol égale à sa hauteur au garrot. Aussi a-t-il été décidé que la largeur minimale d'une case individuelle pour veau devrait être égale à la hauteur de celui-ci (directive 97/2/CE).

Figure 12.2. Postures de repos des veaux (d'après de Wilt, 1985).

L'ergonomie ne permet pas cependant de savoir comment l'animal perçoit lui-même la situation. Dans l'exemple ci-dessus, l'animal aurait-il choisi d'emblée une case plus large ? Ces questions peuvent être résolues en donnant à l'animal la possibilité de choisir entre plusieurs alternatives ou même de modifier son environnement. On parle alors de *mesures de préférence*. Ainsi, il est possible d'observer les choix que les animaux font lorsque plusieurs alternatives s'offrent à eux. Le présupposé est que l'alternative choisie le plus fréquemment est celle que les animaux préfèrent. Par exemple, des vaches choisissent en priorité des logettes dont le sol est revêtu d'un matelas (10 cm d'épaisseur, compressible) plutôt que celles disposant d'un simple tapis (2 cm, peu compressible) voire d'aucun matériau ajouté (figure 12.3 ; Bony et Barbet, 2000). Dans les épreuves de choix libre, on observe des réponses de type oui/non mais on ne peut juger de l'intensité d'une préférence. Celle-ci peut être appréciée en faisant travailler l'animal pour obtenir l'objet choisi. Le travail qu'il est prêt à fournir rend compte de la valeur que l'objet a pour l'animal, à l'image du prix qu'un consommateur est prêt à payer pour une commodité. Pour apprécier ce travail, l'animal est entraîné à recevoir une récompense (dont on cherche à évaluer l'intérêt qu'il y porte) en effectuant une tâche donnée (par exemple, l'appui sur un panneau ou le passage par une porte d'un poids donné). Ainsi, des porcs, des moutons ou des veaux peuvent apprendre à couper un rayon infrarouge ou à appuyer sur un bouton avec leur nez pour allumer et éteindre la lumière, pour augmenter ou diminuer la température ambiante... De cette façon, Baldwin et Start (1978, 1981) ont observé que les porcs travaillaient pour obtenir 15 heures d'éclairage par jour, les veaux, 16 heures et les moutons, 18 heures 30. Ils en ont conclu que ces durées correspondaient à chaque fois à des préférences. Dans d'autres travaux, après avoir été entraîné à recevoir une récompense en effectuant une tâche donnée, un animal devait fournir plus de travail (plusieurs appuis ou pression plus forte) pour continuer à recevoir la même quantité de récompense. On trace ainsi des courbes d'élasticité

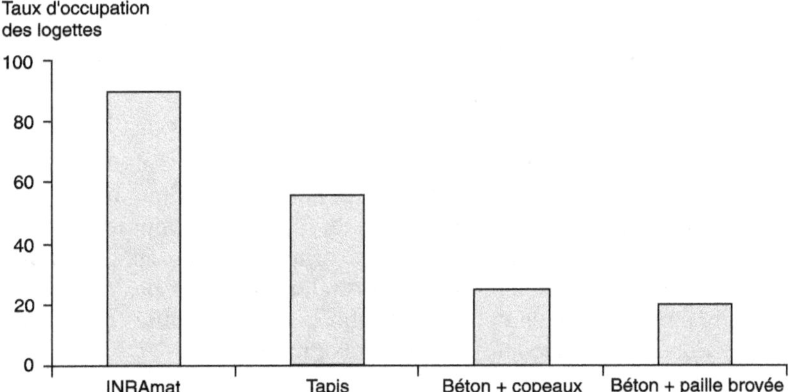

Figure 12.3. Préférences des vaches pour des revêtements de logettes (d'après Bony et Barbet, 2000).

Les vaches sont placées dans une stabulation avec une logette par vache, celle-ci ayant un sol couvert d'un matelas INRAmat, d'un tapis classique, de copeaux (750 g/j) ou de paille broyée (750 g/j). À intervalles réguliers, le nombre de logettes de chaque type occupées par une vache est relevé. D'après ce taux d'occupation, la préférence des vaches décroît des logettes munies d'un matelas à celle recouverte de paille broyée.

d'exigence où l'axe des X correspond au coût unitaire d'une récompense et l'axe des Y à la quantité de récompenses obtenues par l'animal. On considère qu'un objet pour lequel l'animal maintient son nombre de récompenses obtenues, quel que soit le travail à fournir, correspond à une exigence non élastique (besoin). Les objets, pour lesquels une diminution de la quantité de récompenses obtenues est observée, sont classés par ordre de préférence décroissante (Dawkins, 1997). D'autres travaux sont basés sur le travail maximal qu'un animal est prêt à fournir pour obtenir une récompense (Patterson-Kane *et al.*, 2002). Des tests similaires peuvent être utilisés pour estimer l'aversion qu'un animal éprouve à l'égard d'un objet (pour revue : Rushen, 1986b). Ainsi, il est possible de faire travailler l'animal pour éviter une situation contraignante ou de comparer deux situations contraignantes dans des épreuves de choix (par exemple : la contention à l'isolement, Rushen, 1986a).

Si les mesures de préférences apportent des renseignements précieux sur la perception que l'animal a de son environnement, elles comportent néanmoins quelques dangers. La première difficulté concerne l'élasticité d'une exigence, qui est souvent mesurée par la pente de décroissance du nombre de récompenses obtenues. Or, cette mesure est fonction des unités choisies pour le travail et la récompense. Dans une expérience caricaturale, Jensen *et al.* (2002) ont observé des vaches qui devaient appuyer sur un panneau pour accéder à une zone de couchage soit pendant 10 minutes, soit pendant 20 minutes. La pente de décroissance est plus rapide quand la récompense est obtenue après une courte durée. Mais si l'on utilise comme ordonnée non pas le nombre de récompenses mais la durée de couchage obtenue, les courbes de décroissance ont les mêmes pentes. Dans la pratique, il est très difficile de connaître la valeur absolue de récompense de deux objets différents : deux aliments, deux activités... Parmi l'ensemble des travaux qui ont été conduits sur les préférences alimentaires, il ne serait pas surprenant d'observer des pentes similaires si l'on prend comme unité la quantité de matière sèche ou d'énergie métabolisable ingérée. Pour résoudre ces difficultés liées à la valeur des récompenses que l'on compare, il est préconisé de prendre non pas la pente de décroissance mais l'aire sous la courbe ou de diviser la pente observée par la valeur initiale (Houston, 1997 ; Kirkden *et al.*, 2003).

Une seconde difficulté tient au fait que les animaux peuvent ne pas associer à la récompense la tâche qui leur est demandée, d'où des résultats « faux négatifs ». Ainsi, les poules ne modifient pas la taille de leur cage lorsqu'elles en ont la possibilité en appuyant sur un bouton (Faure et Lagadic, 1989). Bien que les conditionnements opérants reposent sur des éléments du répertoire comportemental propre à l'espèce, il est fort probable que certains comportements, n'étant jamais associés à une récompense donnée en temps normal, ne puissent pas être utilisés dans des conditionnements. Blancheteau (1975) parle alors de limites éthologiques des liaisons entre une tâche à accomplir et une récompense.

Une troisième difficulté dans l'utilisation des mesures de préférence réside dans le fait que les animaux répondent vraisemblablement selon des choix à court terme. Or un événement jugé positif à court terme peut s'avérer nocif à plus long terme, d'où d'éventuels résultats « faux positifs ». Ainsi, un ruminant en liberté peut ingérer une très grande quantité d'aliment concentré très appétant et développer par la suite une acidose métabolique dont les conséquences peuvent être dramatiques (Payne, 1989). De même, les porcelets préfèrent un sol plein en béton à un caillebotis plastique qui s'avère pourtant être à terme un support plus efficace pour réduire les troubles des onglons (Marx et Schuster, 1986). Il semble alors dangereux de baser des conclusions en matière de bien-être animal uniquement sur les choix à court terme des animaux.

Finalement, les mesures des besoins et des préférences sont indispensables pour connaître le point de vue de l'animal. Il est cependant nécessaire d'en connaître les limites. La référence au comportement spontané de l'animal et l'observation sur de longues périodes au lieu de tests de courte durée permettent d'éviter des conclusions hâtives erronées. Ces mesures de préférence méritent d'être complétées par l'appréciation d'éventuelles déviations d'un état de bien-être optimal, qui peuvent survenir chez un animal placé dans une situation qui ne contient pas l'objet préféré, voire qui contient un objet aversif.

Mesure des conséquences d'un environnement non adéquat

Les difficultés rencontrées par un animal dans une situation non optimale peuvent être appréciées au travers de différents indicateurs : le comportement de l'animal, le degré d'activation de ses systèmes neuro-endocriniens impliqués dans les réactions de stress, sa capacité à produire et à se reproduire, et son état sanitaire.

Les critères comportementaux

La première réponse d'un animal face à un événement extérieur est généralement comportementale. Face à un danger ponctuel, un prédateur par exemple, les animaux peuvent présenter des réactions actives d'attaque ou de fuite, ou au contraire des réactions passives d'immobilisation. La forme de la réponse dépend de l'espèce et de critères individuels tel que l'âge de l'animal. Elle semble conditionnée par le rapport de force entre l'individu et l'objet du danger. Ainsi, un éléphant qui est suffisamment puissant pour s'opposer à un lion, pourra lui faire face alors qu'une antilope fuira ; si l'individu ne peut ni attaquer, ni fuir, il s'immobilisera (« *freezing* » observé chez les rongeurs et les oiseaux, et chez les tout jeunes ongulés). Enfin, à l'intérieur d'une même catégorie d'individus, certains peuvent systématiquement présenter des réponses passives alors que d'autres présentent des réponses actives (Erhard et Schouten, 2001).

À plus long terme, lorsque l'animal ne dispose pas des substrats adéquats pour satisfaire un besoin comportemental, des anomalies peuvent apparaître dans l'expression des comportements. Il est effectivement possible d'observer diverses anomalies comportementales allant de reports d'activités vers un autre objet (activités de substitution) jusqu'à des activités à caractère stéréotypé (figure 12.4). Ainsi, chez les veaux de boucherie, on observe fréquemment des grignotages de parois, qui sont à rapprocher de l'absence d'activité d'ingestion d'aliments solides (Veissier *et al.*, 1998). Lorsque aucun substrat ne permet une telle substitution, des activités à vide peuvent apparaître. C'est le cas dans des environnements appauvris. L'exemple le plus connu est celui de l'absence de matériau de construction qui conduit les femelles préparturiantes des espèces qui construisent un nid, à s'engager dans des mouvements qui miment la construction du nid (pour les truies : Baxter, 1982). Enfin, dans certains cas où l'environnement ne permet que très peu d'activités, des activités répétées sur un même support peuvent apparaître. Ces activités répétées et de forme fixe sont appelées stéréotypies. Elles s'observent par exemple chez les truies à l'attache et soumises à une restriction alimentaire ; ces truies présentent alors des mordillements répétés des barres de leurs stalles (Lawrence *et al.*, 1993). Les stéréotypies sont considérées par certains auteurs comme des moyens d'adaptation permettant de réduire le stress. En effet, les réponses cortico-surrénaliennes d'un cochon soumis à une restriction alimentaire sont diminuées lorsqu'il exerce des mordillements sur un objet (Dantzer et Mormède, 1983) et sa fréquence cardiaque après un repas est plus faible s'il présente un fort taux de stéréotypies (Schouten *et al.*, 1991). Par conséquent, dans un élevage donné, si un fort taux d'activités de substitution, d'activités à vide ou de stéréotypies est relevé, on pourra effectivement conclure à une certaine médiocrité des conditions de vie des animaux. Néanmoins, les animaux qui, dans cet élevage, présentent une forte fréquence de comportements anormaux ne sont pas forcément ceux qui souffrent le plus puisque ces activités constituent pour l'animal un moyen d'adaptation (Mason, 1991).

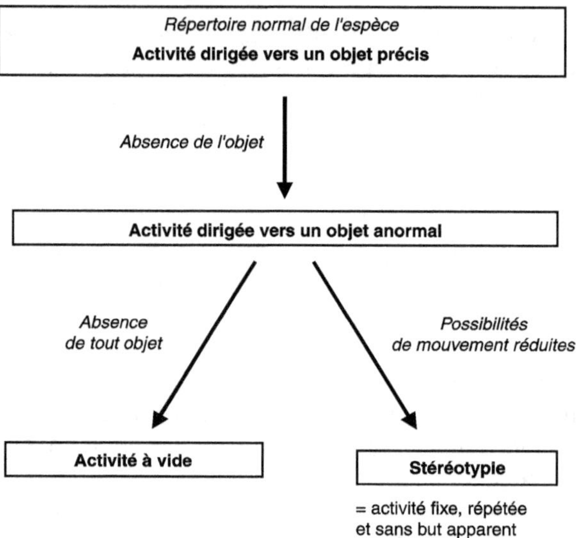

Figure 12.4. Apparition d'activités anormales selon les contraintes perçues par l'animal.
Le répertoire comportemental d'un animal d'une espèce donnée comprend des activités généralement dirigées vers des objets précis (interactions sociales vers un congénère, activité alimentaire vers un aliment...). En l'absence d'objets adéquats pour effectuer une activité particulière pour laquelle l'animal est motivé, celui-ci peut rediriger son activité vers un autre objet (par exemple, un veau qui ne reçoit aucun aliment solide, grignote plus volontiers les parois de sa case). En l'absence d'objet de substitution, des activités à vide peuvent apparaître (par exemple, une nidification à vide chez les femelles proches de la mise bas dans les espèces qui construisent des nids). Enfin, lorsque les possibilités d'activités sont très limitées, des stéréotypies peuvent apparaître (c'est le cas par exemple des truies qui ont une alimentation restreinte et qui sont attachées).

Lorsqu'une situation contraignante se prolonge, l'animal peut également s'adapter en modifiant sa réactivité. Dans le cas d'une contrainte où l'impossibilité de réaliser un comportement prime, la réactivité de l'animal peut diminuer, jusqu'à une complète apathie. C'est le cas des truies à l'attache qui ne réagissent plus à de l'eau froide versée sur leur dos, au contraire des truies libres en groupes

(Broom, 1987). Cette apathie serait liée au fait que les truies ont appris qu'elles n'avaient aucun moyen de contrôle sur leur environnement. À l'inverse, une situation contraignante mais sur laquelle l'animal peut exercer un certain contrôle, conduirait à une exacerbation de la réactivité face à des événements nouveaux. C'est le cas de veaux soumis à des mélanges sociaux répétés (Boissy *et al.*, 2001b).

Ainsi, les indicateurs comportementaux, qui sont généralement très sensibles, donnent parfois lieu à des résultats opposés (par exemple, apathie *versus* hyper-réactivité). Ces apparentes contradictions ne permettent pas toujours de conclure à un bien-être détérioré ou amélioré lorsque l'on compare deux situations d'élevage. En effet, bien souvent, l'interprétation des modifications comportementales est faite *a posteriori*. Ainsi, dans les travaux de Broom (1987) et de Boissy *et al.* (2001b), il est supposé que le sens des modifications de réactivité (apathie *versus* hyper-réactivité) est déterminé par le degré de contrôle que l'animal a pu avoir sur son environnement. Par conséquent, pour que les indicateurs comportementaux aient une valeur prédictive forte, il conviendrait de vérifier les relations entre la nature de l'environnement stressant et ses conséquences comportementales en soumettant les animaux à des situations plus ou moins contrôlables, prévisibles... (Désiré *et al.*, 2002 ; Dantzer, 2002 ; Boissy *et al.*, 2007a).

Chez l'homme, des états de stress peuvent conduire à des troubles du sommeil. Il semble qu'il en soit de même chez les animaux. Par exemple, les souris sont normalement actives essentiellement la nuit. Lorsqu'elles sont soumises pendant six semaines à des contraintes variées et répétées (jeûne, suspension, contention, confrontation sociale), elles décalent une partie de leur activité le jour (Solberg *et al.*, 1999). De telles perturbations des rythmes de veille/sommeil semblent n'être observées que dans des situations extrêmes. Ainsi, des conditions qui reproduisent les contraintes qui peuvent survenir en élevage, telles des remaniements sociaux ou un logement inconfortable, n'induisent pas de modification des rythmes d'activité (Hänninena *et al.*, 2005 ; Veissier *et al.*, 2001).

Les critères physiologiques

L'utilisation de critères physiologiques pour apprécier l'inconfort s'appuie sur la notion de stress. Nous rappelons ici les deux grands types d'activation neuro-endocrinienne découlant de situations de stress : l'activation de la branche sympathique du système nerveux autonome et l'activation de l'axe corticotrope (Mormède, 1995). L'activation du système sympathique aboutit à la libération de catécholamines au niveau des terminaisons nerveuses et dans le sang. Cette libération est difficile à évaluer car les manipulations nécessaires à la prise de sang déclenchent en elles-mêmes la réaction. Aussi mesure-t-on plus fréquemment l'activation sympathique par ses conséquences sur l'activité cardiaque. L'augmentation de la fréquence cardiaque face à une situation contraignante est très couramment utilisée comme indice d'une réponse aiguë de stress. Plus récemment, la variabilité de la fréquence cardiaque a été utilisée, celle-ci est diminuée lorsque la branche sympathique est activée (pour revue : von Borell *et al.*, 2007). L'activation de l'axe corticotrope se traduit par la libération de corticolibérine (*Cortico-Releasing Fator* : CRF) par l'hypothalamus, laquelle stimule la production de corticotropine (*Adreno-Cortico-Tropin Hormone* : ACTH) par l'hypophyse qui elle-même stimule la libération de glucocorticoïdes par les surrénales. Le cortisol, qui est le glucocorticoïde majeur chez les bovins et les ovins, est directement mesurable dans le plasma, la salive ou l'urine. Ainsi, en mesurant l'activité cardiaque et le cortisol sanguin, on pourra détecter des stress ponctuels tels ceux liés à la contention en cage (Veissier *et al.*, 1989).

Lorsque l'animal est soumis à un stress chronique, ces indicateurs de stress aigu ne varient pas forcément. Par contre, tout du moins pour les rongeurs, des stress répétés modifient le fonctionnement des systèmes neuro-endocriniens : la capacité de synthèse des catécholamines peut être accrue, la libération de cortisol par la surrénale sous l'action de l'ACTH hypophysaire peut être augmentée alors que l'axe corticotrope échappe au rétrocontrôle par les corticoïdes et que l'hypophyse devient moins sensible à l'action du CRF (Mormède, 1995) (figure 12.5). Le fonctionnement de l'axe corticotrope est apprécié en injectant de l'ACTH ou du CRF exogènes, ou de la dexamethasone (corticoïde de synthèse). De cette façon, il a été montré que les vaches laitières sont stressées si elles disposent de moins d'une logette par animal (Friend *et al.*, 1979) et que des porcs disposant seulement de 0,34 m² par animal sont plus stressés que d'autres disposant d'au moins 0,68 m² (Meunier-Salaun *et al.*, 1987). Toutefois, des résultats opposés sont parfois notés. Ainsi, nous avons observé une augmentation de la sensibilité à l'ACTH chez des veaux soumis à une instabilité sociale (Hänninena *et al.*, 2005) mais une diminution chez des génisses pubères

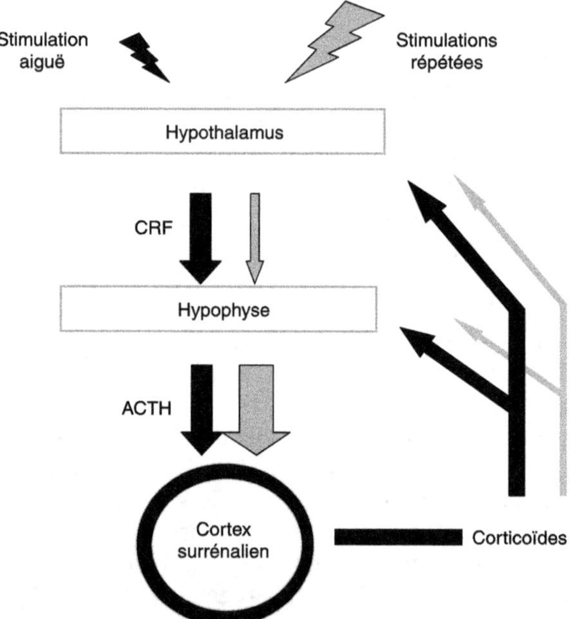

Figure 12.5. Fonctionnement de l'axe corticotrope (d'après Mormède, 1995).

Sous l'effet d'une stimulation extérieure perçue par les centres nerveux, l'hypothalamus libère du CRF (*Cortico-Releasing Factor*) dans le système porte hypophysaire. Le CRF stimule la libération d'ACTH (*Adreno-Cortico-Tropin Hormone*) par l'hypophyse dans la circulation générale. À son tour, l'ACTH stimule la libération de corticoïdes par le cortex surrénalien et les corticoïdes exercent un rétrocontrôle négatif. Le fonctionnement du système est modifié sous l'effet de stimulations répétées : l'hypophyse devient moins sensible à l'action du CRF, les surrénales deviennent plus sensibles à l'action de l'ACTH et le rétrocontrôle par les corticoïdes est moins efficace.

soumises à un traitement similaire (Raussi *et al.*, 2006). Ces divergences ne sont pas sans rappeler les modifications en « hypo » *versus* en « hyper » de la réactivité comportementale que nous avons mentionnées plus haut. Là encore, la relation entre la façon dont l'animal vit le stress qu'on lui impose et ses réponses physiologiques mérite d'être éclairée. En outre, les concentrations sanguines de ces hormones dépendent étroitement de l'activité physique des animaux. Il n'est pas rare de voir des niveaux plus élevés d'hormones chez des animaux en liberté et en groupe que chez des animaux en cases individuelles. En dehors des conditions standardisées des études expérimentales, l'utilité des critères physiologiques reste donc limitée.

Les critères de production

Lorsque des contraintes persistent, une baisse de l'état général de l'animal peut être observée au travers de critères de production. Ainsi, un stress peut être détecté par une diminution de la production de lait (visible en particulier pendant les premiers jours après un changement d'environnement), une moindre croissance ou des difficultés de reproduction (Taschke et Folsch, 1997 ; de Passillé et Rushen, 1995 ; Hemsworth *et al.*, 1986a). Ces altérations peuvent être dues à l'activation des systèmes neuro-endocriniens impliqués dans le stress — activation consommatrice d'énergie — ainsi qu'à une baisse de l'appétit. Toutefois, si on peut supposer une souffrance en observant une production amoindrie en dehors de tout facteur alimentaire, l'inverse n'est pas valable. Ainsi, des veaux de boucherie maintenus dans des espaces très confinés peuvent avoir une croissance normale (Wilson *et al.*, 1995). De surcroît, dans certains cas, un stress peut être bénéfique pour la production. Il en va ainsi pour les cochettes chez qui la puberté peut être déclenchée par un transport (Du Mesnil Du Buisson et Signoret, 1962). Enfin, certaines pathologies peuvent être associées à de fortes performances de production : boiteries et mammites plus fréquentes chez les vaches laitières très fortes productrices, déformations articulaires et boiteries chez les poulets de chair à croissance très rapide (Sanotra *et al.*, 2003). Par ailleurs, les indicateurs techniques de production sont généralement évalués sur un élevage dans son entier (ou au moins un de ses ateliers) et rendent peu compte des différences entre animaux. Or, le bien-être est une notion individuelle. Certains animaux, dominés par les autres par exemple, peuvent avoir une production très affaiblie sans que cela affecte de façon notable la moyenne du groupe. On ne peut donc pas conclure à une absence de problème en matière de bien-être lorsque l'on observe de bons résultats techniques.

Les critères sanitaires

L'apparition de pathologies peut révéler un stress. En effet, un individu stressé peut avoir des défenses immunitaires amoindries. Certains agents pathogènes opportunistes vont pouvoir se développer et des symptômes cliniques vont alors apparaître. C'est le cas des coccidies qui se développent à la faveur du sevrage ou d'un changement de milieu. Ainsi, Orgeur *et al.* (1998) observent que des séparations répétées d'avec la mère entraînent une augmentation du nombre d'oocystes dans les fécès d'agneaux. Certains vont même jusqu'à considérer que des maladies peuvent jouer le rôle de « sentinelles », avertissant une ou des anomalies d'élevage. Ce serait le cas pour les mammites ou les boiteries des vaches laitières, dont l'origine est souvent multifactorielle (Barnouin *et al.*, 1999). Toutefois, la relation entre stress et immunité est loin d'être unitaire. Ainsi, dans certains cas, le stress déprime les défenses immunitaires alors que dans d'autres, il les augmente (Siegel et Latimer, 1975 ; Gross et Siegel, 1965). Ces effets divergents proviennent vraisemblablement du fait que les différents éléments du système immunitaire ne réagissent pas de la même manière au stress (Elenkov et Chrousos, 1999). Par ailleurs, il n'est pas aisé d'utiliser la morbidité pour évaluer le niveau de bien-être permis par une situation d'élevage : d'une part, cette approche nécessite des enquêtes épidémiologiques qui ne sont pas toujours disponibles et d'autre part, la relation entre morbidité et bien-être peut être masquée par l'utilisation de traitements médicaux.

L'apparition d'une maladie ou d'une blessure peut elle-même être source de souffrance. Ainsi, la fièvre s'accompagne d'isolement social, de moindre activité et réactivité qui suggèrent que l'animal perçoit son état de maladie. De plus, certaines maladies provoquent des douleurs, lesquelles — si elles sont chroniques — peuvent à leur tour augmenter la sensibilité à la douleur (Ley *et al.*, 1996 ; Whay *et al.*, 1998). Aussi, pour juger une installation d'élevage selon des critères de bien-être animal, convient-il de prendre en compte les risques de maladies (en particulier liées à une mauvaise ambiance ou à une mauvaise hygiène) et les risques de blessures (liées à un sol glissant, à des parois trop étroites…). Nous ne détaillerons pas cette partie qui pourrait constituer un ouvrage en soi.

Une sensibilité variable selon les critères

Les indicateurs comportementaux sont généralement plus sensibles et plus précoces que les autres indicateurs (Veissier, 1996). Viennent ensuite les critères physiologiques, puis les critères de production et enfin, les critères sanitaires (figure 12.6). Afin de savoir quelle est l'intensité du « mal-être » engendré par des conditions de vie particulières, il est donc souhaitable de disposer de critères appartenant à plusieurs de ces catégories. Par exemple, des veaux en isolement complet présentent des altérations comportementales (hyper-réactivité face à un événement soudain)

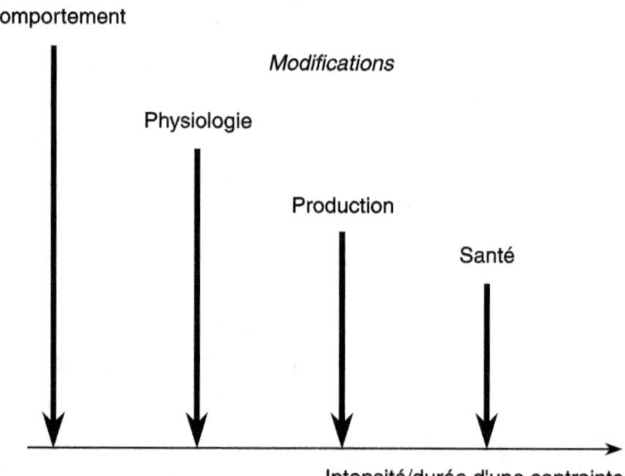

Figure 12.6. Évolution des troubles selon la durée ou l'intensité d'une contrainte.

Les modifications comportementales sont généralement les plus précoces : elles peuvent apparaître dès qu'une contrainte mineure est imposée aux animaux. Les critères physiologiques semblent un peu moins sensibles. Les altérations de production ne semblent apparaître que sous l'effet d'une contrainte importante. Enfin, des pathologies n'apparaîtraient sous l'effet d'un stress que lorsque celui-ci est extrême.

mais pas d'altérations physiologiques, ni de ralentissement de leur croissance et aucun trouble sanitaire particulier (Veissier *et al.*, 1997). Lorsqu'ils sont en plus confinés dans de très petites cases individuelles, les veaux présentent non seulement des altérations comportementales mais également des modifications physiologiques telles qu'une plus grande sensibilité de l'axe corticotrope à l'ACTH (Dellmeier *et al.*, 1985 ; Friend *et al.*, 1985). Par contre, toujours chez les veaux, le confinement sans isolement social réduit la croissance sans modifier le fonctionnement de l'axe corticotrope (de Passillé et Rushen, 1995).

De multiples causes peuvent diminuer le niveau de bien-être d'un individu : logement impropre (confinement, mauvaise ambiance...), absence de groupe social stable, alimentation inadéquate ou restreinte, accidents ou pathologies, douleurs... Chacune de ces causes n'affecte pas de la même façon le bien-être de l'animal. Un veau qui manque de place se déplacera beaucoup plus lorsqu'il en aura l'occasion alors qu'un veau privé de contact avec des congénères interagit plus avec d'autres veaux lorsqu'il en a la possibilité (Dellmeier *et al.*, 1985) ; des installations d'élevage mal conçues ou mal réglées peuvent causer des lésions cutanées (par exemple un mauvais réglage de logette ou de barre d'auge peut entraîner des blessures superficielles chez les vaches) (Veissier *et al.*, 2004). Aussi, bien souvent, la nature des modifications observées sur l'animal permet-elle d'identifier la cause du problème.

À côté de ces critères classiques d'appréciation du bien-être et du mal-être des animaux, les avancées méthodologiques de la biologie laissent entrevoir de nouvelles voies d'exploration. Ainsi les techniques de neurobiologie permettant d'identifier les zones du cerveau activées, soit *via* l'expression de gènes précoces (codant par exemple pour la protéine Fos) soit *via* l'imagerie fonctionnelle, ont permis de mettre en évidence une activation de certaines zones du cerveau lors d'émotions particulières comme la peur ou, au contraire, la joie. Des zones similaires semblent activées chez l'homme et les animaux : l'amygdale par exemple, lors de réponses de peur. Ainsi, un parallèle semble pouvoir être fait entre les zones dites de l'amour identifiées chez l'homme par Bartels et Zeki (2000) et les zones activées en présence de congénères familiers chez l'ovin (da Costa *et al.*, 2004). L'analyse du transcriptome et du protéome pourrait également être mise à profit pour comprendre comment l'organisme répond à des situations stressantes. À l'heure actuelle, ces analyses portent sur les réponses périphériques de stress. Ainsi, un lien entre la réplication de l'ARN messager codant pour la protéine transportant le cortisol et les taux circulants de cortisol a été identifié chez le porc (Ousova *et al.*, 2004). Ces méthodes, lourdes et coûteuses, ne sont cependant pas adaptées à une évaluation des situations contraignantes pour l'animal afin d'identifier les facteurs de risques en élevage. Elles sont réservées aux études exploratoires visant à mieux comprendre les modes de réponses des individus. Elles apporteront certainement beaucoup à la compréhension des émotions des animaux, permettant des analogies entre l'animal et l'homme, et ce d'autant plus que l'on pourra coupler la biologie intégrative à la neurobiologie.

▸▸ Quelques éléments de discussion

Tout comme la santé, le bien-être est un concept multidimensionnel. Le Farm Animal Welfare Council (1993) a défini cinq libertés sans lesquelles le bien-être d'un animal domestique n'est pas respecté :
– liberté 0, absence de faim et soif (prolongées) et de malnutrition ;
– liberté 1, présence d'abris appropriés et confort ;
– liberté 2, absence de maladie et de blessures ;
– liberté 3, absence de peur et de détresse ;
– liberté 4, expression des comportements normaux.

Notons que la dernière de ces libertés fait l'objet de controverses car certains comportements « naturels » ne font pas l'objet d'une motivation particulière. Les comportements anti-prédateurs en sont un bon exemple, de même que certains comportements opportunistes comme le fouissage du porc (cf. plus haut). Malgré cette réserve, les cinq libertés sont souvent utilisées comme base de discussion et d'évaluation des systèmes d'élevage existants (voir par exemple les rapports scientifiques du Comité scientifique vétérinaire, devenu Comité scientifique santé et bien-être animal, de la Commission européenne).

Une importante littérature existe sur les relations entre les conditions de vie des animaux d'élevage et les indicateurs de mal-être que nous avons listés plus haut. Pour de nombreuses situations d'élevage — au moins les plus critiquées d'entre elles —, les indicateurs de mal-être ont permis de déceler les points perçus comme négatifs par l'animal. Ainsi, en production de veau de boucherie, l'impact de l'isolement, du confinement, de la réduction des activités alimentaires, etc. a été évalué par comparaison avec des animaux placés dans des situations moins contraignantes. De tels travaux ont parfois permis de proposer des solutions techniques conciliant bien-être et production. Par exemple, chez les veaux de boucherie, l'apport d'un complément d'alimentation riche à la fois en cellulose et en glucides rapidement digestibles a permis de réduire considérablement l'occurrence des grignotages non alimentaires tout en améliorant la croissance des animaux (Veissier *et al.*, 1998). L'utilisation de plates-formes dans les parquets pour dindes permet à la fois aux animaux d'exprimer leur comportement mais également de limiter les blessures (Mirabito et Michel, 2003).

L'amélioration des conditions de vie des animaux passe nécessairement par une sensibilisation des producteurs. À l'heure actuelle, des notions de bien-être animal sont abordées dans diverses formations initiales ou continues. Notons que toute personne désirant s'installer en production animale doit disposer d'un minimum de formation en élevage. La révision de la directive européenne 91/630 prévoit également des cours de formation mettant notamment l'accent sur les aspects relatifs au bien-être des animaux (article 5). Des actions plus spécifiques de formation, d'information ou de sensibilisation des acteurs de l'élevage doivent également être soutenues afin que les résultats des recherches bénéficient aux animaux eux-mêmes, et en retour aux éleveurs qui rapportent généralement être peu satisfaits de leur travail lorsque les animaux sont en état apparent de mal-être (Porcher, 2001).

Par ailleurs, des outils visant à proposer une évaluation globale des fermes à partir d'un ensemble d'indicateurs sont à l'étude (Botreau *et al.*, 2007). Ils reposent souvent sur une appréciation de l'état général des animaux, de leur état sanitaire et de leur comportement (social, envers l'homme…). Des éléments de description de l'environnement (qualité de l'ambiance, du couchage, de l'alimentation…) peuvent compléter (ou remplacer) les critères d'appréciation de l'état animal.

À cet impératif de sensibilisation ou de formation, s'ajoutent des règles concernant directement les soins aux animaux. Il s'agit, d'une part, de l'arsenal réglementaire européen et, d'autre part, de règlements nationaux (chapitre 11). Néanmoins, ces règles représentent nécessairement un compromis entre les impératifs techniques et la pression sociétale.

▸▸ Conclusion

Nous avons tenté de brosser ici un aperçu de la problématique du bien-être animal et de la façon dont elle était traduite en objet de recherche. Il nous semble important de conclure en soulignant que le bien-être d'un individu dépend de la perception qu'il a du monde qui l'entoure. Or, on ne peut décider *a priori* de ce qui est perçu comme bon ou mauvais par un animal. Pour cela, nous disposons désormais d'un ensemble d'outils pour connaître la façon dont un animal perçoit son environnement. Des mesures de comportement, de physiologie du stress, de performances zootechniques et de l'état sanitaire nous permettent d'estimer le niveau de bien-être d'un animal et, de manière complémentaire, son niveau d'inconfort. Ces outils d'appréciation évaluent les conséquences du mal-être et non l'état de mal-être en tant que tel, c'est-à-dire l'état mental.

De nombreuses inconnues subsistent encore à l'heure actuelle quant à évaluer le monde subjectif de l'animal : quelles sont les émotions que peuvent ressentir les animaux ? Quelles en sont les conséquences à long terme (Boissy *et al.*, 2007a) ? Toutefois, à notre sens, ces incertitudes ne doivent pas constituer des prétextes pour ne pas prendre en compte le bien-être des animaux que ce soit en élevage ou lors d'expérimentations, avec les moyens dont nous disposons à l'heure actuelle, mais elles doivent plutôt être considérées comme le moteur de recherches futures dans ce domaine.

Éthologie humaine, une discipline en émergence

Chapitre 13

Aspects méthodologiques et relations avec d'autres approches du comportement

Claude BAUDOIN, David BENHAÏM, Claudine KOCH-SCHOTT et Sylvie ESQUIEU-PANIS

L'éthologie humaine appliquée consiste à utiliser les connaissances et les méthodes provenant de l'éthologie fondamentale pour étudier les comportements humains exprimés dans des situations diversifiées d'intérêt économique et social : interactions sociales, comportements en situation scolaire, de travail, mise au point et utilisation de produits (jouets, par exemple), distribution et comportements des consommateurs, utilisation et aménagement d'espaces, comportements dans les transports, relations homme-animal, bien-être et santé des enfants, des personnes âgées, handicapées, etc.

L'étude des comportements individuels et sociaux dans des situations concrètes variées peut rapprocher l'approche éthologique d'autres approches utilisées dans les sciences humaines et sociales (ergonomie, analyse sensorielle, études de marché, psychologie sociale et microsociologie, etc.). Elle produit des connaissances utiles et contribue à l'élaboration de biens valorisés par la société. L'objectif de cet article est de présenter les principales caractéristiques de l'approche éthologique appliquée aux comportements humains dans différentes situations concrètes et de préciser son origi-nalité par rapport à trois approches des sciences humaines et des sociétés (ergonomie, analyse sensorielle et études de marché). Quelques perspectives méthodologiques sont ensuite dégagées pour le développement de l'éthologie humaine appliquée.

▸▸ Démarche et méthodologie

La démarche en éthologie humaine appliquée repose d'abord sur l'élaboration d'un protocole d'étude adapté à des demandes ou questions émises par un commanditaire. Elle correspond aux étapes successives suivantes :

– analyse de la demande et définition du cahier des charges (*phase de négociation*). L'éthologue traduit la demande du commanditaire en approche scientifique, évalue les contraintes et la faisabilité de l'étude, élabore avec son interlocuteur des propositions à intégrer au cahier des charges. Il donne son accord pour réaliser l'étude ;
– mise au point d'un protocole d'étude (*phase de pré-observation et de mise au point du protocole*). Au cours de cette étape, l'observation des comportements s'effectue de façon à caractériser la situation (contexte) et les comportements à prendre en compte pour la suite de l'étude. Un système de notation est choisi. L'échantillon des sujets à observer est défini ainsi que le choix des méthodes d'analyse des données recueillies dans l'étape suivante ;
– acquisition des données comportementales (*phase d'observation*). L'observation directe ou indirecte (enregistrements) et l'utilisation du système de codage, défini dans l'étape précédente, permettent d'acquérir les données comportementales en prenant toute précaution méthodologique pour éviter des biais dans l'observation et le recueil des données ;
– analyse et interprétation des données (*phase d'analyse*). Les analyses qualitative et quantitative des données reposent sur différentes méthodes et outils statistiques, probabilistes ou mathématiques. Elles conduisent généralement à des résultats validés au plan statistique ;
– conclusions et propositions (*phase d'optimisation*). Les résultats sont discutés et interprétés dans le contexte des études déjà validées et de la demande du commanditaire.

Analyse de la demande

Dans chaque secteur économique et social où il intervient, l'éthologue est confronté à un univers particulier auquel il doit s'adapter. Que ce soit dans le secteur industriel ou dans celui de la distribution, par exemple, la demande du commanditaire est spécifique. Elle est en effet liée à un mode de travail et à une terminologie particulière. Le commanditaire de l'étude n'est généralement pas un scientifique ; sa demande nécessite de la part de l'éthologue une analyse attentive de la problématique technique et économique dans un premier temps, puis sa transcription en une problématique scientifique. L'éthologue cherche à clarifier les objectifs de l'étude tout en rencontrant les autres acteurs liés à son intervention. Il étudie à la fois les acquis internes (connaissance de la clientèle, des produits, des données techniques, de la politique d'innovation de l'entreprise, etc.) et les acquis externes (études bibliographiques, concurrence, etc.) dans le même secteur et dans des secteurs proches. Au cours de cette phase essentielle de communication, il veille à toujours rester en accord avec la demande initiale du commanditaire. Il doit s'assurer de la faisabilité de l'étude, c'est-à-dire qu'il sera bien en mesure de répondre à cette demande par une approche et des méthodes éthologiques dans une durée généralement limitée pour un coût précis. L'analyse de la demande peut conduire à accepter ou à refuser d'entreprendre l'étude. En cas de refus, il est important d'en exposer clairement les motifs. Ces explications peuvent parfois conduire à une nouvelle demande de l'entreprise. L'accord définitif se fait après élaboration d'un cahier des charges et son agrément par les partenaires. À l'issue de l'étude, l'éthologue doit effectuer la démarche inverse et formuler ses conclusions scientifiques dans le langage du commanditaire.

Observation

Quelle que soit la nature de l'étude à réaliser, l'organisation du protocole d'observation découle des choix de l'éthologue, établis en fonction des hypothèses élaborées dans la première étape. Pour définir, décrire et analyser les comportements, l'observateur peut choisir d'agir *in situ* soit directement soit par vidéo interposée. Par exemple, pour étudier des consommateurs face à un ensemble de produits à étudier, une situation de test la plus proche possible de la réalité peut être créée et, dans ce cas, les utilisateurs pourront être filmés. Bien que cela ne soit pas facile, le biais introduit par la présence des caméras doit être contrôlé. Dans d'autres contextes, la vidéo est utilisée dans un environnement habituel ; c'est le cas par exemple des sportifs de haut niveau lors de compétitions publiques (Jonsson *et al.*, 2003). Le biais introduit par plusieurs observateurs peut être contrôlé en calculant un indice d'accord entre observateurs (Feyereisen et De Lannoy, 1985 ; Lehner, 1996 ; Martin et Bateson, 1993).

Échantillonnage et collecte des données

Sélection des sujets observés

Les études réalisées en laboratoire ou dans un environnement reconstitué (environnement « test ») nécessitent le recrutement de sujets. Avant d'effectuer le test, chaque personne est accueillie et des informations complémentaires la concernant peuvent être relevées à ce moment là ou après l'observation (*via* un questionnaire). Sur le terrain, en situation non simulée, le problème du recrutement ne se pose pas mais les critères de choix des sujets observés doivent être explicités. Dans le cas de l'éthologie appliquée à la distribution, par exemple, l'accès direct à la surface de vente permet de bénéficier théoriquement d'un échantillon représentatif et illimité. L'échantillonnage est alors réalisé directement au niveau du rayon étudié et prend en compte à la fois des acheteurs et des non-acheteurs. Pour qu'une étude soit représentative et généralisable à l'ensemble d'une population, il peut être intéressant d'adapter les techniques utilisées dans les enquêtes par sondage en complément de l'approche éthologique (Benhaïm, 2003).

Méthodes d'échantillonnage et de recueil des données comportementales

Les méthodes d'échantillonnage utilisées sont pour la plupart celles de l'éthologie fondamentale (Altmann, 1974 ; Martin et Bateson, 1993 ; Lehner, 1996). En premier lieu, il faut distinguer les règles d'échantillonnage et les règles d'enregistrement des comportements. Les modalités d'échantillonnage sont choisies en fonction des questions du « qui ? » et du « quand ? » observer. Selon les objectifs recherchés, les observations sont réalisées sur un individu unique ou sur une dyade ou encore sur un groupe d'individus par échantillonnage « focal » ou « instantané » (Altmann, 1974). S'il s'agit d'observer des comportements rares mais importants pour l'étude sur l'ensemble d'un groupe d'individus ; la méthode qui consiste à enregistrer chaque occurrence de ces items est la plus appropriée. La méthode d'échantillonnage *ad libitum*, surtout utilisée lors des pré-observations, consiste à relever l'ensemble des comportements observés en essayant de collecter le maximum d'informations. À côté des règles d'échantillonnage, il faut également prendre en compte les règles d'enregistrement, répondant à la question du « comment observer ? ». Par exemple, la prise en compte de séquences implique l'enregistrement en continu des comportements. Cette méthode peut s'avérer lourde pour de longues durées d'observation. Les comportements peuvent de façon alternative être échantillonnés périodiquement avec une perte d'information plus ou moins importante en fonction des intervalles séparant deux sessions d'observation. Dans cette méthode, il faut définir à la fois la durée de chaque session d'observation et l'intervalle de temps séparant deux sessions.

Techniques de collecte des données comportementales

Les techniques de collecte des données varient selon l'environnement étudié. Les études réalisées en laboratoire, ou dans un environnement test reconstitué, sont généralement filmées. Sur le terrain, la vidéo est rarement utilisée pour étudier, par exemple, le comportement du consommateur sur une surface de vente ou celui du visiteur d'un musée ou d'une exposition. Il est en effet très délicat de filmer un sujet sur l'ensemble du parcours et sous tous les angles, certains comportements n'apparaissant pas distinctement et, en outre, l'utilisation d'un système vidéo est subordonnée à l'obtention d'une autorisation par les personnes filmées. Le plus souvent, sur le terrain, l'éthologue va récolter les données comportementales en direct et en temps réel, ce qui nécessite une grande discrétion de sa part. Il doit pouvoir observer le sujet sans être repéré pour ne pas changer l'expression des comportements de celui-ci. Il doit s'adapter à l'environnement étudié et trouver la meilleure stratégie pour observer. Souvent les outils de l'éthologue sur le terrain d'observation se limitent aux « papier/crayon » et chronomètre ou à de petits pianos éthologiques informatisés. Dans le premier cas, la construction préalable d'une grille d'observation adaptée facilite l'enregistrement manuel des données. En revanche, les systèmes électroniques portables présentent l'avantage d'une collecte aisée des données et de leur transfert vers un ordinateur sous un format permettant ultérieurement leur analyse statistique.

Comportements étudiés

Les items (unités de comportement) pris en compte doivent être clairement définis et mutuellement exclusifs pour être compris aisément et sans ambiguïté par d'autres observateurs. Le traitement approprié de la problématique d'un commanditaire implique la sélection d'items comportementaux appropriés. Il est souvent pratique de choisir des items dont la fonction est évidente tout en gardant à l'esprit qu'une même fonction peut être assurée par plusieurs items comportementaux distincts. En fait, tout dépend de l'échelle à laquelle l'éthologue se réfère. Le choix de l'échelle de description est fonction du thème de l'étude, de l'environnement étudié et des outils de collecte de l'information comportementale. Concrètement, l'observation directe ne permet pas de récolter des informations comportementales dont la durée est inférieure à la seconde. En revanche, la vidéo, par le biais de la décomposition des mouvements image par image, permet d'observer des microcomportements, des mimiques faciales par exemple, dont l'unité temporelle de mesure peut être de l'ordre du dixième de seconde (Montagner, 1993). En complément, l'éthologue peut prendre en compte des performances (temps de réaction, temps de réponse, échec/réussite) et des verbalisations. Ces dernières sont le plus souvent émises conjointement aux comportements non verbaux et elles peuvent être considérées comme des comportements indépendamment de leur contenu (fréquence des prises de parole, durée et distribution des verbalisations, répartition et durée des silences, etc.). Par ailleurs, l'analyse de leur contenu peut être un complément des données comportementales qui pourra être traité avec les spécialistes de ces approches et à l'aide d'outils informatiques spécifiques.

Analyse des données

Statistiques descriptives et statistiques inférentielles

En éthologie humaine appliquée, les paramètres mesurés sont généralement des durées ou des occurrences de comportements. Ces données sont analysées à l'aide de modèles et d'outils statistiques. On distingue les analyses exploratoires ou descriptives et les tests statistiques conventionnels ou inférentiels. Les premières visent à représenter les résultats sous une forme synthétique, généralement des graphiques illustrant les valeurs centrales des comportements (moyennes, modes ou médianes) et leurs paramètres de dispersion (écart-type, quartiles, etc.). Les seconds consistent à calculer la probabilité qu'un résultat observé soit compatible avec une hypothèse nulle telle que « il n'y a pas de différence entre les scores moyens de deux groupes ». Si la probabilité est inférieure à un seuil fixé (généralement 5 %), l'hypothèse nulle est rejetée.

Analyse de séquences comportementales

Une des particularités de l'éthologie est le recueil de données en vue d'analyses séquentielles. Il s'agit de l'enchaînement temporel des items comportementaux (Lehner, 1996). Une méthode appropriée fait intervenir les chaînes de Markov. Le point de départ d'une telle approche est la matrice des transitions qui fait apparaître dans chaque case le nombre de fois que l'item considéré en ligne précède l'item correspondant en colonne. Selon la prise en compte du comportement qui précède ou des deux ou *n* comportements qui précèdent, on parle de chaînes de Markov d'ordres 1, 2 ou *n*. Cette matrice peut-être représentée sous la forme d'un diagramme de flux qui traduit les pourcentages de transition entre les différents items. Il existe aussi maintenant des modèles et outils sophistiqués pour réaliser une étude des structures temporelles des comportements (Magnusson, 1996 et 2003).

Autres analyses

Une séquence comportementale contient une quantité importante d'informations, intégrant à la fois des paramètres temporels, tels que la durée et l'enchaînement des différentes unités comportementales, et parfois prenant en compte des caractéristiques environnementales choisies au préalable. À partir de telles séquences, il est possible d'extraire un grand nombre de tableaux de données et de matrices.

Ces données peuvent être des durées rangées dans des tables : items comportementaux et individus, items comportementaux et unités environnementales, unités environnementales et individus. Cette démarche replace les données comportementales dans un cadre d'analyse statistique. Parmi toutes les analyses statistiques habituelles, citons les analyses multivariées qui sont particulièrement adaptées aux problématiques éthologiques. Lors d'une étude éthologique, il n'est pas rare d'étudier un grand nombre d'items comportementaux. Si la comparaison item par item entre plusieurs groupes d'individus par des tests paramétriques ou non paramétriques révèle des résultats intéressants, elle peut néanmoins s'accompagner d'erreurs dues au grand nombre de comparaisons et alors, des corrections s'imposent. Il est par ailleurs souvent utile d'obtenir une vision globale de l'ensemble des comportements que des analyses multivariées peuvent apporter. Ce sont des méthodes exploratoires sans variable privilégiée. Ce type d'analyse fournit des arguments quant à une réduction possible du nombre de dimensions à considérer. Sans rentrer dans le détail des analyses multivariées (analyse en composantes principales, analyse des correspondances multiples, analyse factorielle multiple, etc.), précisons qu'elles permettent de déterminer des groupes d'individus associés par leurs comportements particuliers ou d'associer des comportements à des données plus subjectives (obtenues par questionnaire, par exemple) ou à des caractéristiques environnementales.

Enfin, la matrice individu/individu (ou matrice sociométrique) construite pour chaque item comportemental est fréquemment utilisée, par exemple pour étudier les interactions entre individus.

Interprétation des résultats et recommandations

La phase d'analyse des données permet de tester des hypothèses. Elle met, par exemple, en évidence des différences de comportements entre catégories comportementales d'individus ou des différences de comportement d'individus confrontés à divers environnements. L'analyse des séquences comportementales offre, notamment, la possibilité de comprendre le processus de décision d'achat en rayon, c'est-à-dire l'enchaînement probabiliste des items comportementaux conduisant à un acte d'achat. L'interprétation de séquences ou de comportements n'est pas toujours aisée. La difficulté d'interprétation est d'autant plus importante que les items sélectionnés sont des microcomportements, *a priori* dépourvus de sens en soi. Ces éléments prennent du sens grâce aux études de contextes (comportemental et environnemental). La phase d'interprétation nécessite aussi parfois de mobiliser toutes les informations disponibles sur la population étudiée. C'est à ce niveau qu'il peut s'avérer intéressant de faire appel à d'autres disciplines de sciences humaines (voir ci-après la partie sur les autres approches). Sur la base des différences de comportements constatées par exemple entre catégories d'individus, et sur la base d'études qualitatives, l'éthologue va être en mesure de préconiser, au commanditaire de l'étude, une série de recommandations. Dans le cas d'études en grande surface de distribution ou dans les musées ou expositions, l'éthologue peut proposer des modifications de l'environnement : organisation de l'espace, changement de disposition d'un objet (produit, œuvre d'art), ajout d'une signalétique, etc.

Aspects déontologiques et éthiques

L'étude du comportement humain nécessite le respect de règles déontologiques ; ces dernières sont énoncées par le Comité consultatif national d'éthique (CCNE) pour les sciences de la vie et de la santé. Ce comité a été créé par décret présidentiel du 23 février 1983 ; sa mission est de donner des avis sur les problèmes éthiques soulevés par les progrès de la connaissance dans les domaines de la biologie, de la médecine et de la santé et de publier des recommandations à ce sujet. Le rapport n° 38 du 14 octobre 1993 donne l'avis du CCNE sur l'éthique de la recherche dans les sciences du comportement humain et récapitule les principes éthiques qui doivent guider toute investigation sur des êtres humains. Ces principes sont la liberté des personnes (loi n° 88-1138 du 20.12.1988 – art. L. 209-9), la sécurité, le coût humain (l'article L. 209-1 est complété d'un bilan « risques/avantages »), la justice et la dignité humaine (retombées socioculturelles). L'étude du comportement humain passe aussi par le respect de la loi « Informatique et libertés » qui réglemente le traitement de l'information ; elle garantit notamment le respect de l'anonymat et le droit d'accès et de rectification des informations relevées sur les personnes. Ces règles de déontologie soulignent l'importance d'une attitude éthique générale de la part de l'éthologue confronté à d'autres humains dans son approche scientifique, certes distanciée mais respectueuse de l'autre.

▸▸ Éthologie et autres approches de sciences humaines

Éthologie et ergonomie

L'ergonomie peut être définie comme la mise en œuvre de connaissances scientifiques relatives à l'homme et nécessaires pour concevoir des outils, des machines et des dispositifs qui puissent être utilisés avec le maximum de confort, de sécurité et d'efficacité. L'ergonomie est au cœur des relations entre l'homme et la machine. En considérant l'homme et ses interactions avec les objets, qu'il s'agisse de produits ou d'outils de travail, l'ergonomie permet à l'entreprise d'offrir à son personnel une meilleure ambiance de travail et à ses clients de meilleures conditions d'utilisation de produits. Elle s'attache à étudier le comportement de l'homme dans son travail, c'est-à-dire à analyser sa tâche et son activité afin d'aménager les systèmes homme-machine et d'améliorer le travail humain (de Montmollin, 1986). Ainsi, l'ergonomie s'efforce-t-elle de comprendre et de modéliser l'interaction entre un sujet et un système ; le but est de spécifier les caractéristiques du système en adéquation avec les besoins morphologiques, physiologiques et cognitifs du sujet.

Pour l'ergonome, les comportements observés sont placés dans le cadre du but recherché par le sujet, c'est-à-dire en fonction du résultat du mouvement effectué ou du comportement manifesté. Par exemple, le mouvement de pression exercé sur le bouton « *power* » d'un téléviseur sera interprété comme la volonté de mettre en marche l'appareil et classé dans cette catégorie. L'ergonome complétera ces observations par d'autres approches, pouvant être plus intrusives pour le sujet. Ainsi, il fait souvent appel à la technique des entretiens post-expérimentation ou des verbalisations au cours de l'activité pour déterminer le ressenti du sujet et son vécu par rapport à la situation. La maîtrise de ces techniques lui permet de mettre en évidence les difficultés rencontrées par le sujet lors de l'activité (problèmes cognitif, relationnel, social, organisationnel…). Le traitement de ces données est ici d'ordre cognitif car elles permettent de comprendre et de décrire le processus d'action du sujet.

Le principal point commun entre ergonomie et éthologie est l'analyse des activités dans un cadre précis, à un moment donné. Une des principales différences est le niveau de traitement des informations lors de la prise en compte des comportements (en amont et en aval du traitement de l'information, respectivement pour l'ergonomie et l'éthologie). Par exemple, Delvolvé (1987) a étudié les activités collatérales, repères de l'instabilité de l'homme au travail. Dans son étude, les indices comportementaux permettent d'inférer les processus cognitifs utilisés lors de la réalisation d'une tâche. Pour l'éthologue, la variété des comportements exprimés constitue un sujet d'étude en soi. Le traitement des informations comportementales permet alors d'analyser objectivement les systèmes à tester dans une étape ultérieure. Ceci lui donne la possibilité d'intervenir avant les tests à visée cognitive et ce, afin d'assembler les éléments utiles lors de la production de l'interface pour le test final. Ce dernier point est d'autant plus important, compte tenu du coût de réalisation de certains prototypes.

La prise en compte des performances, mais aussi de l'organisation temporelle des activités (Delvolvé et Prêteur, 1986 ; Marquié *et al.*, 1986) et des aspects cognitifs, est admise dans ces deux approches. Elles apparaissent actuellement complémentaires pour donner à l'entreprise des diagnostics comportementaux plus performants et des réponses plus exhaustives (Asty *et al.*, 2003).

Éthologie et analyse sensorielle

Un des objectifs des industriels est de garantir la satisfaction de leurs clients afin de conserver leur fidélité. La qualité des produits est une des priorités dans ce contexte. L'étude des consommateurs permet non seulement de mesurer la qualité perçue, mais également de connaître leurs préférences afin de faire évoluer les produits en fonction de leurs attentes. L'information que nous recevons par l'intermédiaire de nos organes sensoriels constitue un premier contact avec la réalité. L'analyse sensorielle permet d'échantillonner et de regrouper les sensations de panels de consommateurs dans des conditions environnementales bien définies. Ces consommateurs sont classés en « naïfs », « qualifiés » ou « experts » selon leur entraînement à catégoriser verbalement leur ressenti (Majou, 1999).

Les études sensorielles s'intègrent aujourd'hui aux études qualitatives et quantitatives et font partie des baromètres « qualité » incontournables des produits d'une marque. Par exemple, la qualité organoleptique (goût, odeur, texture) est difficile à mesurer et à objectiver. L'analyse sensorielle tente de dépasser ces réelles difficultés. Son objectif est de mettre en évidence et de décrire les propriétés organoleptiques d'un produit par les organes des sens, liées à la fois au produit et à la perception que les sujets en ont. Elle décrit la perception de la présence ou de l'intensité d'une ou plusieurs propriétés perçues, ou bien celles d'une différence de perception.

Cette analyse est constituée de deux démarches réalisées en parallèle. Dans un premier temps, la démarche analytique recouvre des techniques qui permettent de mesurer spécifiquement les caractéristiques sensorielles d'un produit, en le suivant dans le temps, en les comparant ou en les contrôlant. Dans un deuxième temps, la démarche hédonique[1] étudie, auprès de groupes identifiés de consommateurs, l'acceptabilité ou la préférence d'un produit à travers le plaisir qu'engendre sa dégustation, sa consommation ou son utilisation. Ces analyses permettent d'étudier les réactions des consommateurs (acceptation ou rejet, préférence, intensité du plaisir).

Les méthodes mises en place lors des essais s'appuient principalement sur des questionnaires servant à recueillir les évaluations du groupe de sujets. Différentes échelles de réponses numérique (de 1 à 5 par exemple) ou sémantique (de « pas satisfait » à « très satisfait », par exemple) sont utilisables. Une échelle continue comporte un item à chaque borne. Une échelle discontinue comporte au minimum cinq échelons. La même échelle est généralement appliquée pour l'ensemble des questions.

Dans ce contexte, l'approche éthologique peut avoir plusieurs apports :
− orienter les questions en fonction des observations afin de focaliser l'évaluation sur un centre d'intérêt du client ou, au contraire, sur des points non explorés ;
− calibrer les caractères sensoriels choisis selon les comportements spontanément exprimés par les clients afin de faire évaluer les produits *via* une séquence comportementale la plus naturelle et habituelle ;
− croiser un descripteur hédonique (note sur une échelle) et un séquençage comportemental afin d'évaluer, par exemple, si le descripteur « très doux » correspond à une séquence de comportement particulière et semblable pour l'ensemble des sujets.

Éthologie et études de marché

Les études de marché

L'éthologie humaine appliquée offre des prestations sans équivalence pour les études de marché. Les cabinets d'éthologues partagent cependant un certain nombre de caractéristiques avec les sociétés spécialisées de ce secteur. Deux types d'études complémentaires constituent l'essentiel des outils de ces sociétés : les études qualitatives et les études quantitatives. Directement inspirées de la psychologie, les études qualitatives visent à dévoiler la signification des comportements d'achat ou de consommation. Réalisées auprès d'échantillons de taille limitée, à partir d'entretiens libres ou de questions ouvertes, ces études cherchent à faire décrire aux personnes interrogées, d'une façon détaillée non standardisée, les phénomènes étudiés. En parallèle, les études quantitatives utilisent des échantillons importants et des questionnaires structurés pour décrire de façon standardisée un phénomène et donner lieu à une approche chiffrée. Les quatre grands thèmes d'une enquête par questionnaire sont l'identité, le comportement, les motifs, les opinions/valeurs

---

1. Hédonique : qualifie une appréciation affective que porte un individu (consommateur, client, utilisateur, etc.) sur un produit, en se rapportant à son caractère plaisant ou déplaisant, par leurs organes des sens, dans un contexte déterminé et à un moment donné.

(Moscarola, 1990). L'enquête par questionnaire permet d'accéder à certains aspects difficilement identifiables par l'observation : motifs (besoins et attentes, motivations/freins, attitudes), opinions/valeurs (satisfaction et image du produit). En revanche, plusieurs limites sont à souligner :

– le consommateur n'achète pas toujours ce qu'il déclare acheter. D'après une étude de comportements portant sur six produits de base, plus de la moitié des consommateurs interrogés déclarent acheter des produits différents de ceux qu'ils ont réellement acquis. Certains sont de bonne foi, ils se trompent tout simplement. D'autres, bien au contraire, veulent se valoriser et préfèrent citer des marques connues. Pour les auteurs de cette étude, ces résultats jettent un doute rétrospectif sur toute analyse *marketing* effectuée à partir des seuls comportements déclarés (Deloye, 1997) ;

– d'une manière plus générale, cette contradiction soulève des doutes à propos des résultats des analyses *marketing* réalisées à partir de questionnaires (Benhaïm *et al.*, 1998). L'enquêteur influence la réponse, le répondant ment ou ne veut pas répondre (questions délicates : salaire, âge, profession, etc.). Il existe une grande variabilité dans le rapport enquêteur/interviewé (Moscarola, 1990) ;

– au niveau de la fiabilité des résultats obtenus, il faut souligner enfin les risques de biais d'échantillonnage : non-réponse, erreur aléatoire (c'est-à-dire lorsque l'estimation obtenue à partir de l'échantillon est éloignée de la grandeur à estimer : Clairin et Brion, 1997).

Intégration de l'approche éthologique aux études de marché

Comment classer l'éthologie dans le vaste catalogue des études de marché ? Les outils éthologiques sont-ils utilisables pour les études qualitatives ou quantitatives ? Il s'agit de questions importantes dans la mesure où les sociétés spécialisées dans les études de marché bénéficient du soutien d'une association internationale (Esomar[2]). Cette association a en effet une mission de promotion par la création de codes déontologiques internationaux, comme le code ICC/Esomar des pratiques loyales en matière d'études de marché et d'opinion. L'éthologie n'est pas seulement un outil mais une démarche scientifique qui peut apporter des réponses et constituer un moyen de contrôle efficace des résultats obtenus par l'intermédiaire du questionnaire ou de l'entretien. Cette discipline peut être pratiquée en parallèle, aussi bien des approches qualitatives que quantitatives.

Nous présentons ici quelques exemples de liens possibles avec les méthodes classiques. L'objectif est d'obtenir une méthode cohérente, efficace et compétitive permettant de répondre au mieux aux attentes du marché.

À la question « qui ? », l'observation fournit des informations concernant l'âge approximatif et le sexe du consommateur. Ces données contribuent à l'ajustement des quotas couramment utilisés lors des enquêtes par questionnaire. La méthode des quotas impose, en effet, à l'échantillon de respecter certains pourcentages afin de représenter au mieux la population étudiée (tranches d'âge, sexe et catégorie socio-professionnelle). Il s'agit d'une méthode non aléatoire car la probabilité qu'a chaque

---

2. Esomar est une association professionnelle internationale qui rassemble plus de 5 000 membres répartis dans 100 pays et concernés par les sciences du *marketing*, des études de marché et d'opinion (http://www.esomar.org/, consulté le 02/06/2009).

unité statistique d'être enquêtée n'est pas connue *a priori* (Clairin et Brion, 1997). En revanche, le sondage aléatoire ou probabiliste donne à toute unité statistique une probabilité non nulle et connue d'être sélectionnée dans l'échantillon. Il s'agit de la meilleure méthode sur le plan statistique mais elle est rarement utilisée en pratique. Cette méthode nécessite en effet de disposer d'importantes bases de sondage. Seuls les grands instituts de sondage disposent de telles bases de données. D'autres informations spécifiques obtenues par l'observation viennent compléter les résultats du questionnaire (étude d'affluence, le consommateur est-il seul ou en groupe ?, etc.).

Éthologie et méthodes classiques dans ce domaine peuvent se combiner de différentes manières. L'observation peut fournir des hypothèses de travail qui vont permettre d'élaborer un questionnaire ou un guide d'entretien plus ciblé et plus précis. Ce questionnaire (ou ce guide d'entretien), bâti pour répondre à la question du « pourquoi ? », permet alors de valider les hypothèses de départ. À l'inverse, on peut partir du questionnaire (ou du guide d'entretien) pour bâtir une étude éthologique. Une typologie des comportements par rapport à une surface de vente peut être élaborée par observation. En outre, l'observation procure un moyen de vérification des résultats obtenus par questionnaire (ou par guide d'entretien) et peut faire apparaître des contradictions entre « dire » et « faire ».

▶▶ Conclusion

L'existence de l'éthologie appliquée est encore mal connue du grand public et les exemples le plus souvent cités sont liés à l'étude du comportement animal (Baudoin, 2003a et 2003b ; se rapporter également aux chapitres précédents de cet ouvrage). L'application des méthodes éthologiques à une meilleure connaissance de l'homme en situation de test, de jeu, d'achat est encore peu développée en France (Baudoin, 2003c). Cependant, l'expérience montre que cette science peut intervenir dans de nombreuses situations : individus et environnements peuvent être déclinés sous différents termes qui sont autant de secteurs cibles pour le développement de l'éthologie humaine appliquée.

L'objectivité fournie par cette discipline se traduit en terme de valeur ajoutée : l'étude fine et rigoureuse du comportement permet de décrire et d'analyser précisément d'une part la gestuelle, les mimiques, les actes et d'autre part les stratégies d'action (Magnusson, 2003 ; Jonsson *et al.*, 2003). L'éthologie permet une connaissance objective des comportements et constitue une approche originale mais elle peut parfois apparaître difficile à mettre en place comparativement à d'autres approches plus traditionnelles. Malgré le développement de l'approche pragmatique du langage (Cosnier, 1977, 1978 et 1986), l'éthologie humaine appliquée ne prend pas encore assez souvent en compte les verbalisations et d'autres approches peuvent alors lui être utilement associées. Par ailleurs, les nouveaux outils développés au cours des dernières années par les spécialistes de linguistique informatique devraient favoriser une meilleure prise en compte des faits de langage dans les études comportementales.

L'attitude naturaliste de l'éthologue constitue une attitude partagée, au moins en partie, par des ergonomes, des psychologues, des psychiatres, des anthropologues, des linguistes dès lors que ces disciplines abordent des problèmes de performance, c'est-à-dire ceux des hommes concrets aux prises avec un milieu écologiquement et historiquement défini. Le discours et les actes produits par un ou plusieurs individus se révèlent parfois contradictoires. L'analyse de cette différence est importante car elle permet une caractérisation des personnes alliant ressenti et comportement.

En vue d'améliorer les études comportementales dans un contexte économique d'innovation, il nous paraît important de favoriser le développement d'approches « croisées » plutôt que de proposer des méthodes « fusionnées ». Chaque discipline se caractérise par un objet d'étude, des concepts, des méthodes et il n'est sans doute pas souhaitable d'abandonner ces points de vue différenciés. En revanche, une approche pluridisciplinaire « croisée » peut, par exemple, allier éthologie et intelligence artificielle (voir Guérif *et al.*, 2006 pour une étude des mimiques dans une situation de tâche cognitive). L'idéal est de pouvoir mener des collaborations entre spécialistes avec un partage partiel des cultures scientifiques. Pour atteindre cet objectif, la formation de spécialistes dans ce domaine doit à l'évidence être multidisciplinaire, alliant par exemple sciences de la vie et sciences de l'homme et des sociétés, mais aussi éthologie et informatique, ou encore éthologie, sciences cognitives et réalité virtuelle.

Chapitre 14

Effets des odeurs sur les comportements ou l'homme mené par le bout du nez

Jean-Louis MILLOT

De tout temps, il a paru évident que les odeurs pouvaient jouer un rôle important pour de nombreuses espèces animales. Toutefois, les études à ce sujet sont plus tardives que celles qui concernent d'autres modalités sensorielles, notamment du fait de la difficulté à expérimenter sur des stimulations de nature chimique qui sont, de plus, souvent en dehors du champ de perception de l'expérimentateur. C'est un des mérites de l'éthologie d'avoir montré la diversité des espèces, des situations, des comportements concernés par l'olfaction. Par ailleurs, les études sur l'animal ont permis de formuler des interrogations nouvelles à propos de l'espèce humaine. Chez l'homme, cette modalité sensorielle a souvent été considérée *a priori* comme mineure et donc indigne d'intérêt par la majorité des auteurs, quelle que soit d'ailleurs leur approche disciplinaire (biologiste ou psychologue). En fait, bien que la sensibilité olfactive chez l'homme soit inférieure (en terme de seuils ou de nombre d'odeurs discriminées) à celle de nombreux autres mammifères, les caractéristiques neurophysiologiques fondamentales du sens de l'odorat demeurent identiques et contribuent à lui donner une forte originalité par rapport aux autres sens. Les projections vers le système limbique sont relativement abondantes par rapport aux projections vers le néocortex et, en conséquence, les odeurs ont un fort pouvoir émotionnel, tout en restant pauvrement accessibles à de nombreux processus cognitifs, pourtant élémentaires en ce qui concerne les autres sens chez l'homme comme, par exemple, les processus langagiers ou la mémoire sémantique.

À la suite des recherches relevant de l'éthologie animale, différentes études ont été consacrées aux rôles possibles des odeurs d'origine corporelle dans les systèmes d'interaction chez l'homme. Ainsi, on a pu montrer l'existence d'une communication olfactive, notamment dans les relations entre la mère et le nouveau-né (Marlier *et al.*, 1998 ; Schaal, 1996 ; Schaal *et al.*, 1995 ; Varendi *et al.*, 1996), et également dans les processus d'interattraction entre adultes de sexe opposé, même si les résultats obtenus sont moins évidents dans ce dernier domaine (Cowley et Brooksbank, 1991 ; Cutler *et al.*, 1998 ; Kirk-Smith et Booth, 1980 ; McCoy et Pitino, 2002).

D'autres recherches se sont intéressées à d'autres types d'odeurs qui, bien qu'étrangères au répertoire biologique de l'espèce humaine, sont toutefois susceptibles de produire différents effets sur l'organisme. Ces odeurs ont des origines et caractéristiques multiples : agréables ou désagréables, de connotations florales, animales, alimentaires ou non, et leurs effets ont essentiellement été étudiés en ce qui concerne d'éventuelles modifications des émotions ou du niveau de vigilance.

La plupart des recherches réalisées sur ce sujet se fondent sur des méthodes de type psychophysique (évaluation subjective) ou encore par l'exploration directe du système nerveux central (électroencéphalographie, imagerie cérébrale). Toutefois ces méthodes présentent certaines limites et ont été critiquées à divers titres, soit comme trop imprécises ou faussées par d'éventuelles suppositions du sujet quant au but de l'étude, soit comme trop descriptive et ne rendant pas compte du résultat global des processus cérébraux (Knasko *et al.*, 1990 ; Lawless, 1991 ; Lorig, 2000 ; Manley, 1993 ; Wise *et al.*, 2000). Il est donc pertinent et utile, dans l'état actuel des connaissances, de prendre en considération, au moins de manière complémentaire, l'étude du comportement. En effet, si les odeurs ont un impact sur les émotions ou les niveaux de vigilance, on peut naturellement s'attendre à ce que des aspects comportementaux s'en trouvent modifiés. Cette étude du comportement peut se rapprocher de l'attitude naturaliste propre à l'éthologie ou être de nature plus expérimentale. Ce qui paraît ici fondamental, c'est la modification objective d'aspects moteurs, quel que soit le niveau d'analyse, structurel ou fonctionnel, mise en évidence par un observateur neutre. Il s'agit en effet de la meilleure preuve possible de conséquences de l'inhalation d'odeurs sur l'état de l'organisme au terme des processus d'intégration au niveau du système nerveux central. Quelques recherches se sont consacrées à cette problématique au cours des dernières années. Les réactions comportementales prises en compte peuvent être simples comme la répulsion ou l'attraction. Elles peuvent être également plus complexes, affectant différentes coordinations sensori-motrices ou révélant des implications de nature cognitive ou sociale.

Les effets des odeurs sont mis en évidence dès la naissance. Ainsi des prématurés ont une activité motrice augmentée en réponse à des odeurs d'acide nonanoïque et d'eucalyptol. Cette augmentation est plus tardive pour l'acide nonanoïque que pour l'eucalyptol (Pihet *et al.*, 1997). L'ammoniaque, quant à elle, déclenche des comportements de répulsion (Rieser *et al.*, 1976). En fait, il est probable que ces réactions ne sont pas dues à des appréciations hédoniques d'odeurs au sens propre du terme mais à des effets dépendants de l'intensité de la composante trigéminale propre à chacune de ces stimulations chimiques. En effet, de nombreuses molécules qui parviennent dans la cavité nasale sont perçues simultanément par les récepteurs de l'épithélium olfactif, et donc par l'odorat en tant que tel, mais aussi par les terminaisons nerveuses libres du nerf trijumeau responsables d'une sensation de « picotement » ou d'irritation. D'autres études se sont intéressées aux mimiques faciales en tant que manifestations de réactions émotionnelles : des odeurs d'œufs pourris déclenchent, par exemple, des expressions faciales d'aversion, ce qui n'est pas le cas pour d'autres odeurs comme la vanille (Steiner, 1977 et 1979). Des modifications du comportement de succion ont également été observées en réponse à la présentation d'autres odeurs considérées comme plaisantes (lavande, anis) (Russel, 1976 ; Self *et al.*, 1972). Enfin, des odeurs particulières peuvent être rendues attractives par un conditionnement à renforcement positif dès l'âge de deux jours (Sullivan *et al.*, 1991). Des processus d'apprentissage similaires ont également été mis en évidence au cours de la période fœtale : les nouveau-nés manifestent des comportements d'attraction à l'égard d'une odeur d'anis seulement si leur mère a consommé un produit de même arôme durant la grossesse (Schaal *et al.*, 2000).

Chez l'adulte, des réactions comportementales ont été étudiées à différents niveaux de complexité. Un des plus élémentaires concerne le réflexe palpébral, c'est-à-dire le clignement de paupières qui est une réaction automatique consécutive par exemple à l'audition d'un bruit intense et soudain. Cette réaction réflexe a été utilisée car on sait que son amplitude peut être modulée en fonction du contexte émotionnel (Bradley *et al.*, 1990). De fait, l'amplitude du réflexe palpébral est augmentée lorsque le sujet sent une odeur désagréable (H2S, *limburger cheese*) alors qu'elle est diminuée si l'odeur est agréable (noix de coco) (Ehrlichman *et al.*, 1997 ; Miltner *et al.*, 1994).

L'effet d'odeurs ambiantes avec des caractéristiques hédoniques opposées a été étudié sur d'autres types de coordinations sensori-motrices (Millot *et al.*, 2002). Il s'agit de celles mises en œuvre dans une épreuve classique de temps de réaction, faisant appel à différents niveaux de traitement cognitif selon la nature de la tâche demandée. Dans cette étude, les sujets sont accueillis individuellement dans une pièce expérimentale, au laboratoire, et s'installent devant un ordinateur. Le logiciel permet de délivrer successivement trois séries de stimulation. Dans la première série, le sujet a pour consigne d'appuyer sur la barre d'espacement du clavier dès qu'une croix apparaît au centre de l'écran. Dans la deuxième série, le sujet suit la même consigne dès qu'il entend un son délivré par les haut-parleurs de l'ordinateur. Dans la dernière série, le logiciel délivre de manière aléatoire une stimulation soit auditive soit visuelle, le sujet ayant pour consigne de réagir aux seules stimulations auditives et non visuelles. Les sujets constituaient un groupe homogène d'étudiantes de même âge et même cursus. L'étude n'a pas inclus d'étudiants dans la mesure où différentes recherches ont montré que les femmes ont des compétences supérieures aux hommes dans le domaine de la perception olfactive et que leur comportement est davantage modifié par des odeurs ambiantes (Brand et Millot, 2001 ; Gilbert *et al.*, 1997). Les sujets ont été répartis dans trois groupes expérimentaux correspondant à trois ambiances olfactives différentes : neutre, agréable, désagréable. Dans le premier cas, aucune odeur particulière n'était utilisée ; dans les deuxième et troisième cas, de la lavande ou de la pyridine (odeur de lait caillé) étaient vaporisées avant les tests à une concentration telle que l'odeur était immédiatement perceptible dès l'entrée dans la pièce. Pour les trois groupes, on mentionnait aux sujets que s'ils sentaient une odeur, c'était parce que la pièce expérimentale servait également à des recherches sur l'olfaction. Cette procédure est utilisée pour éviter la compréhension par les sujets du but réel de l'étude qui ne leur est expliqué qu'*a posteriori* (Baron et Bronfen, 1994). L'analyse des résultats montre des différences significatives du temps de réaction selon l'ambiance olfactive pour les deux premières séries de tests (figure 14.1). Ainsi, le temps de réaction à une simple stimulation, de nature visuelle ou acoustique, est plus rapide lorsque l'odeur ambiante est agréable (lavande) ou

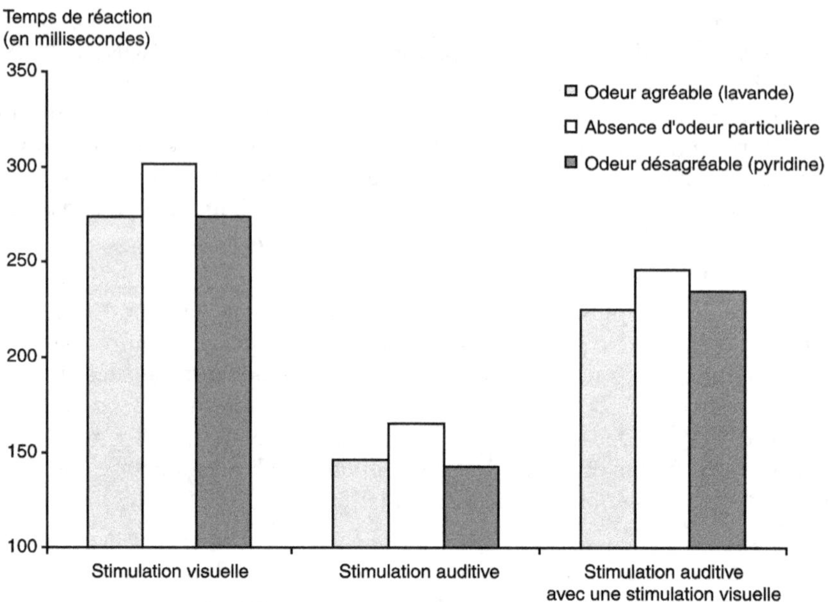

Figure 14.1. Moyennes du temps de réaction (en millisecondes) à des stimulations visuelles, auditives et auditives avec distraction visuelle, en fonction de l'odeur ambiante.

désagréable (pyridine) que lorsqu'elle est neutre. L'absence de différences significatives pour la dernière série de tests pourrait indiquer que l'effet des odeurs ambiantes est moins évident lorsque la tâche exécutée requiert des processus cognitifs plus complexes. Il peut être surprenant d'obtenir des modifications identiques alors que les valences hédoniques sont diamétralement opposées — toutefois ces résultats sont en accord avec ceux de Warm *et al.* (1991) qui montrent une amélioration des performances dans une épreuve de nature similaire —, et que des odeurs de menthe ou de muguet sont diffusées alors qu'elles sont traditionnellement supposées avoir des effets opposés, respectivement stimulants et relaxants. Quelques études se sont intéressées à des performances mettant en œuvre d'autres processus cognitifs ; les résultats sont quelquefois contradictoires et sont souvent de portée limitée du fait des méthodologies utilisées. Ludvingson et Rottman (1989) concluent à un effet partiellement relaxant de l'odeur de lavande (et non de clous de girofle) pour des tâches de nature cognitive différente avec toutefois des résultats opposés en ce qui concerne des aptitudes à des raisonnements mathématiques. Roberts et Williams (1992) constatent que des sujets regardent plus longtemps des phrases qui leur sont proposées si une odeur de camomille est présente, par comparaison à une situation témoin. Bien que les auteurs interprètent ces résultats en terme d'effets sédatifs de la camomille, on peut se demander s'il ne s'agit pas d'une implication plus importante des sujets dans la tâche qui leur est demandée lorsqu'une odeur est diffusée. Enfin, il est possible que l'odeur effective ait en fait une influence moindre que la seule suggestion de la présence d'une odeur, au moins pour des sujets féminins, selon une étude de Gilbert *et al.* (1997) qui montre dans ce cas une amélioration significative des performances à une tâche de barrage de chiffres nécessitant exactitude et rapidité. Une étude récente réalisée sur des enfants âgés de 5 ans montre un autre effet possible des odeurs sur les processus cognitifs par l'intermédiaire d'un conditionnement (Epple et Herz, 1999). La situation mise en œuvre est celle d'un échec (il s'agit d'un problème insoluble de labyrinthe) vécu par les enfants dans une salle expérimentale où l'on avait diffusé une odeur d'ambiance particulière (soit « Northern Rainforest », soit « Key West »). Au terme de 20 minutes de repos, une autre tâche est demandée aux enfants qui consiste à entourer d'un trait des dessins d'animaux qui présentent certaines caractéristiques parmi d'autres proposés et ce, dans un temps limité. Dans cette 2e situation, réalisée dans une salle expérimentale différente, les performances des enfants sont moins bonnes si l'odeur diffusée dans cette nouvelle salle est identique à celle diffusée lors de la situation initiale d'échec que s'il s'agit d'une odeur différente. Bien que cette étude ait été critiquée sur le plan méthodologique (Black, 2001), il semble donc bien que les odeurs ambiantes puissent significativement modifier les performances cognitives en fonction des circonstances préalables auxquelles elles ont pu être associées.

D'autres études se sont intéressées à des comportements révélateurs de modifications émotionnelles qui sont susceptibles d'avoir des implications sociales. Des odeurs plaisantes ou déplaisantes sont notamment associées dans une situation expérimentale à différents types de mimiques faciales chez des enfants âgés de 2 à 15 ans. Si des sourires sont essentiellement exprimés pour des odeurs plaisantes, les odeurs déplaisantes peuvent induire des mimiques plus ambiguës, voire des expressions de dégoût, qui semblent contrôlées en fonction de la situation sociale immédiate, telle que la présence de l'expérimentateur (Soussignan et Schaal, 1996a et 1996b). Il s'avère également que des enfants qui présentent des troubles du développement social manifestent davantage des mimiques faciales d'aversion et moins de sourires que des enfants témoins (Soussignan *et al.*, 1995). Enfin, une dernière question est de savoir si les odeurs ambiantes peuvent effectivement modifier les comportements dans des réelles situations d'interaction sociale. Une des premières approches dans ce domaine est sans doute celle de Baron (1980). Des sujets avaient l'opportunité d'agresser quelqu'un qui les avait au préalable indisposé en faisant d'eux une description très peu flatteuse. L'agression possible était l'envoi de chocs électriques de durée et intensité variables, sous prétexte d'étudier les réactions physiologiques à des stimulations déplaisantes. Ces chocs électriques étaient bien sûr fictifs, mais la mise en scène était suffisamment convaincante pour que le sujet croie en leur réalité. Les résultats ont montré qu'en présence d'un parfum (« Jungle Gardenia »), l'agression, objectivée par les mesures d'intensité et de durée des chocs électriques, est plus importante que lorsqu'une odeur neutre est diffusée. Si on considère que des odeurs agréables sont habituellement supposées favoriser l'attraction sociale, ces résultats sont plutôt surprenants et inattendus. En fait, l'explication d'un tel effet est sans doute à rechercher dans une augmentation de la vigilance ou de l'attention causée par l'odeur qui amplifierait l'intensité de l'acte d'agression. Des effets socio-positifs dans le cas d'odeurs ambiantes agréables ont effectivement été démontrés dans des études ultérieures, par exemple, sur la propension à apporter une aide à quelqu'un dans une situation expérimentale en laboratoire (Baron et Bronfen, 1994 ; Baron et Thomley, 1994). Cet effet social positif a également été montré dans des situations plus réalistes avec une approche naturaliste par de trop rares études. Ainsi, Baron (1997) a pris en compte la réaction de passants dans une grande surface commerciale lorsqu'un complice de l'expérimentateur leur demande de la monnaie en échange d'un billet d'un dollar. La propension des passants à s'arrêter et à répondre à la demande est plus importante dans les zones commerciales caractérisées par des odeurs agréables (boulangerie, par exemple) que dans les zones sans odeurs notables (rayons d'articles vestimentaires, par exemple). Une autre situation étudiée est celle où une jeune femme, très parfumée ou pas du tout, feint de perdre ses gants en les laissant tomber : on note alors la réaction des passants dans les 10 secondes qui suivent (Guéguen, 2001). Les résultats montrent qu'ils signalent plus souvent à la jeune femme la perte de ses gants si elle porte un parfum, discernable dans un rayon de 3 mètres, selon les précisions de l'auteur. Toutefois, dans cette étude, il est difficile de faire la part entre une modification directe des interactions sociales avec un effet socio-positif de l'odeur et une simple modification de l'attention portée au sujet et à ses actes, cause indirecte d'une attitude sociale différente. Nos propres travaux ont par ailleurs montré une autre modification comportementale en fonction de la valence hédonique de l'odeur ambiante (Millot et Brand, 2001). Il s'agit de la prosodie et plus particulièrement des variations graves ou aigues de la fréquence fondamentale de la voix. On a demandé à des sujets de lire un court texte, de connotation émotionnelle la plus neutre possible (il s'agissait du mode d'emploi d'un magnétoscope), alors qu'on avait diffusé dans la pièce soit une odeur agréable (lavande), soit une odeur désagréable (pyridine). Les résultats montrent qu'il existe une différence significative entre les deux situations, le timbre de voix étant plus aigu lorsque l'odeur est agréable que lorsqu'elle est désagréable (figure 14.2). Une telle réaction peut avoir son importance dans le cadre d'interactions sociales quotidiennes. En effet, on sait qu'une émotion comme la joie est associée à une augmentation de la fréquence de la voix. En revanche, le dégoût est associé à une diminution de la fréquence. Ainsi, les modulations du timbre de voix peuvent être associées à des interactions sociales plus ou moins négatives ou positives, ces modulations de la voix du locuteur étant perceptibles et identifiables par l'auditeur (Murray et Arnott, 1993 ; Ohala, 1983 ; Pittam et Scherer, 1993).

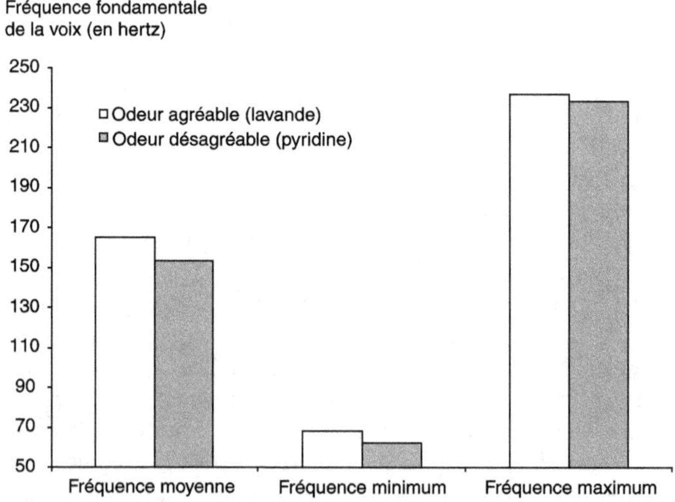

Figure 14.2. Moyenne, minimum et maximum (en hertz) de la fréquence fondamentale de la voix lors de la lecture d'un texte en fonction de l'odeur ambiante.

Les effets d'odeurs ambiantes ont aussi été recherchés dans des situations plus réalistes d'un point de vue quotidien ou professionnel. Rovesti et Colombo (1973) concluent à une augmentation de la productivité dans une usine lorsqu'on diffuse une odeur de lavande, malheureusement aucune précision n'est donnée quant à la méthodologie utilisée dans leur étude. Plus récemment, Wargocki *et al.* (1999) ont évalué les performances de sujets dans des tests classiques de psychologie ainsi que dans des tâches habituelles de bureau en présence et en absence d'une pollution de l'air ambiant. La source de pollution était un morceau de vieux tapis usagé d'une vingtaine d'années. Les résultats ont montré notamment une diminution d'efficacité pour taper un texte proposé quand la source de pollution était présente. Dans cette étude, la modification de l'air ambiant n'était pas seulement de nature odorante, toutefois elle était à l'origine d'une modification significative de l'intensité de l'odeur perçue par les sujets. De nombreux composés chimiques, connus pour leur odeur nauséabonde ou désagréable (acétone, acide acétique, acides organiques divers), étaient présents dans l'air pollué. La présence d'odeurs putrides semblent de manière générale affecter les performances à des tâches usuelles de bureau au moins si elles demandent un certain investissement cognitif. Par exemple, Rotton (1983) trouve des différences lorsqu'il s'agit de lire et corriger un texte (correction d'épreuves) mais pas quand il s'agit de faire des additions ou de comparer des nombres. Les mauvaises odeurs ont également des conséquences plus immédiates et qui peuvent être rencontrées de manière plus commune et fréquente. Dans une étude sur l'effet de la pollution sur l'inter-attraction sociale, on a constaté que les sujets passent moins de temps dans une pièce expérimentale odorisée à l'acide butyrique (Rotton *et al.*, 1978). On sait, par ailleurs, que des clients peuvent passer plus ou moins de temps dans des locaux commerciaux selon l'odeur présente. C'est ce qui résulte de l'étude de Knasko (1989) qui comparait le temps de présence de clients en fonction de deux odeurs (fruitée-florale, d'une part, et épicée, d'autre part) dans un grand magasin de joaillerie, avec toutefois des différences selon le genre (homme ou femme) des individus. L'étude de Spangenberg *et al.* (1999) met en évidence une autre conséquence intéressante des odeurs ambiantes sur ces aspects temporels : il s'agit du temps écoulé estimé de manière subjective par un client dans un magasin. Il s'avère que le temps passé dans le lieu de vente paraît plus court s'il y a une odeur ambiante que s'il n'y en a pas. Enfin, le caractère plaisant-déplaisant de l'odeur peut également modifier l'utilisation faite d'un produit de consommation quelconque (Kovacs *et al.*, 1997). Ainsi, des produits ménagers d'odeur plaisante sont préférés à des produits d'odeur désagréable ou sans odeur. Toutefois, dans une tâche effective de nettoyage, les sujets utilisent moins de produits lorsqu'il est odorisé, que l'odeur soit agréable ou désagréable, que lorsqu'il n'a pas d'odeur.

Au terme de ces différentes études, il paraît pour le moins évident que des odeurs perçues ont des effets et des conséquences significatives sur les comportements à la suite de processus d'intégration par le système nerveux central. Les comportements concernés, qu'il s'agisse d'un temps de réaction à une stimulation, d'une attitude sociale ou encore de performances à des tâches complexes, sont tous susceptibles de participer à des modifications plus ou moins importantes des interactions entre l'individu et son environnement immédiat, social, professionnel, quotidien, etc. La prise en compte de ces modifications comportementales et une meilleure connaissance des mécanismes impliqués peuvent être utiles dans diverses circonstances.

On peut évoquer à cet égard le développement actuel du « *marketing* olfactif », qui associe des odeurs à des marques par des logos olfactifs, ou encore tente de créer des ambiances dans des surfaces de vente par la diffusion d'odeurs (Barbet *et al.*, 1999). Dans ce domaine, une approche éthologique serait particulièrement valide pour dépasser une seule démarche empirique et préciser de manière rigoureuse les relations entre les types d'odeurs, leur concentration et les modifications comportementales induites en fonction du contexte global. Dans une toute autre perspective, il serait également utile d'évaluer toutes les conséquences sur les individus de nuisances olfactives qui peuvent être vécues quotidiennement du fait de pratiques professionnelles ou de situations de voisinage. Des mauvaises odeurs, présentes dans des atmosphères confinées, pourraient être à l'origine de certains symptômes du *Sick Building Syndrome* (défini par la World Health Organization, 1982) (Wargocki *et al.*, 1999 et 2000). Les conséquences de certaines pratiques agricoles ou industrielles mériteraient également de retenir l'attention. Ainsi, Schiffman *et al.* (1995) ont constaté que les personnes habitant au voisinage d'une porcherie souffraient davantage de perturbations de l'humeur et manifestaient davantage d'émotions de type négatif que des personnes d'une population rurale témoin. Au total, dans ces différentes situations, ainsi que dans d'autres, on peut penser que le rôle des odeurs a pu être sous-estimé du fait notamment de la pauvreté de l'analyse cognitive des stimulations olfactives qui résulte des caractéristiques neuroanatomiques évoquées en introduction.

Chapitre 15

Approche éthologique
des pratiques de consommation

David BENHAÏM et Claudine KOCH-SCHOTT

En amont de la consommation, la transformation des matières premières en produits fabriqués nécessite non seulement un contrôle du coût efficace, mais demande à aboutir à des réalisations innovantes procurant un maximum de satisfaction au client. La conception d'un produit innovant nécessite les apports conjoints de nombreuses disciplines, certaines en relation avec le produit et d'autres spécialisées dans l'analyse du facteur humain (psychologie, ergonomie, analyse sensorielle… et, plus récemment, éthologie humaine appliquée). D'amont en aval de la consommation, on passe d'une situation de test de prototypes à la réalité de la vente. La plupart des études relatives au comportement d'achat du consommateur sont réalisées à l'aide de méthodes de *marketing*. De nombreuses questions sont abordées à l'aide de ces techniques mais souvent elles interfèrent avec l'expression réelle des comportements du consommateur (voir dans ce même ouvrage le chapitre 13). L'atout essentiel de l'éthologie appliquée à la consommation est de favoriser l'obtention de données objectives et innovantes. La fiabilité des résultats est tangible dans la mesure où l'éthologue construit son analyse essentiellement autour d'observations réalisées selon des méthodes adaptées. Dans les différents exemples qui suivent, nous verrons que l'éthologie fournit une aide de qualité lors de l'élaboration de produits innovants. La prise en compte du comportement et du ressenti des utilisateurs donne une nouvelle dimension au produit, celle du service rendu notamment en terme de sécurité ou de confort. En aval de la vente, les conclusions d'études du comportement conduisent, par exemple, à l'optimisation de l'agencement de rayons, de signalétiques, à la détection et à l'interprétation de défaillances de certaines marques.

▶▶ Applications en amont de la vente

Connaissance du consommateur

Pour étudier le comportement d'utilisation d'un prototype, une situation de test la plus proche possible de la réalité est créée. Les personnes participant aux tests sont parfois recrutées au sein des entreprises. Dans ce cas, il existe un biais lié à leur connaissance des produits test, de l'image à donner de la marque, etc. Mais généralement, ces utilisateurs test sont recrutés à l'extérieur des entreprises, auquel cas ils peuvent être rémunérés pour le service rendu. La taille de l'échantillon et différents critères le caractérisant — par exemple l'âge, le sexe, la catégorie socio-professionnelle, les habitudes de consommation, etc. — sont déterminés en fonction de la problématique soulevée, de l'environnement d'étude, des délais et du budget alloué. Dans certains cas, les tests effectués sont filmés. Les images ainsi récupérées permettent d'échantillonner un plus grand nombre d'observations comportementales, les scènes pouvant être visionnées à volonté. De ce fait également, les images sont exploitables lors des pré-observations et des observations, ce qui permet un gain de temps considérable. L'enregistrement des tests a un autre avantage, celui de rendre possible le relevé de micro-comportements ; ces derniers sont pertinents notamment dans l'étude de l'état de vigilance des conducteurs. Cependant, il est important de préciser que le fait d'enregistrer les images d'une scène influe sur le comportement. Par exemple, la stratégie comportementale d'utilisation d'un produit particulier varie selon le nombre d'expériences du consommateur en situation de test filmé (Koch-Schott, 2003). Pour minimiser ce biais, il est important de considérer ce critère comme non variable lors des futurs recrutements de testeurs. L'étude du comportement des consommateurs nécessite d'être au fait des progrès de la connaissance non seulement en éthologie, mais également dans les domaines concernant le produit. En effet, la prise en compte des connaissances fondamentales et appliquées permet de cadrer l'étude dans un contexte scientifique. Le gain en fiabilité et en temps est considérable, autant dans la mise en place du protocole d'étude que dans son déroulement jusqu'à l'interprétation des résultats obtenus.

L'éthologie appliquée, aide à l'élaboration de produits adaptés aux consommateurs

L'éthologie appliquée à l'amont de la consommation permet de décrire et d'analyser précisément le comportement des personnes ciblées lors de l'utilisation d'un produit test. Il peut se traduire en terme de postures, de gestuelle, de mimiques, ou encore de stratégies d'action (Magnusson, 2003 ; Jonsson *et al.*, 2003). Ces informations permettent d'émettre, en fonction des catégories de consommateurs, des recommandations sur des innovations afin de les adapter au mieux aux besoins des utilisateurs ciblés. L'étude du comportement de consommateurs en situation de test de prototypes est illustrée à l'aide de trois exemples.

Exemple 1 : étude de l'état d'hypovigilance en conduite motorisée

La conduite peut se définir par différentes caractéristiques physiques résultant de l'action du conducteur. Ces caractéristiques évoluent dans le temps de l'utilisation de la machine tout comme l'état général de l'utilisateur. La dégradation de l'attention et les phases d'hypovigilance du conducteur peuvent être mises en évidence par l'étude de son comportement ; cette méthode a l'avantage d'intervenir de façon très discrète dans l'environnement homme/machine. En somme, il existe une méthode permettant d'échantillonner les caractéristiques physiques de la conduite et une autre pour quantifier le comportement de l'utilisateur en action. Il s'agit donc de vérifier si les dires de l'étude comportementale peuvent être révélés par un système d'analyse des signaux recueillis lors de l'utilisation de la machine.

Les tests présentés ici ont été réalisés sur 15 personnes. Le coefficient de corrélation entre observateurs a été calculé selon les méthodes présentées dans « La méthodologie de l'éthologie humaine » (Feyereisen et de Lannoy, 1985). Le répertoire comportemental utilisé se réfère à la littérature consacrée à ce domaine et est finalisé après mise en place des caméras et pré-observation en situation de test. Cette dernière comporte une utilisation courante de la machine en environnement réel, avec présence de caméras. Ce point met l'accent sur une limite de l'expérience : la finesse des comportements relevés ne permet pas de quantifier le biais introduit par la présence des caméras.

Les comportements de chaque individu ont été analysés par analyse en composantes principales (ACP) ; le résultat principal est une opposition systématique entre deux comportements révélateurs d'hypovigilance et tous les autres comportements relevés. Ce résultat a permis de regrouper les données et de rechercher des classes particulières par sur ou sous-représentation des comportements (classification ascendante hiérarchique). Ainsi, trois classes révélatrices de l'état de l'utilisateur ont été mises en évidence chez les individus observés.

Dès lors, chaque individu possède une signature comportementale délivrée à intervalle régulier par l'appartenance à une des trois classes et une signature physique calculée au même intervalle de temps (figure 15.1). La mise en correspondance des résultats obtenus par ces deux méthodes est délicate et toutes les pistes doivent être explorées : le phénomène physique mis en évidence ne se produit pas nécessairement au même instant que l'état comportemental décrit. Cet indice comportemental sert à la validation du système dans divers environnements d'utilisation ; il permet notamment d'affiner la connaissance du phénomène en situation de conduite simulée (Millemann *et al.*, 2001) et aide à concevoir une interface d'alerte efficace et sécuritaire.

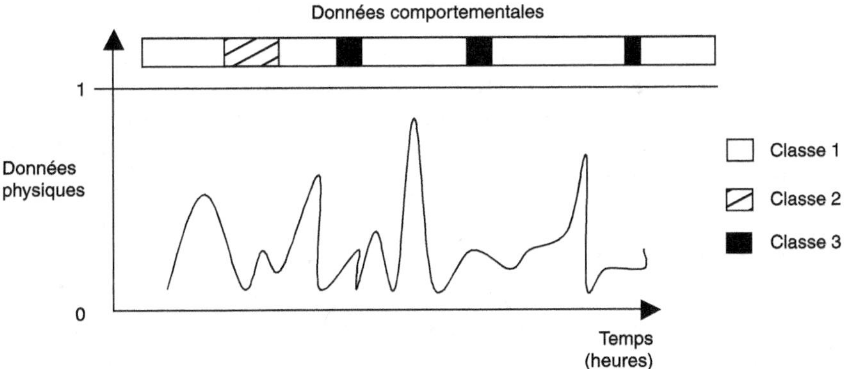

Figure 15.1. Exemple d'un conducteur ; signature physique du véhicule en mouvement et signature comportementale obtenue dans la même période.

Exemple 2 : comparaison éthologique inter-pays de l'utilisation d'un produit

Les outils éthologiques permettent également d'analyser le comportement de deux groupes de personnes. Ces panélistes se caractérisent par certains critères communs (l'âge, les habitudes de consommation, etc.) et se différencient par un critère particulier.

On peut, par exemple, comparer le comportement d'utilisation d'un même produit entre deux pays. Le résultat de cette comparaison est illustré sur le plan factoriel 1-2 d'une ACP effectuée sur 60 individus (figure 15.2). Ce plan représente 64,1 % de l'inertie totale du nuage de points. À gauche, le regroupement de points correspond à tous les individus du pays 1. Ces personnes ont toutes adopté une stratégie comprenant les comportements 1 et 2 dans cette phase de l'utilisation du produit. À droite, 80 % des individus du pays 2 sont caractérisés par trois stratégies différentes de celle adoptée par les habitants du pays 1.

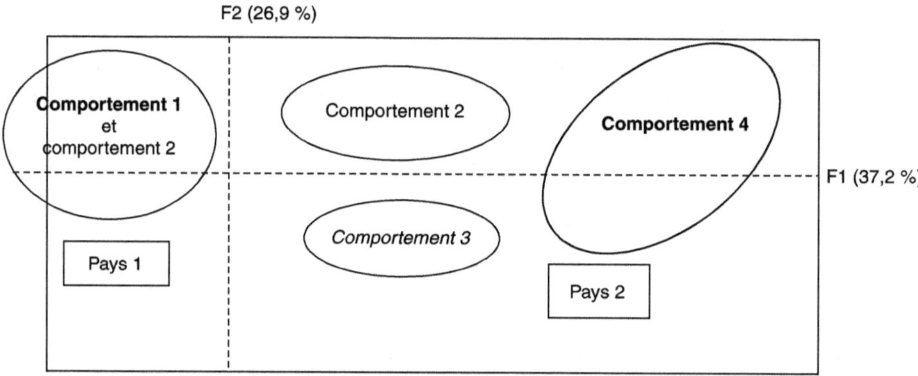

Figure 15.2. Plan factoriel 1-2 d'une ACP réalisée sur 60 personnes utilisant un même produit.

Le même type de raisonnement peut être appliqué à une comparaison de deux compositions différentes du produit ; le but est de vérifier notamment si les différences de stratégies inter-pays se retrouvent également dans ce cas.

Les réponses apportées par une analyse de ce type permettent d'émettre des recommandations quant à l'adaptation d'un produit aux personnes ciblées. Cette adaptation se quantifie en terme de gestuelle adoptée lors de l'utilisation du prototype. Les différences relevées permettent, par exemple, d'affiner l'évaluation des chances de réussite du produit sur une zone géographique particulière du marché.

Exemple 3 : étude du comportement et du ressenti de personnes découvrant un nouvel espace

Lors de la découverte d'un nouvel espace, différentes sensations verbalisées par un panel de consommateurs entraînés sont échantillonnées (voir dans ce même ouvrage le chapitre 13, la section sur l'analyse sensorielle) ; l'analyse de ces sensations donne lieu à une catégorisation des personnes, par exemple en fonction de leur appartenance à des classes d'âge distinctes. Lors de ces tests, l'éthologue observe le comportement des panélistes ; en effet, ce comportement peut, par exemple, s'exprimer en terme de temps passé par zone à regarder (avec présence d'un oculomètre), à toucher, sentir (sous différentes conditions), essayer les éléments présents dans le nouvel espace à tester. Les stratégies comportementales particulières mises en évidence sont alors comparées à la typologie obtenue par analyse sensorielle.

Le résultat de cette comparaison est illustré sur le plan factoriel 1-2 d'une ACP effectuée sur 45 individus (figure 15.3). Ce plan représente 62,5 % de l'inertie totale du nuage de points. Sur cette figure, on peut noter que pour les classes d'âge représentées, deux stratégies comportementales particulières (notées 1 et 2) sont utilisées alors que les personnes avaient catégorisé leurs sensations de façon identique (notées a+b). Une autre stratégie comportementale (notée 3) a été observée pour les personnes appartenant à la classe d'âge II ; ces personnes ont verbalisé leur ressenti différemment (notées b+c) de celles appartenant à la même classe d'âge.

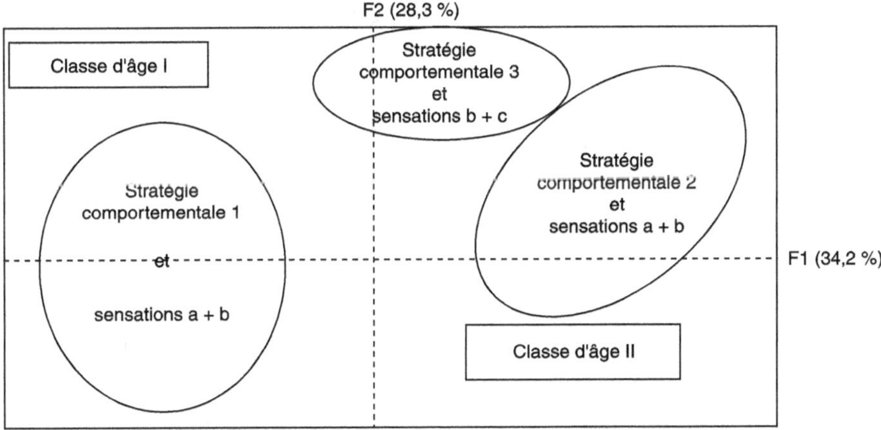

Figure 15.3. Plan factoriel 1-2 d'une ACP réalisée sur 45 personnes découvrant un nouvel espace.

Ainsi, la fonctionnalité et le confort d'un espace donné se mesurent en fonction des stratégies comportementales relevées et des sensations verbalisées. Cette procédure permet de catégoriser les consommateurs selon leur ressenti et selon leur comportement face à différents prototypes. La méthode est également applicable à des études comparatives sur différents constructeurs de ces produits. Elle a l'avantage de croiser deux approches scientifiques de l'étude de l'homme, augmentant ainsi non seulement la connaissance des consommateurs ciblés, mais également la pertinence des adaptations de prototypes proposées.

Toutes les innovations proposées cherchent à se rapprocher du consommateur utilisateur pour obtenir son approbation sur le produit. Cette dernière s'estime par le passage à l'acte d'achat qui sera validé dans le temps par le nombre et la fréquence des achats suivants.

▶▶ Étude en aval : application à la distribution

L'analyse des comportements du consommateur en situation d'achat met en évidence ce qu'aucune enquête par questionnaire ne peut révéler : les gestes et attitudes d'un individu confronté à un environnement particulier. Dans cette partie, nous abordons au travers de quelques exemples, l'interaction entre le consommateur et la surface de vente. En fonction des questions de nos commanditaires et de l'échelle de travail qui en résulte, nos observations concernent l'interaction entre le consommateur et un rayon et/ou un produit.

Types de prestations, analyse des données

Caractérisation de la clientèle par l'observation

Une première phase consiste généralement à caractériser le consommateur qui passe dans le rayon étudié. L'observation permet de déterminer l'âge approximatif du consommateur, s'il est seul ou accompagné. L'intérêt principal de cette phase est de donner une image précise de la population en relation directe avec le rayon ou les produits qui intéressent le commanditaire de l'étude. On peut, par exemple, établir une courbe de fréquentation du rayon (figure 15.4). Cette information est utile pour mesurer l'attraction d'un espace et pour déterminer les meilleures périodes d'observation. De la même façon, il est important de comparer le profil du consommateur qui passe dans le rayon à celui de l'acheteur. Généralement, les études de marché classiques ne prennent en compte que les acheteurs.

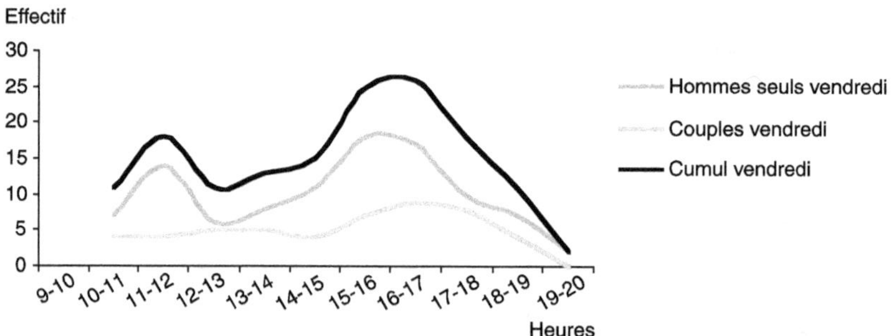

Figure 15.4. Étude d'affluence du vendredi sur le rayon *jeans* hommes d'un hypermarché allemand.

À titre d'exemple, le comportement de visiteurs a été échantillonné sur trois stands particuliers d'un marché de Noël alsacien. L'enchaînement entre les comportements « regard arrêté » et « regard en parcourant le stand » diffère entre les visiteurs acheteurs et ceux qui ne sont pas passés à l'acte d'achat. La figure 15.5 illustre ce résultat pour un stand particulier ; on peut voir que la catégorie des acheteurs adopte en majorité la stratégie « regard arrêté puis en parcourant le stand », alors que les non-acheteurs sont caractérisés par un « regard en parcourant le stand puis à l'arrêt ». Ce résultat se retrouve sur les trois stands observés.

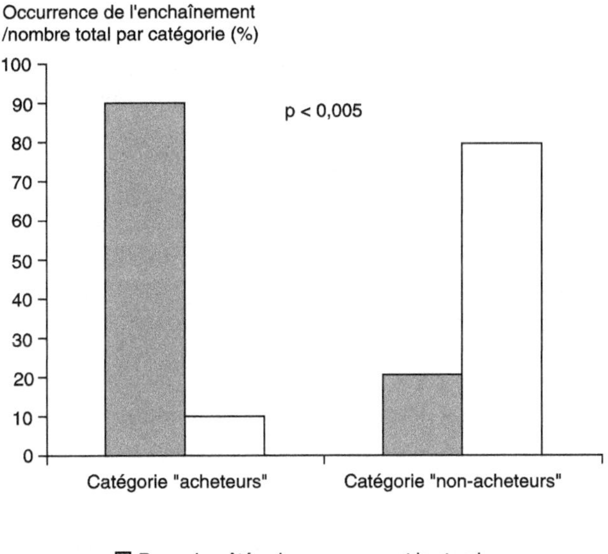

Figure 15.5. Exemple de différences comportementales relevées entre acheteurs et non-acheteurs sur le stand 1 d'un marché de Noël alsacien.

Dans cette étude, l'affluence sur le marché a été relevée. Il faut noter qu'en période de forte affluence, ces différences ne se retrouvent pas. Il semblerait que dans ce cas, la taille de la surface du marché et la disposition des stands obligent les visiteurs à adopter une stratégie débutant par un regard en parcourant le stand et ce, quelles que soient leurs intentions d'achat.

Caractérisation de l'environnement

De la même façon que l'on définira des items comportementaux précis, il est important de définir des unités environnementales précises dont la nature varie avec les questions du commanditaire. Ces unités sont caractérisées par leur imbrication. De la plus grande unité à la plus petite, on pourra définir par exemple un rayon et l'étiquette d'un produit exposé dans un espace de gondole appartenant à ce rayon. Ce classement fait souvent intervenir différents critères en relation directe avec les hypothèses testées. Il s'agit en quelque sorte d'une classification des unités environnementales qui va au-delà de leur simple description physique. Par exemple, lors d'une étude concernant un rayon whisky, nous avons isolé trois facteurs : le prix, le *packaging* et le *merchandising* (Condou, 2000). Nous avons défini trois gammes de prix, trois types de *packaging* et relevé la façon dont les produits étaient exposés dans le rayon (*merchandising*). Le prix et le *packaging* sont fortement corrélés : en moyenne, un produit avec un conditionnement cartonné est plus cher que le même produit sans conditionnement. Il existe également une corrélation entre le prix et le *merchandising* : dans ce cas, nous avons pu observer un gradient de prix de gauche à droite du rayon.

Pré-observations

L'étude des comportements du consommateur débute par une phase de pré-observation qui consiste à établir un répertoire comportemental adapté aux questions du commanditaire. Ce répertoire est composé d'unités d'actions plutôt que d'unités morphologiques (Feyereisen et de Lannoy, 1985). La définition des items comportementaux doit tenir compte des limites de détection par le biais de l'observation directe. Théoriquement, des items très fins peuvent être sélectionnés mais en pratique leur identification sans risque d'ambiguïté peut s'avérer difficile. Le consommateur touche-t-il le produit ? Le consommateur regarde-t-il le produit ? Le consommateur essaye-t-il le produit ? Passe-t-il d'une marque à l'autre ? Quel est le pourcentage de consommateurs qui passent à l'acte d'achat ? Pour répondre à ces questions, on peut établir le répertoire comportemental décrit sur la figure 15.6 qui propose six grandes familles de comportements, composées chacune de plusieurs items.

1. Passivité :	• Simple passage dans le rayon
2. Voir sans toucher :	• Balayage visuel • Arrêt visuel
3. Contacts tactiles :	• Contact tactile bref • Passage en revue
4. Exploration méthodique :	• Interaction étiquette • Recherche de taille
5. Retraits d'articles :	• Retrait simple • Simulation d'essayage • Analyse de l'article • Comparaison de deux articles • Remise de l'article
6. Acquisition de l'article :	• Essayage • Achat

Figure 15.6. Exemple de répertoire comportemental concernant une étude sur un rayon *jeans* homme d'un hypermarché français.

Typologie de comportement par rapport à des marques

Il peut s'avérer très utile de déterminer quels sont les comportements associés le plus fréquemment aux marques exposées dans un rayon. Cette technique d'analyse statistique présente l'avantage de situer des marques par rapport à des comportements. Dans l'exemple de la figure 15.7, il s'agit de marques de *jeans*. On remarque notamment que les marques du commanditaire de l'étude sont séparées des marques concurrentes. Elles sont caractérisées par des comportements d'analyse d'étiquettes et de simulation d'essayage pour la marque O et d'arrêt visuel, interaction « étiquette » pour la marque M. Ces deux marques sont corrélées à l'essayage et à l'achat (variables illustratives). « Fin de série » (regroupement de plusieurs marques) est caractérisé par le comportement de passage en revue et de contact tactile bref. Les autres marques sont mal représentées sur ces axes.

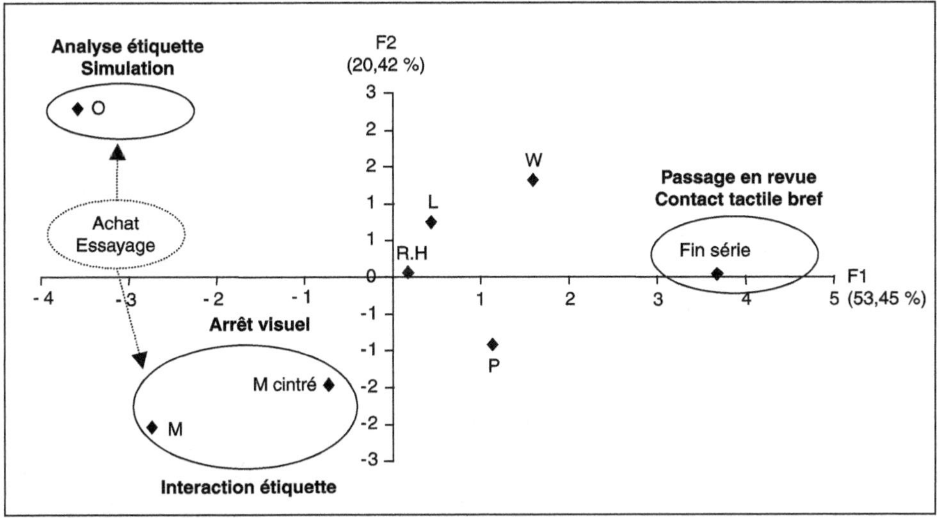

Figure 15.7. ACP des marques et des comportements sur un rayon *jeans* hommes d'un hypermarché allemand.

Analyse séquentielle du comportement

L'analyse séquentielle du comportement du consommateur permet de comprendre le processus d'achat en rayon et de détecter les défaillances éventuelles d'une marque. Une méthode d'analyse séquentielle appropriée implique les chaînes de Markov. Classiquement, le point de départ de ce type d'approche est la matrice de transition qui peut être représentée sous la forme d'un diagramme de flux. L'exemple suivant, tiré d'une étude sur un rayon *jeans*, met en évidence les enchaînements comportementaux essentiels conduisant à l'acte d'achat (figure 15.8). Dans la séquence des comportements qui précède l'essayage (passage quasi obligé pour passer à l'acte d'achat), l'interaction avec l'étiquette où le client prend notamment connaissance du prix est, par exemple, une étape très fréquente. Plusieurs comportements équiprobables précèdent l'essayage : simulation d'essayage et recherche de taille (0,8 %), analyse de l'étiquette (0,9 %). Les essayages successifs représentent 0,8 % des flux, les achats successifs 0,2 %.

Étude de transition

En fonction de l'échelle de travail, ce type d'approche traduit les passages d'un rayon à l'autre, d'un espace à l'autre ou d'un produit à l'autre. La méthode d'analyse est similaire à celle utilisée lors de l'analyse séquentielle du comportement. Les items comportementaux sont simplement remplacés par les unités environnementales. Les études de transition mettent en évidence les éléments précis de la concurrence entre produits, rayons ou espaces. Dans l'exemple suivant, extrait d'une étude réalisée dans un grand magasin de lingerie, l'étude de transition entre trois espaces contigus a été réalisée pour répondre à la question : « le consommateur passe-t-il d'un espace à l'autre ? ». L'objectif du commanditaire était en effet d'inciter le passage des clientes entre les trois espaces par un agencement particulier du rayon.

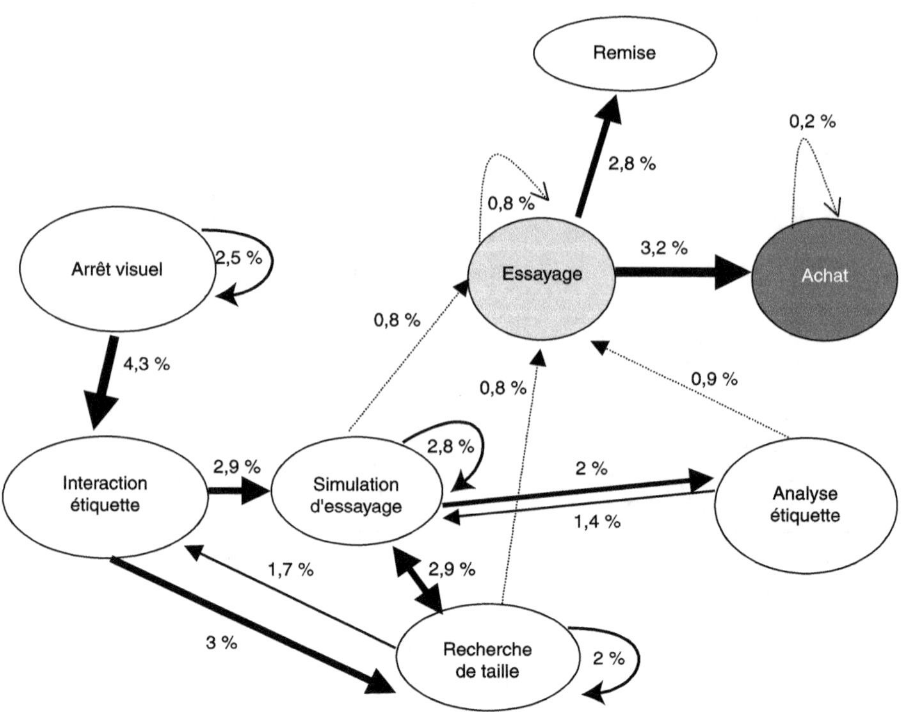

Figure 15.8. Diagramme de flux des comportements observés sur le rayon *jeans* homme d'un hypermarché allemand.

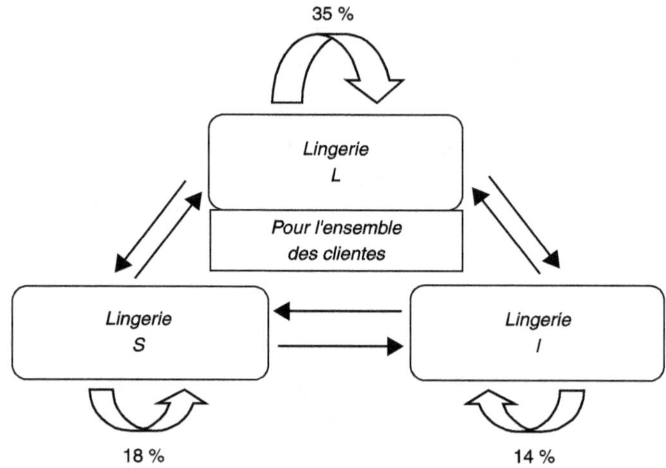

Figure 15.9. Diagramme de flux exprimant les transitions entre les trois espaces lingerie d'un grand magasin français.

La figure 15.9 montre que les clientes passent rarement d'un espace à l'autre. À l'intérieur d'un même espace, c'est dans celui noté L que l'on constate le plus fort pourcentage de déplacement (35 %), contre 18 % pour S et 14 % pour I.

Études comparatives

Ce type d'étude a pour objet de chiffrer et de tester statistiquement la différence de comportement d'un consommateur soumis à des situations différentes mais comparables. Il peut s'agir de comparer plusieurs disposition d'une même marque, deux marques différentes disposées identiquement ou encore deux populations différentes de consommateurs. Cette situation de test n'est pas toujours évidente à réaliser car elle nécessite le respect d'un ensemble de règles pour éviter les biais. Idéalement, l'éthologue doit avoir la possibilité de modifier ponctuellement l'environnement pour aboutir à des situations de test expérimentales. Cette condition idéale est souvent difficile à réaliser car elle n'est pas toujours compatible avec les intérêts apparents du distributeur et de la marque. Les situations expérimentales peuvent être réalisées avec une plus grande rigueur en laboratoire, dans des magasins reconstitués ou même virtuels, qui sont en contrepartie éloignées des conditions réelles. À titre d'exemple, nous avons comparé le temps passé par le consommateur à interagir avec deux dispositions différentes d'une même marque sur un rayon *jeans*. La figure 15.10 montre que la disposition des *jeans* M en box (*jeans* pliés) donne de meilleurs résultats que la disposition sur cintre.

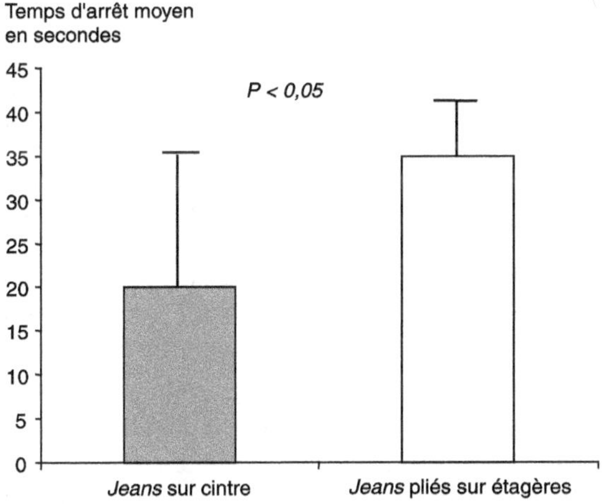

Figure 15.10. Comparaison de deux modes de présentation du même produit (sur cintre et sur étagère) en rayon *jeans* d'un supermarché français.

▸▸ Étude de marché, évaluation de l'environnement général et de la demande potentielle

À l'heure actuelle, la plupart des disciplines consacrées à une meilleure connaissance du consommateur permettent d'échantillonner, selon différentes méthodes, son ressenti ou ses intentions en situation de test ou d'achat. L'éthologie humaine appliquée utilise les méthodes scientifiques d'étude du comportement. Ce dernier est exprimé, par exemple, dans divers environnements d'utilisation des prototypes. En France, la demande actuelle concerne essentiellement les grands groupes industriels pour l'aide à l'élaboration de produits adaptés aux besoins du consommateur ; ces produits doivent être ludiques, sécuritaires, d'utilisation aisée et agréable, rentables, maniables, etc. Une autre demande concerne plus particulièrement les PME pour la conception et l'aménagement de surfaces de vente adaptées ; par exemple, l'agencement des éléments, l'éclairage, les informations visuelles données au consommateur, etc. sont testés dans le but d'accueillir au mieux les clients potentiels ciblés et favoriser leur passage à l'acte d'achat. L'éthologie fournit également des éléments de décision quant à la politique de communication de ces entreprises. Elle permet notamment de quantifier et d'analyser les variations du comportement du consommateur en fonction d'une diffusion publicitaire. Cette approche peut se construire comme la méthode de *marketing* « avant-après » décrite par Dayan *et al.* (1985), mais elle n'est pas soumise aux biais propres aux sondages par questionnaires.

Appliquées à la distribution, les études éthologiques sont réalisées sur diverses surfaces de vente variant de 300 m² pour les grandes surfaces (bricolage, textile), de 400 à 2 500 m² pour les supermarchés (prédominance de produits alimentaires) et de 2 500 m² à 20 000 m² pour les hypermarchés (articles alimentaires et non alimentaires). Dans ce cas, les commanditaires d'études sont généralement les marques qui exposent leurs produits dans les rayons des surfaces de vente ou directement leurs distributeurs.

La production et la vente de réalisations innovantes concernent tous les consommateurs. Dans cet esprit et en collaboration avec les médecins, l'éthologie humaine est en mesure de fournir des recommandations visant à améliorer l'agencement des surfaces de vente et à proposer des produits adaptés aux handicapés.

En éthologie humaine appliquée, la demande ne concerne pas uniquement la consommation. Potentiellement, les applications de l'étude du comportement humain sont nombreuses. En effet, individus et environnements peuvent être déclinés sous différents termes qui sont autant de secteurs cibles : les visiteurs (musées, parcs d'attraction), les usagers (transports), les enfants (crèches, écoles), les utilisateurs (logiciels, systèmes d'aide, structures spatiales), les sportifs (terrains de jeu), etc.

Il est important de rappeler que l'étude du comportement humain est encadrée par les décisions du Comité consultatif national d'éthique (1993) et que le traitement des données est soumis à la loi « Informatique et libertés » (voir dans ce même ouvrage le chapitre 13, la section portant sur les aspects déontologiques et éthiques).

▶▶ Conclusion

L'étude du comportement humain selon les méthodes de l'éthologie constitue une approche novatrice du consommateur. Appliquée à l'amont de la vente, l'éthologie permet de connaître et d'analyser le comportement d'utilisation de prototypes dans différentes situations de test en environnement réel ou simulé. L'étude des interactions avec les produits mis en vente donne une image nouvelle de la réalité du rayon. L'objectivité et la rigueur de l'éthologie humaine appliquée à la consommation se traduisent en terme de valeur ajoutée. En effet, le décalage entre le discours et le comportement du consommateur (Deloye, 1997 ; Benhaïm *et al.*, 1998) est important à connaître et à analyser. La collaboration avec d'autres disciplines des sciences humaines permet d'établir des typologies objectives alliant ressenti et comporte-ment. Il en découle une meilleure connaissance du consommateur utilisateur et une finesse accrue des recommandations émises sur l'adaptation des produits et des services. Ainsi, la collaboration entre l'éthologie humaine appliquée et les diffé-rents acteurs de la consommation vise à améliorer le quotidien du consommateur en lui proposant des produits adaptés à ses besoins. Différentes recommandations concernant la présentation des articles sur les rayons, les signalétiques, l'étiquetage des produits contribuent à une dynamisation des ventes. L'étude du consommateur ne constitue qu'un exemple d'application de l'éthologie humaine. Les individus et les environnements concernés sont autant de personnes et de situations diffé-rentes, ce qui constitue indéniablement un argument en faveur du développement de l'éthologie humaine appliquée.

Références bibliographiques

A

Ajayi S.S., Tewe O., Faturoti E.O., 1978. Behavioural changes in the African giant rat (*Cricetomys gambianus Waterhouse*) under domestication. *East African Wildlife Journal*, 16 : 137-143.

Alexander G., Shillito-Walser E.E., 1978. Visual discrimination between ewes by lambs. *Applied Animal Ethology*, 4 : 81-85.

Allee W.C., 1951. *Cooperation among Animals with Human Implications*. New York, Henry Schuman Publisher, 233 p.

Altmann J., 1974. Observational Study of Behavior: Sampling Methods. *Behaviour*, 49 : 227-267.

Amé J.-M., Halloy J., Rivault C., Detrain C., Deneubourg J.-L., 2006. Collegial Decision Making based on Social Amplification Leads to Optimal Group Formation. *Proceedings of the National Academy of Sciences of the United States of America*, 103 : 5835-5840.

Amiaud B., 1998. *Dynamique végétale d'un écosystème prairial soumis à différentes modalités de pâturage. Exemple des communaux du Marais Poitevin*. Thèse de doctorat de l'université Rennes I, 318 p.

Aoki I., 1984. Internal Dynamics of Fish Schools in Relation to Inter-Fish Distance. *Bulletin of the Japanese Society of Scientific Fisheries*, 50 : 751-758.

Appleby M.C., 1980. Social Rank and Food Access in Red Deer Stags. *Behaviour*, 74 : 294-309.

Appleby M.C., 1999. Letter to the Editors. *Applied Animal Behaviour Science*, 65 : 159-162.

Armengaud F., 2001. L'anthropomorphisme : vraie question ou faux débat ? *In* Burgat F., Dantzer R. (dir.), *Les animaux d'élevage ont-ils droit au bien-être ?* Paris, Inra Éditions, coll. Un point sur..., 165-187.

Arnold G.W., Dudzinski M.L., 1978. *Ethology of Free-Ranging Domestic Animals*. Amsterdam, Elsevier, 198 p.

Aron S., Passera L., 2000. *Les sociétés animales. Évolution de la coopération et organisation sociale*. Bruxelles, De Boeck Université, 336 p.

Asadpour M., Tâche F., Caprari G., Karlen W., Siegwart R., 2006. Robot-Animal Interaction: Perception and Behavior of Insbot. *International Journal of Advanced Robotics Systems*, 3 : 93-98.

Asty J., Lahaye S., Panis S., 2003. Ergonomie et éthologie... un périmètre commun ? *In* Baudoin C. (dir.), *L'éthologie appliquée aujourd'hui. Éthologie humaine* (tome 3). Levallois-Perret, Éditions ED, 67-73.

Aupinel P., Genissel A., Tasei J.-N., Poncet J., Gomond S., 2001. Collection of Spring Pollens by *Bombus terrestris* Queens. Assessment of Attractiveness and Nutritive Value of Pollen Diets. *In* Benedek P., Richards K.W. (dir.), Proceedings of the 8th International Pollination Symposium (Pollination : Integrator of Crops and Native Plant Systems), Mosonmagyarovar, Hungary, 10-14 July 2000. *Acta Horticulturae*, 561 : 101-105.

Aupinel P., Fortini D., Michaud B., Marolleau F., Tasei J.N., Odoux J.-F., 2007. Toxicity of Dimethoate and Fenoxycarb to Honey Bee Brood (*Apis mellifera*), Using a New *in Vitro* Standardized Feeding Method. *Pest Management Science*, 63(11) : 1090-1094.

B

Baguette M., 2004. The Classical Metapopulation Theory and the Real Natural World: a Critical Apraisal. *Basic and Applied Ecology*, 5 : 213-224.

Bailey D.W., 1995. Daily Selection of Feeding Areas by Cattle in Homogeneous and

Heterogeneous Environments. *Applied Animal Behaviour Science*, 45 : 183-200.

BAILEY D.W., GROSS J.E., LACA E.A., RITTENHOUSE L.R., COUGHENOUR M.B., SWIFT D. M., SIMS P.L., 1996. Mechanisms that Result in Large Herbivores Grazing Distribution Patterns. *Journal of Range Management*, 49 : 386-400.

BAKCHINE-HUBER E., PHAM-DELÈGUE M.-H., KAISER L., MASSON C., 1990. Computer Analysis of the Exploratory Behavior of Insects and Mites in an Olfactometer. *Physiology and Behavior*, 48 : 183-187.

BAKCHINE-HUBER E., MARION-POLL F., PHAM-DELÈGUE M.-H., MASSON C., 1992. Real-Time Detection and Analysis of the Exploratory Behavior of Small Animals. *Naturwissenschaften*, 79 : 39-42.

BAKKER J.P., 1998. The Impact of Grazing on Plant Communities. *In Grazing and Conservation Management*. Dordrecht, Kluwer Academic Publishers, 137-184.

BALDWIN B.A., START I.B., 1978. Methods for the Study of Illumination Preferences in Sheep and Calves. *Journal of Physiology*, 284 : 13-14.

BALDWIN B.A., START I.B., 1981. Sensory Reinforcement and Illumination Preference in Sheep and Calves. *In Proceedings of the Royal Society of London*, B211 : 513-526.

BARBET V., BREESE P., GUICHARD N., LECOQUIERRE C., LEHU J.-M., HEMMS R., 1999. *Le marketing olfactif*. Paris, Les Presses du Management, 415 p.

BARFIELD C.H., TANG-MARTINEZ Z., TRAINER J.M., 1994. Domestic Calves (*Bos taurus*) Recognize their Own Mother by Auditory Cues. *Ethology*, 97 : 257-264.

BARNOUIN J., GEROMEGNACE N., CHASSAGNE M., DORR N., SABATIER P., 1999. Facteurs structurels de variation des niveaux de comptage cellulaire du lait et de fréquence des mammites cliniques dans 560 élevages bovins répartis dans 21 départements français. *Inra Productions Animales*, 12 : 39-48.

BARON R.A., 1980. Olfaction and Human Social Behavior: Effects of Pleasant Scents on Physical Aggression. *Basic and Applied Social Psychology*, 1 : 163-172.

BARON R.A., 1997. The Sweet Smell of Helping: Effects of Pleasant Ambient Fragrance on Prosocial Behavior in Shopping Malls. *Personality and Social Psychology Bulletin*, 23 : 498-503.

BARON R.A., BRONFEN M.I., 1994. A Whiff of Reality: Empirical Evidence Concerning the Effects of Pleasant Fragrances on Work-Related Behaviors. *Journal of Applied Social Psychology*, 24 : 1179-1203.

BARON R.A., THOMLEY J., 1994. A Whiff of Reality: Positive Affect as a Potential Mediator of the Effects of Pleasant Fragrances on Task Performance and Helping. *Environment and Behavior*, 26 : 766-784.

BARTELS A., ZEKI S., 2000. The Neural Basis of Romantic Love. *Neuroreport*, 11 : 3829-3834.

BASCOMPTE J., SOLÉ R.V., 1996. Habitat Fragmentation and Extinction Thresholds in Spatially Explicit Models. *Journal of Animal Ecology*, 65 : 465-473.

BATESON P.P.G., 1979. How do Sensitive Periods Arise and What are They for? *Animal Behaviour*, 27 : 470-486.

BATESON P.P.G., 1991. Assessment of Pain in Animals. *Animal Behavior*, 42 : 827-839.

BATTY J., 1979. *Domesticated Ducks and Geese*. Hindhead (GB), Saiga Publ. Co., 232 p.

BAUDOIN C. (dir.), 2003a. *L'éthologie appliquée aujourd'hui. Bien-être, élevages et expérimentation* (tome 1). Levallois-Perret, Éditions ED, 230 p.

BAUDOIN C. (dir.), 2003b. *L'éthologie appliquée aujourd'hui. Gestion des espèces et des habitats* (tome 2). Levallois-Perret, Éditions ED, 168 p.

BAUDOIN C. (dir.), 2003c. *L'éthologie appliquée aujourd'hui. Éthologie humaine* (tome 3). Levallois-Perret, Éditions ED, 216 p.

BAUMONT R., SEGUIER N., DULPHY J.-P., 1990. Rumen Fill, Forage Palatability and Alimentary Behaviour in Sheep. *Journal of Agricultural Science*, 115 : 277-284.

BAXTER M.R., 1982. The Nesting Behaviour of Sows and its Disturbance by Confinement at Farrowing. *Hohenheimer arbeiten*, 121 : 101-114.

BEAUMONT C., ROUSSOT O., MARISAL-AVRY N., MORMÈDE P., PRUNET P., ROUBERTOUX P., 2002. Génétique et adaptation des animaux d'élevage. *Inra Productions Animales*, 15 : 343-348.

BECKERS R., HOLLAND O.E., DENEUBOURG J.-L., 1994. From Local Actions to Global Tasks: Stigmergy and Collective Robotics. *In* BROOKS R.A., MAES P. (dir.), *Proceedings of ALIFE IV*. Cambridge (Mass.), MIT Press/ Bradford Books.

BEHMER S.T., **ELLIAS D.O.**, **BERNAYS E.A.**, 1999. Post-Ingestive Feedbacks and Associative Learning Regulate the Intake of Unsuitable Sterols in a Generalist Grasshopper. *Journal of Experimental Biology*, 202 : 739-748.

BEIER P., **NOSS R.F.**, 1998. Do Habitat Corridors Provide Connectivity? *Conservation Biology*, 12 : 1241-1252.

BELYAEV D.K., 1979. Destabilizing Selection as a Factor in Domestication. *Journal Heredity*, 70 : 301-308.

BELYAEV D.K., **RUVINSKY A.O.**, **TRUT L.N.**, 1981. Inherited Activation-Inactivation of the Star Gene in Foxes: its Bearing on the Problem of Domestication. *Journal of Heredity*, 72 : 267-274.

BELYAEV D.K., **PLYUSNINA I.Z.**, **TRUT L.N.**, 1985. Domestication in the Silver Fox (*Vulpes fulvus* Desm.): Changes in Physiological Boundaries of the Sensitive Period of Primary Socialization. *Applied Animal Behaviour Sciences*, 13 : 359-370.

BELZUNG C., 2001. Rodent Models of Anxiety-like Behaviors: Are They Predictive for Compounds Acting *via* Non-Benzodiazepine Mechanisms? *Current Opinion in Investigational Drugs*, 2 : 1108-1111.

BELZUNG C., **CHEVALLEY C.**, 2002. Emotional Behaviour as the Result of Stochastic Interactions: A Process Crucial for Cognition. *Behavioural Processes*, 60 : 115-132.

BELZUNG C., **GRIEBEL G.**, 2001. Measuring Normal and Pathological Anxiety-like Behaviour in Mice. A Review. *Behavior Brain Research*, 125 : 141-149.

BELZUNG C., **PHILIPPOT P.**, 2007. Anxiety from a Phylogenetic Perspective: Is there a Qualitative Difference between Human and Animal Anxiety? *Neural Plasticity*, doi: 10.1155/2007/59676.

BELZUNG C., **LEMAN S.**, **VOURC'H P.**, **ANDRES C.**, 2005. Rodent Models of Autism: a Critical Review. *Drug Discovery Today: Disease Models*, 2 : 93-101.

BENHAÏM D., 2003. Éthologie appliquée à la distribution. *In* BAUDOIN C. (dir.), *L'éthologie appliquée aujourd'hui. Éthologie humaine* (tome 3). Levallois-Perret, Éditions ED, 85-92.

BENHAÏM D., **KERCKAERT F.**, **BERTRAND P.**, 1998. Études consommateurs : les atouts de l'éthologie. *LSA*, 1570 : 82-83.

BENSCH S., **HASSELQUIST D.**, **VON SCHANTZ T.**, 1994. Genetic Similarity between Parents Predicts Hatching Failure: Nonincestuous Inbreeding in the Great Reed Warbler. *Evolution*, 48 : 317-326.

BERNAYS E.A., 1995. Effects of Experience on Host-Plant Selection. *In* CARDÉ R.T., BELL W.J. (eds.), *Chemical ecology of insects 2*. New York, Chapman & Hall, 47-64.

BERNAYS E.A., **CHAPMAN R.L.**, 1994. *Host-Plant Selection by Phytophagous Insects*. New York, Chapman & Hall, 312 p.

BIGGINS D.E., **GODBEY J.L.**, **HANEBURY L.R.**, **LUCE B.**, **MARINARI P.E.**, **MATCHETT M.R.**, **VARGAS A.**, 1998. The Effects of Rearing Methods on Survival of Reintroduced Black-Footed Ferrets. *Journal of Wildlife Management*, 62 : 643-653.

BITTERMAN M.E., **MENZEL R.**, **FIETZ A.**, **SCHÄFER S.**, 1983. Classical Conditioning of Proboscis Extension in Honeybees. *Journal of Comparative Psychology*, 97 : 107-119.

BLACK S.L., 2001. Ambient Odors Associated to Failure or Failure of Experimental Design? A Critical Comment on Epple and Herz. *Developmental Psychobiology*, 39 : 147-148.

BLANC F., **THÉRIEZ M.**, **BRELURUT A.**, 1999. Effects of Mixed-Species Stocking and Space Allowance on the Behaviour and Growth of Red Deer Hinds and Ewes at Pasture. *Applied Animal Behaviour Science*, 63 : 41-53.

BLANCHETEAU M., 1975. Les limites éthologiques de la possibilité de liaison conditionnelle. *Annales de Psychologie*, 75 : 493-512.

BOISSY A., 1998. Fear and Fearfulness in Determining Behavior. *In* GRANDIN T. (dir.), *Genetics and the Behavior of Domestic Animals*. San Diego (California), Academic Press, 67-111.

BOISSY A., **BOIVIN X.**, 2006. Tenir compte du monde sensoriel et social des bovins pour comprendre et construire leur relation avec l'homme. *In Manipulations et interventions sur les bovins*. Paris, Éducagri Éditions, 2ᵉ édition, 28-53.

BOISSY A., **DUMONT B.**, 2002. Interactions between Social and Feeding Motivations on the Grazing Behaviour of Herbivores: Sheep more Easily Split into Subgroups with Familiar Peers. *Applied Animal Behaviour Science*, 79 : 233-245.

BOISSY A., LE NEINDRE P., 1990. Social Influences on the Reactivity of Heifers: Implications for Learning Abilities in Operant Conditioning. *Applied Animal Behaviour Science*, 25 : 149-165.

BOISSY A., LE NEINDRE P., 1997. Behavioral, Cardiac and Cortisol Responses to Brief Separation and Reunion in Cattle. *Physiology and Behaviour*, 61 : 693-699.

BOISSY A., TERLOUW E.M.C., LE NEINDRE P., 1998. Presence of Cues from Stressed Conspecifics Increases Reactivity to Aversive Events in Cattle: Evidence for the Existence of Alarm Substances in Urine. *Physiology and Behaviour*, 63 : 489-495.

BOISSY A., NOWAK R., ORGEUR P., VEISSIER I., 2001a. Les liens sociaux chez les ruminants d'élevage : limites et moyens d'action pour favoriser l'intégration de l'animal dans son milieu. *Inra Productions Animales*, 14 : 79-90.

BOISSY A., VEISSIER I., ROUSSEL S., 2001b. Emotional Reactivity Affected by Chronic Stress: an Experimental Approach in Calves Submitted to Environmental Instability. *Animal Welfare*, 10 : S175-S185.

BOISSY A., ARNOULD C., CHAILLOU E., DÉSIRÉ L., DUVAUX-PONTER C., GREIVELDINGER L., LETERRIER C., RICHARD S., ROUSSEL S., SAINT-DIZIER H., MEUNIER-SALAÜN M.-C., VALANCE D., VEISSIER I., 2007a. Emotions and Cognition: a New Approach to Animal Welfare. *Animal Welfare*, 16 : 37-43.

BOISSY A., MANTEUFFEL G., JENSEN M.B., MOE R.O., SPRUIJT B., KEELING L., WINCKLER C., FORKMAN B., DIMITROV I., LANGBEIN J., BAKKEN M., VEISSIER I., AUBERT A., 2007b. Assessment of Positive Emotions in Animals to Improve their Welfare. *Physiology and Behavior*, 92 : 375-397.

BOIVIN X., BRAASTAD B.O., 1996. Effects of Handling during Temporary Isolation after Early Weaning on Goat Kids' Later Response to Humans. *Applied Animal Behaviour Science*, 48 : 61-71.

BOIVIN X., LE NEINDRE P., GAREL J.-P., CHUPIN J.-M., 1994. Influence of Breed and Rearing Management on Cattle Reactions during Human Handling. *Applied Animal Behaviour Sciences*, 39 : 115-122.

BOIVIN X., TOURNADRE H., LE NEINDRE P., 2000. Hand-Feeding and Gentling Influence Early-Weaned Lambs' Attachment Responses to their Stockperson. *Journal Animal Science*, 78 : 879-884.

BOIVIN X., NOWAK R., TERRAZAS A., 2001. The Presence of the Dam Affects the Efficiency of Gentling and Feeding on the Early Establishment of the Stockperson-Lamb Relationship. *Applied Animal Behaviour Science*, 72 : 89-103.

BONABEAU E., DORIGO M., THERAULAZ G., 1999. *Swarm Intelligence: From Natural to Artificial Systems*. Oxford, Oxford University Press, 307 p.

BONY J., BARBET M., 2000. Comparaisons de différentes natures de couchage pour les vaches laitières en logettes. *In Actes des 7es Rencontres Recherches Ruminants*, Paris, 6-7 décembre, 7 : 82.

BOTREAU R., BONDE M., BUTTERWORTH A., PERNY P., BRACKE M.B.M., CAPDEVILLE J., VEISSIER I., 2007. Aggregation of Measures to Produce an Overall Assessment of Animal Welfare. Part 1 - A Review of Existing Methods. *Animal*, 1 : 1188-1197.

BOUISSOU M.-F., 1990. Effects of Estrogen Treatment on Dominance Relationships in Cows. *Hormones and Behavior*, 24 : 376-387.

BOUISSOU M.-F., BOISSY A., 2005. Le comportement social des bovins et ses conséquences en élevage. *Inra Productions Animales*, 18 : 87-99.

BOUISSOU M.-F., HÖVELS J., 1976. Effet d'un contact précoce sur quelques aspects du comportement social des bovins domestiques. *Biology and Behaviour*, 1 : 17-36.

BOUISSOU M.-F., BOISSY A., LE NEINDRE P., VEISSIER I., 2001. The Bovines among Other Bovids : Social Structure of Wild Bovines. *In* KEELING L.J., GONYOU H.W. (dir.), *Social Behaviour in Farm Animals*. CABI Publishing, 113-146.

BOUVARD M., 2002. Troubles du comportement et difficultés scolaires. *In* MONTAGNER H. (éd.), *L'enfant : la vraie question de l'école*. Paris, Odile Jacob, 187-202.

BOWER T.G.R., 1979. *Human development*. San Francisco, W.H. Freeman, 473 p.

BOWLBY J., 1969. *Attachment and Loss. I: Attachment*. London, The Hogarth Press and Institute of Psychoanalysis, 401 p.

BOWLBY J., 1973. *Attachment and Loss. II: Separation, Anxiety and Anger*. London, Tavistock, 429 p.

BOWLBY J., 1980. *Attachment and Loss. III: Loss, Sadness and Depression*. New York, Basic Books, 462 p.

BOWNE D.R., PELES J.D., BARRETT G.W., 1999. Effects of Landscape Spatial Structure on Movement Patterns of the Hispid Cotton Rat (*Sigmodon hispidus*). *Landscape Ecology*, 14 : 53-65.

BRADLEY M.M., CUTHBERT B.N., LANG P.J., 1990. Startle Reflex Modification: Emotion or Attention? *Psychophysiology*, 27 : 513-522.

BRAND G., MILLOT J.-L., 2001. Sex Differences in Human Olfaction: Between Evidence and Enigma. *Quarterly Journal of Experimental Psychology*, 54 : 259-270.

BROOM D.M., 1987. Applications of Neurobiological Studies to Farm Animal Welfare. *In* WIEPKEMA P.R., VAN ADRICHEM P.W.M. (dir.), *Biology of Stress in Farm Animals: An Integrative Approach*. Dordrecht/Boston/Lancaster, Martinus Nijhoff Publishers, 101-110.

BROOM D.M., 1993. A Usable Definition of Animal Welfare. *Journal of Agricultural and Environmental Ethics*, 6 : 15-25.

BROOM D.M., 1996. Animal Welfare Defined in Terms of Attempts to Cope with the Environment. *Acta Agriculturae Scandinavica*, suppl. 27, 22-28.

BROOM D.M., 2001. The Evolution of Pain. *Vlaams Diergeneeskundig Tijdschrift*, 70 : 17-21.

BROOM D.M., JOHNSON K.G., 1993. *Stress and Animal Welfare*. London, Chapman & Hall, 211 p.

BURGAT F., 1997. *La protection animale*. Paris, PUF, coll. Que sais-je ? n° 3147.

BURGAT F., 2001. Bien-être animal : la réponse des scientifiques. *In* BURGAT F., DANTZER R. (dir.), *Les animaux d'élevage ont-ils droit au bien-être ?* Paris, Inra, coll. Un point sur…, 105-133.

BURGAT F., 2002. Le propre de l'homme et l'appropriation de l'animal. *Nature Sciences Société*, 10 : 16-23.

BURGAT F., 2006. *Liberté et inquiétude de la vie animale*. Paris, Kimé, 316 p.

BURGAT F., DANTZER R. (dir.), 2001. *Les animaux d'élevage ont-ils droit au bien-être ?* Paris, Inra, coll. Un point sur…, 191 p.

BURRITT E.A., PROVENZA F.D., 1991. Ability of Lambs to Learn with a Delay between Food Ingestion and Consequences Given Meals Containing Novel and Familiar Foods, *Applied Animal Behaviour Science*, 32 : 179-189.

BUTLER Z., CORKE P., PETERSON R., RUS D., 2006. From Robots to Animals: Virtual Fences for Controlling Cattle. *International Journal of Robotics Research*, 25 : 485-508.

C

CABANAC M., 1998. The Phylogeny of Emotion and Consciousness. *In Proceedings of the 32nd Congress of the International Society for Applied Ethology*, Clermont-Ferrand, 21-25 July, 34 p.

CAIRNS J., HECKMAN J.R., 1996. Restoration Ecology: the State of an Emerging Field. *Annual Review of Energy and the Environment*, 21 : 167-189.

CALATAYUD F., BELZUNG C., 2001. Emotional Reactivity in Mice: a Case of Non-Genetic Heredity? *Physiology and Behavior*, 74 : 355-362.

CALATAYUD F., COUBARD S., BELZUNG C., 2004. Emotional Reactivity in Mice may not be Inherited but Induced by Parents. *Physiology and Behavior*, 80 : 465-474.

CAMAZINE S., DENEUBOURG J.-L., FRANKS N.R., SNEYD J., THERAULAZ G., BONABEAU E., 2001. *Self-organization in Biological Systems*. Princeton, Princeton University Press, 228 p.

CAPALDI E.A., SMITH A.D., OSBORNE J.L., FAHRBACH S.E., FARRIS S.M., REYNOLDS D.R., EDWARDS A.S., MARTIN A., ROBINSON G.E., POPPY G.M., RILEY J.R., 2000. Ontogeny of Orientation Flight in the Honeybee Revealed by Harmonic Radar. *Nature*, 403 : 537-540.

CAPRARI G., COLOT A., SIEGWART R., HALLOY J., DENEUBOURG J.-L., 2005. Animal and Robot Mixed Societies. *IEEE Robotics & Automation Magazine*, 12 : 58-65.

CARDÉ R.T., MILLAR J., 2004. *Advances in Insect Chemical Ecology*. Cambridge, Cambridge University Press, 346 p.

CARDÉ R.T., MINKS A.K., 1996. *Insect Pheromone Research. New Directions*. New York, Chapman & Hall, 684 p.

CARO T. (ed.), 1998. *Behavioral Ecology and Conservation Biology*. Oxford, Oxford University Press, 582 p.

CARRE S., TASEI J.-N., BADENHAUSER I., LE GUEN J., MORIN G., PIERRE J., 1998. Gene Dispersal by Bumblebees between Two Lines of *Faba bean. Crop Science*, 38 : 322-325.

CHEN X., 1993. Comparison of Inbreeding and Outbreeding in Hermaphroditic *Arianta arbustorum* (L.) (land snail). *Heredity*, 71 : 456-461.

CHEW F.S., RENWICK J.A.A., 1995. Host-Plant Choice in *Pieris butterflies*. *In* CARDÉ R.T., BELL W.J. (eds.), *Chemical Ecology of Insects 2*. New York, Chapman & Hall, 214-238.

CLAIRIN R., BRION P., 1997. *Manuel de sondages. Applications aux pays en développement*, 2ᵉ édition. Paris, Centre français sur la population et le développement, coll. Documents et Manuels, n° 3, 108 p.

CLEMMONS J.R., BUCHHOLZ R. (dir.), 1997. *Behavioral Approaches to Conservation in the Wild*. Cambridge, Cambridge University Press, 404 p.

COFFMAN C.J., NICHOLS J.D., POLLOCK K.H., 2001. Population Dynamics of *Microtus pennsylvanicus* in Corridor-Linked Parches. *Oikos*, 93 : 3-21.

COLLIAS N.E., COLLIAS E.C., 1967. A Fields Study of the Red Jungle Fowl in North-Central India. *Condor*, 69 : 360-386.

Comité consultatif national d'éthique[1], 1993. *Avis sur l'éthique de la recherche dans les sciences du comportement humain*. Rapport n° 38 du 14/10/1993.

CONDOU I., 2000. L'éthologie au service de l'animation. *Action commerciale*, 200 : 48-52.

COSNIER J., 1974. Les aspects non verbaux de la communication duelle. *Bulletin Audiophonologie*, 5 : 193-209.

COSNIER J. (dir.), 1977. Éthologie humaine. *Psychologie Médicale*, numéro spécial n° 11.

COSNIER J., 1978. Spécificité de l'attitude éthologique dans l'étude du comportement humain. *Psychologie Française*, 1 : 19-26.

COSNIER J., 1986. Ethology : a Trandisciplinary Discipline. *In* LECAMUS J., COSNIER J. (dir.), *Ethology and Psychology*. Privat, IEC Toulouse, 19-28.

COUREAUD G., SCHAAL B., LANGLOIS D., PERRIER G., 2001. Orientation Response of Newborn Rabbits to Odours of Lactating Females: Relative Effectiveness of Surface and Milk Cues. *Animal Behaviour*, 61 : 153-162.

COUREAUD G., SCHAAL B., HUDSON R., ORGEUR P., COUDERT P., 2002. Transnatal Olfactory Continuity in the Rabbit: Behavioral Evidence and Short-Term Consequence of its Disruption. *Developmental Psychobiology*, 40 : 372-390.

COUREAUD G., MONCOMBLE A.-S., MONTIGNY D., DEWAS M., PERRIER G., SCHAAL B., 2006. A Pheromone that Rapidly Promotes Learning in the Newborn. *Current Biology*, 16 : 1956-1961.

COUTEUX A., LEJEUNE V., 2003. Médiateurs chimiques. *In* COUTEUX A., LEJEUNE V. (eds.), *Index phytosanitaire*. Paris, Association de coordination technique agricole (Acta), 489-497.

COUTY A., JOUANIN L., PHAM-DELÈGUE M.-H., 2002. Impact de protéines d'origine végétale, exprimées dans des plantes transgéniques, sur des insectes pollinisateurs et auxiliaires. *In* REGNAULT-ROGER C., PHILOGÈNE B. Jr, VINCENT C. (dir.), *Biopesticides d'origine végétale*. Paris, Tec et Doc (éd. Lavoisier), 243-264.

COUTY A., PIERRE J., PHAM-DELÈGUE M.-H., 2005. Effets non intentionnels des plantes transgéniques sur les insectes non cibles. *In* REGNAULT-ROGER C., *Enjeux phytosanitaires pour l'agriculture et l'environnement*. Paris, Lavoisier, 761-783.

COWLEY J.J., BROOKSBANK B.W., 1991. Human Exposure to Putative Pheromones and Changes in Aspects of Social Behaviour. *Journal of Steroid Biochemistry and Molecular Biology*, 39 : 647-659.

CURIO E., 1976. *The Ethology of Predation*. Heidelberg, Springer-Verlag, 250 p.

CUTLER W.B., FRIEDMAN E., MCCOY N., 1998. Pheromonal Influences on Sociosexual Behavior in Men. *Archives of Sexual Behavior*, 27 : 1-13.

D

DA COSTA A.P., LEIGH A.E., MAN M.S., KENDRICK K.M., 2004. Face Pictures Reduce Behavioural, Autonomic, Endocrine and Neural Indices of Stress and Fear in Sheep. *Proceedings of Biolological Sciences*, 271 : 2077-2084.

DANCHIN E., HEG D., DOLIGEZ B., 2001. Public Information and Breeding Habitat Selection. *In* CLOBERT J., DANCHIN E., DHONDT A.A., NICHOLS J.D. (dir.), *Dispersal*. Oxford, Oxford University Press, 243-258.

---

1. http://www.ccne-ethique.fr (consulté le 23/06/2009).

DANTZER **R.**, 2002. Can Farm Animal Welfare be Understood without Taking into Account the Issues of Emotion and Cognition? *Journal of Animal Science*, 80 : E1-E9.

DANTZER **R.**, **M**ORMÈDE **P.**, 1983. De-Arousal Properties of Stereotyped Behaviour: Evidence from Pituitary-Adrenal Correlates in Pigs. *Applied Animal Ethology*, 10 : 233-244.

DAWKINS **M.S.**, 1983. *La souffrance animale*. Maisons-Alfort, éditions du Point vétérinaire, 138 p.

DAWKINS **M.S.**, 1997. Suffering, Demand Curves and Welfare: a Reply to Houston. *Animal Behavior*, 53 : 1119-1121.

DAYAN **A.**, **B**ON **J.**, **C**ADIX **A.**, **de M**ARICOURT **R.**, **M**ICHON **C.**, **O**LLIVIER **A.**, 1985. La politique de communication. *In Marketing*. Paris, Presses Universitaires de France, Fondamental, 259-309.

DE JONG **R.**, **K**AISER **L.**, 1992. Odour Preference of a Parasitic Wasp Depends on order of Learning. *Experientia*, 48 : 902-904.

DE LEEUW **J.A.**, **E**KKEL **E.D.**, 2004. Effects of Feeding Level and the Presence of a Foraging Substrate on the Behaviour and Stress Physiological Response of Individually Housed Gilts. *Applied Animal Behaviour Science*, 86 : 15-25.

DE PASSILLÉ **A.-M.**, **R**USHEN **J.**, 1995. Effects of Spatial Restriction and Behavioural Deprivation on Open-Field Responses, Growth and Adrenocortical Reactivity of Calves. *Proceedings of the 29th International Congress of the International Society for Applied Ethology*, Exeter, August 5-9, 207-208.

DE SCHUTTER **G.**, **T**HERAULAZ **G.**, **D**ENEUBOURG **J.-L.**, 2001. Animal-Robots Collective Intelligence. *Annals of Mathematics and Artificial Intelligence*, 31 : 223-238.

DE WILT **J.G.**, 1985. *Behaviour and Welfare of Veal Calves in Relation to Husbandry Systems*. Wageningen, The Netherlands, IMAG, 137 p.

DELLMEIER **G.R.**, **F**RIEND **T.H.**, **G**BUR **E.E.**, 1985. Comparison of Four Methods of Calf Confinement. II. Behavior. *Journal of Animal Science*, 60 : 1102-1109.

DELOYE **C.**, 1997. Panels : le consommateur ne fait pas toujours ce qu'il dit. *LSA*, 1552 : 92.

DELVOLVÉ **N.**, 1987. *Les activités collatérales : repère de l'instabilité de l'homme au travail*. Thèse de doctorat de l'université Paul Sabatier, spécialité Psychophysiologie ergonomique, 118 p.

DELVOLVÉ **N.**, **P**RÊTEUR **V.**, 1986. Performance and Organization of the Activities at Work as a Response of Human Circadian Variations. *In* **Q**UÉINNEC **Y.**, **D**ELVOLVÉ **N.** (dir.), *Behavioural Rhythms*. Privat, IEC Toulouse, 35-44.

DENEUBOURG **J.-L.**, **G**OSS **S.**, 1989. Collective Patterns and Decision-Making. *Ethology Ecology and Evolution*, 1 : 295-311.

DENEUBOURG **J.-L.**, **A**RON **S.**, **G**OSS **S.**, **P**ASTEELS **J.M.**, **D**UERINCK **G.**, 1986. Random Behavior, Amplification Processes and Number of Participants: How they Contribute to the Foraging Properties of Ants. *Physica D*, 22 : 176-186.

DENEUBOURG **J.-L.**, **G**OSS **S.**, **F**RANKS **N.R.**, **S**ENDOVA-**F**RANKS **A.**, **D**ETRAIN **C.**, **C**HRÉTIEN **L.**, 1991. The Dynamics of Collective Sorting: Robot-like Ant and Ant-like Robot. *In* **M**EYER **J.A.**, **W**ILSON **S.W.** (dir.), *Simulation of Adaptive Behavior: From Animals to Animats*, Cambridge, MIT Press/Bradford Books, 356-365.

DENEUBOURG **J.-L.**, **M**ILLOR **J.**, **T**HERAULAZ **G.**, **D**ETRAIN **C.**, 2001. Plan d'organisation et population dans les sociétés d'insectes. *In* **P**RIGOGINE **I.** (dir.), *L'homme devant l'incertain*. Paris, Odile Jacob, 141-155.

DENEUBOURG **J.-L.**, **L**IONI **A.**, **D**ETRAIN **C.**, 2002. Dynamics of Aggregation and Emergence of Cooperation. *The Biological Bulletin*, 202 : 262-267.

DERRIDJ **S.**, 1996. Nutrients on the Leaf Surface. *In* **M**ORRIS **C.E.**, **N**ICOT **P.C.**, **N**GUYEN **C.** (eds.), *Aerial and Plant Surface Microbiology*. New York, Plenum Press, 25-42.

DÉSAUTÉS **C.**, **B**IDANEL **J.-P.**, **M**ILANT **D.**, **I**ANNUCCELLI **N.**, **A**MIGUES **Y.**, **B**OURGEOIS **F.**, **C**ARITEZ **J.-C.**, **R**ENARD **C.**, **C**HEVALET **C.**, **M**ORMÈDE **P.**, 2002. Genetic Linkage Mapping of Quantitative Trait *Loci* for Behavioral and Neuroendocrine Stress Response Traits in Pigs. *Journal of Animal Science*, 80(9) : 2276-2285.

DESFORGES **M.-F.**, **W**OOD-**G**USH **D.G.M.**, 1975a. A Behavioural Comparison of Domestic and Mallard Ducks. Habituation and Flight Reaction. *Animal Behaviour*, 23 : 692-697.

DESFORGES **M.-F.**, **W**OOD-**G**USH **D.G.M.**, 1975b. A Behavioural Comparison of Domestic and Mallard Ducks. Spatial Relationship in Small Flocks. *Animal Behaviour*, 23 : 698-705.

DESFORGES M.-F., WOOD-GUSH D.G.M., 1976. A Behavioural Comparison of Domestic and Mallard Ducks. Sexual Behaviour. *Animal Behaviour*, 24 : 391-397.

DÉSIRÉ L., BOISSY A., VEISSIER I., 2002. Emotions in Farm Animals: a New Approach to Animal Welfare in Applied Ethology. *Behavioural Processes*, 60 : 165-180.

DESMOULIN S., 2006. *L'animal, entre science et droit*. Aix-en-Provence, Presses universitaires d'Aix-Marseille, 690 p.

DESNEUX N., RAFALIMANANA H., KAISER L., 2004. Dose-Response Relationship in Lethal and Behavioural Effects of Different Insecticides on the Parasitic Wasp *Aphidius ervi*. *Chemosphere*, 54 : 619-627.

DETRAIN C., DENEUBOURG J.-L., 2002. Complexity of Environment and Parsimony of Decision Rules in Ants. *The Biological Bulletin*, 202 : 268-274.

DETRAIN C., DENEUBOURG J.-L., 2006. Self-Organized Structures in a Superorganism: do Ants "Behave" like Molecules? *Physics of Life Reviews*, 3 : 162-187.

DETRAIN C., DENEUBOURG J.-L., PASTEELS J.M., 1999. Decision-Making in Foraging by Social Insects. *In* DETRAIN C., DENEUBOURG J.-L., PASTEELS J.M. (dir.), *Information Processing in Social Insects*. Birkhäuser Verlag, Basel, 331-354.

DEVIGNE C., DETRAIN C., 2006. How does Food Distance Influence Foraging in the Ant *Lasius niger*: the Importance of Home-Range Marking. *Insectes sociaux*, 53 : 46-55.

DICKE M., VAN LOON J.J.A., 2000. Multitrophic Effects of Herbivore-induced Plant Volatiles in an Evolutionary Context. *Entomology Experimental Applied*, 97 : 237-249.

DORNHAUSS A., CHITTKA L., 2001. Food Alert in Bumblebees (*Bombus terrestris*): Possible Mechanisms and Evolutionary Implications. *Behavioral Ecology and Sociobiology*, 50 : 570-576.

DOUPE A.J., KUHL P.K., 1999. Birdsong and Human Speech: Common Themes and Mechanisms. *Annual Review of Neuroscience*, 22 : 567-631.

DOVER J.W., FRY G.L.A., 2001. Experimental Simulation of Some Visual and Physical Components of a Hedge and the Effects on Butterfly Behaviour in an Agricultural Landscape. *Entomologia Experimentalis et Applicata*, 100 : 221-233.

DØVING K.B., SELSET R., THOMMESEN G., 1980. Olfactory Sensitivity of Bile Acids in Salmonid Fishes. *Acta Physiologica Scandinavica*, 108 : 123-131.

DREISIG H., 1995. Ideal Free Distribution of Nectar Foraging Bumble Bees. *Oikos*, 72 : 117-125.

DRISCOLL D.A., 2007. How to Find a Metapopulation. *Canadian Journal of Zoology*, 85 : 1031-1048.

DU MESNIL DU BUISSON F., SIGNORET J.-P., 1962. Influences de facteurs externes sur le déclenchement de la puberté chez la truie. *Annales de zootechnie*, 11 : 53-59.

DUBOSCQ M.-J., 1995. L'expérience d'une enseignante. *In* MONTAGNER H. (éd.), *L'enfant, l'animal et l'école*. Paris, Bayard, 12, 159-172.

DUMONT B., 1996. Préférences et sélection alimentaire au pâturage. *Inra Productions Animales*, 9 : 359-366.

DUMONT B., BOISSY A., 2000. Grazing Behaviour of Sheep in a Situation of Conflict between Feeding and Social Motivations. *Behavioural Processes*, 49 : 131-138.

DUMONT B., DUTRONC A., PETIT M., 1998. How Readily will Sheep Walk for a Preferred Forage? *Journal Animal Science*, 76 : 965-971.

DUMONT B., MAILLARD J.-F., PETIT M., 2000. The Effect of the Spatial Distribution of Plant Species within the Sward on the Searching Success of Sheep when Grazing. *Grass and Forage Science*, 55 : 138-145.

DUMONT B., CARRÈRE P., D'HOUR P., 2002. Foraging in Patchy Grasslands: Diet Selection by Sheep and Cattle is Affected by the Size and Horizontal Distribution of Preferred Patches. *Animal Research*, 51 : 367-381.

DUMONT B., BOISSY A., ACHARD C., SIBBALD A. M., ERHARD H.W., 2005. Consistency of Animal Order in Spontaneous Group Movements Allows the Measurement of Leadership in a Group of Grazing Heifers. *Applied Animal Behaviour Science*, 95 : 55-66.

DUNCAN I.J.H., 2002. Poultry Welfare: Science or Subjectivity? *British Poultry Science*, 43 : 643-652.

DUNCAN P., 1983. Determinants of the Use of Habitat by Horses in a Mediterranean Wetland. *Journal of Animal Ecology*, 52 : 93-111.

DUPLANTIER J.-M., CASSAING J., ORSINI P., CROSET H., 1984. Utilisation de poudres fluorescentes pour l'analyse des déplacements de petits rongeurs dans la nature. *Mammalia*, 48 : 293-298.

DUSSUTOUR A., FOURCASSIÉ V., HELBING D., DENEUBOURG J.-L., 2004. Optimal Traffic Organization in Ants under Crowded Conditions. *Nature*, 428 : 70-73.

E

EDWARDS G.R., NEWMAN J.A., PARSONS A.J., KREBS J.R., 1997. Use of Cues by Grazing Animals to Locate Food Patches: an Example with Sheep. *Applied Animal Behaviour Science*, 51 : 59-68.

EGBERT A., 1996. Les instruments juridiques à caractère international et leur contribution à la protection des animaux d'expérimentation. *In* LEROUX Th., LÉTOURNEAU L. (dir.), *L'être humain, l'animal et l'environnement : dimensions éthiques et juridiques*. Montréal, Ed. Thémis, 139-157.

EGGERT C., 2002. Use of Fluorescent Pigments and Implantable Transmitters to Track a Fossorial Toad (*Pelobates fuscus*). *Herpetological Journal*, 12 : 69-74.

EHRLICH P.R., RAVEN P.H., 1964. Butterflies and Plants: a Study in Coevolution. *Evolution*, 18 : 586-608.

EHRLICHMAN H., BROWN KUHL S., ZHU J., WARRENBURG S., 1997. Startle Reflex Modulation by Pleasant and Unpleasant Odors in a Between-Subjects Design. *Psychophysiology*, 3 : 726-729.

ELENKOV I.J., CHROUSOS G.P., 1999. Stress Hormones, Th1/Th2 Patterns, Pro/Anti-Inflammatory Cytokines and Susceptibility to Disease. *Endocrinology and Metabolism*, 10 : 359-368.

ELZEN G.W., 1989. Sublethal Effects of Pesticides on Beneficial Parasitoids. *In Pesticides and Non-Target Invertebrates*. Wimborne, Dorset (UK), ed. Jepson P.C., Intercept Ltd, 129-150.

EMLEN S.T., ORING L.W., 1977. Ecology, Sexual Selection and the Evolution of Mating Systems. *Science*, 197 : 215-223.

ENGELSTOFT C., OVASKA K., HONKANEN N., 1999. The Harmonic Direction Finder : a New Method for Tracking Movements of Small Snakes. *Herpetological Review*, 30 : 84-87.

EPPLE G., HERZ R.S., 1999. Ambient Odors Associated to Failure Influence Cognitive Performance in Children. *Developmental Psychobiology*, 3 : 103-107.

ERHARD H.W., SCHOUTEN W.G.P., 2001. Individual Differences and Personality. *In* KEELING L.J., GONYOU H.W. (dir.), *Social Behaviour in Farm Animals*. Oxon (UK), 333-352.

ESTEP D.Q., HETTS S., 1992. Interactions, Relationships and Bonds: the Conceptual Basis for Scientist-Animal Relations. *In* DAVIS H., BALFOUR D. (dir.), *The Inevitable Bond: Examining Scientist-Animal Interactions*. Cambridge (UK), Cambridge University Press, 6-26.

EWBANK R., 1967. Behaviour of Twin Cattle. *Journal of Dairy Science*, 50 : 1510-1512.

F

FAHRIG L., 2007. Non-Optimal Animal Movement in Human-Altered Landscapes. *Functional Ecology*, 21 : 1003-1015.

FALCONER D.S., 1980. *An Introduction to Quantitative Genetics*. London (GB), Longman, 340 p.

Farm Animal Welfare Council, 1993. *Report on Priorities for Animal Welfare Research and Development*. Surbiton, FAWC, Tolworth Tower, Surbiton, Surrey KT6 7DX1-26.

FAURE J.-M., 1979. Sélection génétique et stress. *In Séminaire des Groupements Techniques Vétérinaires*, Tours, 10 mai 1979, 53-59.

FAURE J.-M., 1980. To Adapt the Environment to the Bird or the Bird to the Environment. *In* MOSS R. (dir.), *The Laying Hen and its Environment*. The Hague (NL), Martinus Nijhoff, 19-42.

FAURE J.-M., 1981. Behavioural Measures for Selection. *In* SORENSEN L.Y. (dir.), *Proceeding 1st European Symposium Poultry Welfare*. Slagelse (DK), Slagelsetryk, 37-41.

FAURE J.-M., LAGADIC H., 1989. Space Requirements of Caged Layers. *In* KUIJT A.R., EHLHARDT D.A., BLOKHUIS H.J. (dir.), *Alternative Improved Housing Systems for Poultry*. Luxembourg, 79-89.

FAURE J.-M., MILLS A.D., 1995. Bien-être et comportement chez les oiseaux domestiques. *Inra Productions Animales*, 8 : 57-67.

FAURE J.-M., MILLS A.D., 1998. Improving Adaptability of Animals by Selection. *In* GRANDIN T. (dir.), *Genetics and the Behavior of Domestic Animals*. San Diego, Academy Press, 235-264.

FAURE J.-M., MELIN J.-M., MILLS A.D., 1992. Selection for Behavioural Traits in Relation to Poultry Welfare. *In 19th World's Poultry Sciences Congress*. Amsterdam (NL), WPSA Dutch Branch, Beekbergen, 405-408.

FAURE J.-M., BESSEI W., JONES R.B., 2003. Direct Selection for Improvement of Animal Well-Being. *In* MUIR W.M. and AGGREY S.E. (dir.), *Poultry Genetics, Breeding and Biotechnology*. Wallingford (UK), CABI Publishing, 221-245.

FEINBERG J., 1974. The Rights of Animals and Unborn Generations. *In* FEINBERG J. (dir.), *Rights, Justice and the Bounds of Liberty*. Princeton, Princeton University Press, 159-184.

FEINBERG J., 1978. Human Duties and Animal Rights. *In* FEINBERG J. (dir.), *Rights, Justice and the Bounds of Liberty*. Princeton, Princeton University Press, 185-206.

FERREIRA G., TERRAZAS A., POINDRON P., NOWAK R., ORGEUR P., LÉVY F., 2000. Learning of Olfactory Cues in not Necessary for Early Lamb Recognition by the Mother. *Physiology and Behavior*, 69 : 405-412.

FEYEREISEN P., DE LANNOY J.-D., 1985. *Psychologie du geste*. Bruxelles, éd. P. Mardaga, 277-279.

FILIÂTRE J.-C., MILLOT J.-L., MONTAGNER H., 1986. New Data on Communication Behaviour between the Young Child and his Pet-Dog. *Behavioural Processes*, 12 : 33-44.

FILIÂTRE J.-C., MILLOT J.-L., MONTAGNER H., ECKERLIN A., GAGNON A.-C., 1988. Advances in the Study of the Relationship between Children and their Pet Dogs. *Anthrozöos*, 2 : 22-32.

FRASER D., DUNCAN I.J.H., 1998. Pleasures, Pains and Animal Welfare: toward a Natural History of Affect. *Animal Welfare*, 7 : 383-396.

FRECHETTE B., DIXON A.F.G., ALAUZET C., HEMPTINNE J.L., 2004. Age and Experience Influence Patch Assessment for Oviposition by an Insect Predator. *Ecological Entomology*, 29 : 578-583.

FREE J.B., 1993. *Insect Pollination of Crops*. New York, Academic Press, 684 p.

FRÉROT B., GUILLON M., BERNARD P., MADRENNES L., DE SCHEPPER B., MATHIEU F., CŒUR D'ACIER A., 1997. Mating Disruption of Corn Stalk Borer, *Sesamia Nonagroides* Lef. (*Lep., Noctuidae*). *In Technology Transfer in Mating Disruption*. IOBC/WPRS Bulletin, 20 : 119-128.

FRETWELL S.D., LUCAS H.L., 1970. On Territorial Behaviour and Other Factors Influencing Habitat Distribution in Birds: Theoretical Developments. *Acta Biotheoretica*, 19 : 16-36.

FRIEDMAN N.E., KATCHER A., THOMAS S.A., LYNCH J., MESSENT P., 1983. Social Interaction and Blood Pressure: Influence of Animal Companion. *Journal of Nervous and Mental Disease*, 171 : 461-485.

FRIEND T.H., GWAZDAUSKAS F.C., POLAN C.E., 1979. Change in Adrenal Response from Free Stall Competition. *Journal of Dairy Science*, 62 : 768-771.

FRIEND T.H., DELLMEIER G.R., GBUR E.E., 1985. Comparison of Four Methods of Calf Confinement. I. Physiology. *Journal of Animal Science*, 60 : 1095-1101.

FROHOFF T., PATERSON B., 2003. *Between Species: Celebrating the Dolphin-Human Bond*. San Francisco, Sierra Club books, 228 p.

G

GADBIN D., 2005. Les nouvelles articulations entre expertise scientifique et décision politique : l'exemple de l'Agence européenne de sécurité des aliments. *Revue de droit rural*, 329 : 9.

GAGNON A.-C., MONTAGNER H., 1988. Children and their Pet Dogs: How they Communicate. *Behavioural Processes*, 17 : 1-15.

GALEF B.G., 1988. Imitation in Animals: History, Definition and Interpretation of Data from the Psychological Laboratory. *In* ZENTALL T.R., GALEF B.G. (dir.), *Social Learning Psychological and Biological Perspectives*. Hillsdale, New Jersey, 3-28.

GAUTRAIS J., MICHELENA P., SIBBALD A., BON R., DENEUBOURG J.-L., 2007. Allelomimetic Synchronization in Merino Sheep. *Animal Behaviour*, 74 : 1443-1454.

GESMIER V., 1996. *Adaptation comportementale des veaux de boucherie à différents logements*. Thèse de l'université de Rennes I, 86 p.

GILBERT A., KNASKO S., SABINI J., 1997. Sex Differences in Task Performance Associated with Attention to Ambient Odor. *Archives of Environmental Health*, 52 : 195-199.

GILLIS E.A., NAMS V.O., 1998. How Red-Backed Voles Find Habitat Patches? *Canadian Journal of Zoology*, 98 : 776-791.

GILPIN M.E., SOULÉ M.E., 1986. Minimum Viable Populations: Processes of Species Extinction. *In* SOULÉ M.E. (dir.), *Conservation Biology, the Science of Scarcity and Diversity*. Sunderland (Mass.), Sinauer Assoc., 19-34.

GINANE C., BAUMONT R., LASSALAS J., PETIT M., 2002. Feeding Behaviour and Intake by Heifers Fed on Hays of Various Quality, Offered Alone or in a Choice Situation. *Animal Research*, 51 : 177-188.

GODFRAY H.J.C., 1994. *Parasitoids: Behavioral and Evolutionary Ecology*. Princeton, Princeton University Press, 520 p.

GODFRAY H.J.C., SHIMADA M., 1999. Parasitoids: a Model System to Answer Questions in Behavioral, Evolutionary and Population Ecology. *Resource Population Ecology*, 41 : 3-10.

GOFFI J.-Y., 1994. *Le philosophe et ses animaux – Du statut éthique de l'animal*. Nimes, édition Jacqueline Chambon, 335 p.

GOFFI J.-Y., 2001. L'utilitarisme, les droits et le bien-être animal. *In* BURGAT F., DANTZER R. (dir.), *Les animaux d'élevage ont-ils droit au bien-être ?* Paris, Inra, coll. Un point sur…, 149-164.

GOODWIN D., 2003. Horse Behaviour: Evolution, Domestication and Feralisation. *In* WARAN N. (dir.), *The Welfare of Horses*. Dordrecht, Kluwer Academic Publishers, 1-18.

GORDON D.M., 1996. The Organization of Work in Social Insects Colonies. *Nature*, 380 : 121-124.

GOSLING L.M., SUTHERLAND W.J. (dir.), 2000. *Behaviour and Conservation*. Cambridge, Cambridge University Press, 438 p.

GOSS S., DENEUBOURG J.-L., BECKERS R., HENROTTE J.-L., 1993. Recipes for Collective Movement. *In Proceedings of ECAL 93*. Bruxelles.

GOURSAUD A.-P., NOWAK R., 1999. Colostrum Mediates the Development of Mother Preference by Newborn Lambs. *Physiology and Behavior*, 67 : 49-56.

GRANDIN T., 2000. Behavioural Principles of Handling Cattle and Other Grazing Animals under Extensive Conditions. *In* GRANDIN T. (dir.), *Livestock Handling and Transport*. Wallingford, Oxon (UK), CAB International, 63-85.

GRANT S.A., HODGSON J., 1986. Grazing Effects on Species Balance and Herbage Production in Indigeneous Plant Communities. *In* GUDMUNDSSON O. (ed.), *Grazing Research at Northern Latitudes*. New York, Plenum Press, 69-77.

GREENWOOD P.J., 1980. Mating Systems, Philopatry and Dispersal in Birds and Mammals. *Animal Behaviour*, 28 : 1140-1162.

GRIGNARD L., BOISSY A., BOIVIN X., LE NEINDRE P., 2000. The Social Environment Influences the Behavioural Responses of Beef Cattle to Handling. *Applied Animal Behaviour Science*, 68 : 1-11.

GRIME J.P., 1979. *Plant Strategies and Vegetation Processes*. Chichester, Wiley & Sons, 222 p.

GRIMM V., 1999. Ten Years of Individual-Based Modelling in Ecology: What we Learned and What could we Learn in the Future? *Ecological Modelling*, 115 : 275-282.

GROSS W.B., SIEGEL P.B., 1965. The Effect of Social Stress on Resistance to Infection with *Esherichia coli* or *Mycoplasma gallisepticum*. *Poultry Science*, 44 : 998-1001.

GUBERNIK D.L., 1981. Parent and Infant Attachment in Mammals. *In* GUBERNIK D.J., KLOPFER P.H. (dir.), *Parental Care in Mammals*. New York/London, Plenum Press, 243-305.

GUÉGUEN N., 2001. Effect of a Perfume on Prosocial Behavior of Pedestrians. *Psychological Reports*, 88 : 1046-1048.

GUÉRIF S., BENNANI Y., BAUDOIN C., 2006. Connectionist and Ethological Approaches for Discovering Salient Facial Movement Features in Human Gender Recognition. *Proceeding 28th. International Conference Information Technology Interfaces*. Dubrovnik (Croatia), Juin, 6 p.

GUERON S., LEVIN S.A., 1993. Self-Organisation of Front Patterns in Large Wildebeest Herds. *Journal of Theoretical Biology*, 165 : 541-552.

GUPTA J.K., KUMAR J., MISCHRA R.C., 1984. Nectar Sugar Production and Honeybee Foraging Activity in Different Cultivars of Cauliflower, *Brassica oleracea* var. Botrytis. *Indian Bee Journal*, 46 : 21-22.

H

HACCOU P., **MEELIS E.**, 1992. *Statistical Analysis of Behavioural Data. An Approach Based on Time-Structured Models*. Oxford, Oxford University Press, 396 p.

HALE E.B., 1975. Domestication and the Evolution of Behaviour. *In* **HAFEZ E.S.E.** (dir.), *The Behaviour of Domestic Animals*, 2nd ed. Londres, Baillère, Tindall and Cassel, 22-42.

HALL C.S., 1934. Emotional Behavior in the Rat. Defecation and Urination as Measures of Individual Differences in Emotionality. *Journal of Comparative Psychology*, 18 : 385-403.

HALL M., **HALLIDAY T.**, **McLANNAHAN H.**, **TOATES F.**, **WHATSON T.**, 1998. Cognition. *In* **HALL M.**, **HALLIDAY T.** (dir.), *Behaviour and Evolution*. Berlin, Springer, 193-213.

HALLOY J., **SEMPO G.**, **CAPRARI G.**, **RIVAULT C.**, **ASADPOUR M.**, **TÂCHE F.**, **SAÏD I.**, **DURIER V.**, **CANONGE S.**, **AMÉ J.-M.**, **DETRAIN C.**, **CORRELL N.**, **MARTINOLI A.**, **MONDADA F.**, **SIEGWART R.**, **DENEUBOURG J.-L.**, 2007. Social Integration of Robots into Groups of Cockroaches to Control Self-Organized Choices. *Science*, 318 : 1155-1158.

HAMILTON W.D., **MAY R.M.**, 1977. Dispersal in Stable Habitats. *Nature*, 269 : 578-581.

HÄNNINENA L., **DE PASSILLÉ A.-M.**, **RUSHEN J.**, 2005. The Effect of Flooring Type and Social Grouping on the Rest and Growth of Dairy Calves. *Applied Animal Behaviour Science*, 91 : 193-204.

HANSKI I., 1994. A Practical Model of Metapopulation Dynamics. *Journal of Animal Ecology*, 63 : 151-162.

HARRISON S., 1991. Local Extinction in a Metapopulation Context: an Empirical Evaluation. *Biological Journal of the Linnean Society*, 42 : 73-88.

HARTMANN T., 1996. Diversity and Variability of Plant Secondary Metabolism – a Mechanistic View. *Entomology Experimental Applied*, 80 : 177-188.

HASLER A.D., **SCHOLZ A.T.**, 1983. *Olfactory Imprinting and Homing in Salmon*. Berlin, Springer-Verlag, 154 p.

HASLER A.D., **WISBY W.J.**, 1951. Discrimination of Stream Odors by Fishes and Relation to Parental Stream Behavior. *The American Naturalist*, 85 : 223-238.

HASSEL M.P., 1978. *The Dynamics of Arthropods Predator-Prey Systems*. Princeton, Princeton University Press, 237 p.

HAWKINS B.A., **CORNELL H.V.**, 1999. *Theoretical Approaches to Biological Control*. Cambridge, Cambridge University Press, 424 p.

HEDIGER H., 1965. Wild Animals in Captivity. *Zoological Society of London*, 56 : 154-183.

HELMER D., 1992. *La domestication des animaux par les hommes préhistoriques*. Paris, Masson, 184 p.

HEMSWORTH P.H., **COLEMAN G.J.**, 1998. *Human-Livestock Interactions: the Stockperson and the Productivity and Welfare of Intensively Farmed Animals*. New York, CAB International, 158 p.

HEMSWORTH P.H., **BARNETT J.L.**, **HANSEN C.**, 1986a. The Influence of Handling by Humans on the Behaviour, Reproduction and Corticosteroids of Male and Female Pigs. *Applied Animal Behaviour Science*, 15 : 303-314.

HEMSWORTH P.H., **GONYOU H.W.**, **DZIUK P.J.**, 1986b. Human Communication with Pigs: the Behavioural Response of Pigs to Specific Human Signals. *Applied Animal Behaviour Science*, 15 : 45-54.

HENDERSON J.V., **WATHES C.M.**, **NICOL C.J.**, **WHITE R.P.**, **LINES J.A.**, 2000. Threat Assessment by Domestic Ducklings: Implications for Animal-Machine Interactions. *Applied Animal Behaviour Science*, 69 : 241-253.

HENRY J.-P., **GOUYON P.-H.**, 1998. *Précis de génétique des populations*. Paris, Masson, 186 p.

HERTZ H., 1894. *Der Prinzipien der Mechanik*. Leipzig. [Traduction en anglais : **HERTZ H.**, 1956. *The Principles of Mechanics*. New York, Dover Publications.]

HESTBECK J.B., 1982. Population Regulation of Cyclic Mammals: the Social Fence Hypothesis. *Oikos*, 39 : 157-163.

HESTER P.Y., **MUIR W.M.**, **CRAIG J.V.**, **ALBRIGHT J.L.**, 1996. Group Selection for Adaptation to Multiple Hen Cages: Production Traits during Heat and Cold Exposure. *Poultry Sciences*, 75 : 1308-1314.

HITCHING S.P., **BEEBEE T.J.C.**, 1998. Loss of Genetic Diversity and Fitness in Common Toad (*Bufo bufo*) Populations Isolated by Inimical Habitat. *Journal of Evolutionary Biology*, 11 : 269-283.

HOGENDOORN K., **STEEN Z.**, **SCHWARZ M.P.**, 2000. Native Australian Carpenter Bees as a Potential

Alternative to Introducing Bumble Bees for Tomato Pollination in Greenhouse. *Journal of Apicultural Research*, 39 : 67-74.

HOPPER K.R., 2001. Research Needs Concerning Non-Target Impacts of Biological Introductions. *In* **WAJNBERG E.**, **SCOTT J.K.**, **QUIMBY P.C.** (eds.), *Evaluating Indirect Ecological Effects of Biological Control.* New York, CABI Publishing, 39-56.

HOPSTER H., **BLOKHUIS H.J.**, 1994. Validation of a Heart-Rate Monitor for Measuring a Stress Response in Dairy Cows. *Canadian Journal of Animal Science*, 74 : 465-474.

HORKHEIMER M., **ADORNO T.W.**, 1944 (1969 édition revue). *La dialectique de la raison.* Traduit de l'allemand par Éliane KAUFHOLZ, Paris, Gallimard, 1976, 269 p.

HORRELL I., **HODGSON J.**, 1992. The Bases of Sow-Piglet Identification. 2. Cues Used by Piglets to Identify their Dam and Home Pen. *Applied Animal Behaviour Science*, 33 : 329-343.

HOUSTON A.I., 1997. Demand Curves and Welfare. *Animal Behaviour*, 53 : 983-990.

HOWERY L.D., **PROVENZA F.D.**, **BANNER R.E.**, **SCOTT C.B.**, 1998. Social and Environmental Factors Influence Cattle Distribution on Rangeland. *Applied Animal Behaviour Science*, 55 : 231-244.

HOWERY L.D., **BAILEY D.W.**, **RUYLE G.B.**, **RENKEN W.J.**, 2000. Cattle Use Visual Cues to Track Food Locations. *Applied Animal Behaviour Science*, 67 : 1-14.

HUDSON R., 1985. Do Newborn Rabbits Learn the Odor Stimuli Releasing Nipple-Search Behaviour? *Developmental Psychobiology*, 18 : 575-585.

HUDSON R., **DISTEL H.**, 1983. Nipple Location by Newborn Rabbits: Behavioural Evidence for Pheromonal Guidance. *Behaviour*, 85 : 260-275.

HUDSON R., **LABRA-CARDERO D.**, **MENDOZA-SOYLOVNA A.**, 2002. Sucking, not Milk, is Important for the Rapid Learning of Nipple-Search Odors in Newborn Rabbits. *Developmental Psychobiology*, 41 : 226-235.

HUGHES B.O., 1976. Behaviour as an Index of Welfare. *Proceedings of the 5th European Poultry Conference*, Malta, 5-11 September, 1005-1018.

I

IMS R.F., **YOCCOZ N.G.**, 1997. Studying Transfer Processes in Metapopulations: Emigration, Dispersal and Colonization. *In* **HANSKI I.**, **GILPIN M.E.** (dir.), *Metapopulation Biology: Ecology, Genetics and Evolution.* San Diego (USA), Academic Press, 247-266.

J

JEANSON R., **RIVAULT C.**, **DENEUBOURG J.-L.**, **BLANCO S.**, **FOURNIER R.**, **JOST C.**, **THERAULAZ G.**, 2005. Self-Organized Aggregation in Cockroaches. *Animal Behaviour*, 69 : 169-180.

JENSEN M.B., **MUNKSGAARD L.**, **PEDERSEN L.J.**, **LADEWIG J.**, **MATTHEWS L.**, 2002. Operant Conditioning as a Method to Assess Lying Motivation in Dairy Heifers. *In Proceedings of the 36th International Congress of the ISAE*, Egmond aan Zee (Netherlands), August 6-10, 69 p.

JERVIS M.A., **KIDD N.A.C.**, 1996. *Insect Natural Enemies. Practical Approaches to their Study and Evaluation.* London, Chapman & Hall, 491 p.

JERVIS M.A., **KIDD N.A.C.**, **HEIMPEL G.E.**, 1996. Parasitoid Adult Feeding Behaviour and Biocontrol – a Review. *Biocontrol News Information*, 17 : 11-26.

JOHNSON A.R., **WIENS J.A.**, **MILNE B.T.**, **CRIST T.O.**, 1992. Animal Movements and Population Dynamics in Heterogenous Landscapes. *Landscape Ecology*, 7 : 63-75.

JOHNSON H.D., **VANJONACK W.J.**, 1975. Effects of Environmental and Other Stressors on Blood Hormone Patterns in Lactating Animals. *Journal of Dairy Science*, 59 : 1603-1615.

JOHNSON M.L., **GAINES M.S.**, 1990. Evolution of Dispersal: Theoretical Models and Empirical Tests Using Birds and Mammals. *Annual Review in Ecology and Systematics*, 21 : 449-480.

JOHNSTON C.A., 1998. *Geographic Information Systems in Ecology.* Victoria, Blackwell, 239 p.

JOLY P., **MIAUD C.**, 1993. How does a Newt Find its Pond: the Role of Chemical Cues in Migrating Alpine Newt. *Ethology, Ecology and Evolution*, 5 : 447-455.

JOLY P., **MIAUD C.**, **LEHMANN A.**, **GROLET O.**, 2001. Habitat Matrix Effects on Pond Occupancy in Newts. *Conservation Biology*, 15 : 239-248.

JOLY P., MORAND C., COHAS A., 2003. Habitat Fragmentation and Amphibian Conservation: Building a Tool for Assessing Landscape Matrix Connectivity. *Comptes Rendus Biologies*, 326 : 132-139.

JONAS H., 1966. *The Phenomenology of Life. Towards a Philosophical Biology*. [Traduit de l'anglais par D. LORIES, *Le phénomène de la vie, vers une biologie philosophique*, Ed. De Boeck Université, 2001, 290 p.].

JONES O.J., 1998. Pest Monitoring. *In* HOWSE P. E., STEVENS I.D.R., JONES O.T. (eds.), *Insect Pheromones and their Use in Pest Management*. Londres, Chapman & Hall, 280-299.

JONSSON G.K., BJARKADOTTIR S.H., GISLASON B., BORRIE A., MAGNUSSON M.S., 2003. Detection of Real-Time Patterns in Sports: Interactions in Football. *In* BAUDOIN C. (dir.), *L'éthologie appliquée aujourd'hui. Éthologie humaine* (tome 3). Levallois-Perret, Éditions ED, 37-45.

K

KAISER L., PHAM-DELÈGUE M.-H., BAKCHINE-HUBER E., MASSON C., 1989. Olfactory Responses of *Trichogramma maidis* Pint. & Voeg.: Effects of Chemical Cues and Behavioral Plasticity. *Journal of Insect Behavior*, 2 : 701-712.

KAISER L., PHAM-DELÈGUE M.-H., RAMIREZ-ROMERO R., 2001. Effets du maïs Bt sur des insectes non-cibles. *Biofutur*, 207 : 30-33.

KAPLAN F., FUJITA M., DOI T.T., 2002. Dans les entrailles du chien Aibo. *La Recherche*, 350 : 84-86.

KARG G., SUCKLING M., 1999. Applied Aspects of Insect Olfaction. *In* HANSSON B.S. (ed.), *Insect Olfaction*. Paris, Springer, 351-378.

KATCHER A., FRIEDMAN N.E., BECK A., LYNCH J., 1983. Looking, Talking and Blood Pressure: The Physiological Consequences on Interaction with the Living Environment. *In* KATCHER A., BECK A. (eds.), *New Perspectives on our Lives with Companion Animals*. Philadelphia, University of Philadelphia Press, 351-362.

KAWAHARA T., 1972. Genetic Changes Occurring in Wild Quails Due to « Natural Selection » under Domestication. *Annual Report National Institut Genetics*, 22 : 11-112.

KAWAHARA T., 1977. Differences in Noise Sensitivity Affecting Egg Laying Performance between Wild and Domestic Japanese Quails. *Annual Report National Institut Genetics*, 27 : 95-96.

KAWAHARA T., 1980. Domestication in Japanese Quail (*Coturnix coturnix japonica*). *Annual Report National Institut Genetics*, 27 : 95-96.

KELLER L.F., ARCESE P., SMITH J.N.M., HOCHACHKA W.M., STEARNS S.C., 1994. Selection against Inbred Song Sparrows during a Natural Population Bottleneck. *Nature*, 372 : 356-357.

KELLER M., MEURISSE M., POINDRON P., NOWAK R., FERREIRA G., SHAYIT M., LÉVY F., 2003. Maternal Experience Influences the Establishment of Visual/Auditory, but not Olfactory Recognition of the Newborn Lamb by Ewes at Parturition. *Developmental Psychobiology*, 43 : 167-176.

KEVAN P.G., CLARK E.A., THOMAS V.G., 1990 Insect Pollinators and Sustainable Agriculture. *The American Journal of Alternative Agriculture*, 5 : 13-22.

KIRKDEN R.D., EDWARDS J.S.S., BROOM D.M., 2003. A Theoretical Comparison of the Consumer Surplus and the Elasticities of Demand as Measures of Motivational Strength. *Animal Behaviour*, 65 : 157-178.

KIRK-SMITH M.C., BOOTH D.A., 1980. Effects of Androstenone on Choice of Location in Other's Presence. *In* VAN DER STARRE H. (dir.), *Olfaction and Taste VII*. London, IRL Press, 397-400.

KLEIN A.M., VAISSIÈRE B.E., CANE J.H., STEFFAN-DEWENTER I.S., CUNNINGHAM S.A., KREMEN C., TSCHARNTKE T., 2007. Importance of Pollinators in Changing Landscapes for World Crops. *Proceedings of the Royal Society B*, 274 : 303-313.

KLOPFER P.H., 1963. Behavioral Aspects of Habitat Selection. *Wilson Bulletin*, 75 : 15-22.

KNASKO S.C., 1989. Ambient Odor and Shopping Behavior. *Chemical Senses*, 14 (5) : 718.

KNASKO S.C., 1995. Pleasant Odors and Congruency: Effects on Approach Behavior. *Chemical Senses*, 20 : 479-487.

KNASKO S.C., GILBERT A.N., SABINI J., 1990. Emotional State, Physical Well-Being and Performance in the Presence of Feigned Ambient Odor. *Journal of Applied Social Psychology*, 20 : 1345-1357.

KOCH-SCHOTT C., 2003. Application de l'éthologie à l'industrie. *In* BAUDOIN C. (dir.), *L'éthologie appliquée aujourd'hui. Éthologie humaine* (tome 3). Levallois-Perret, Éditions ED, 55-60.

KOLTERMANN R., 1973. Retroaktive Hemmung nach sukzessiver Informationseingabe bei *Apis mellifica* und *Apis cerana* (Apidae). *Journal of Comparative Physiology*, 84 : 299-310.

KOMEZA N., **FOUILLET P.**, **BOULETREAU M.**, **DELPUECH J.-M.**, 2001. Modification, by the Insecticide Chlorpyrifos, of the Behavioral Response to Kairomones of a *Drosophila* Parasitoid, *Leptopilina boulardi*. *Archives of Environmental Contamination Toxicology*, 41 : 436-442.

KORFF J., **DYCKHOFF B.**, 1997. Analysis of the Human Animal Interaction Demonstrated in Sheep by Using the Model of "Social Support". *In* HEMSWORTH P.H., SPINKA M., KOSTAL L. (dir.), *Proceedings of the 31st International Congress of the International Society for Applied Ethology*. Prague (Czech Rep.), August 13-16, 87-88.

KOVACS D., **SMALL M.J.**, **DAVIDSON C.I.**, **FISCHHOFF B.**, 1997. Behavioral Factors Affecting Exposure Potential for Household Cleaning Products. *Journal of Exposure Analysis and Environmental Epidemiology*, 7 : 505-520.

KRAEMER G.W., 1992. A Psychobiological Theory of Attachment. *Behavior Brain Science*, 15 : 493-541.

KRAMER E., 1976. The Orientation of Walking Honeybees in Odour Fields with Small Concentration Gradients. *Physiological Entomology*, 1 : 27-37.

KRAUSE J., **RUXTON G.D.**, 2002. *Living in Groups*. Oxford, Oxford University Press.

KRETCHMER K.R., **FOX M.W.**, 1975. Effect of Domestication on Animal Behaviour. *Veterinary Record*, 96 : 102-108.

KRIEGER M.J., **BILLETER J.-B.**, **KELLER L.**, 2000. Ant-Like Task Allocation and Recruitment in Cooperative Robots. *Nature*, 406 : 992-995.

KRISHNAN R., **HARRIS J.M.**, **GOODMAN N.R.** (dir.), 1995. *A Survey of Ecological Economics*. Washington D.C., Island Press, 384 p.

KUWABA Y., **NAGASAWA S.**, **SHIMOYAMA I.**, **KANZAKI R.**, 1999. Synthesis of the Pheromone-Oriented Behaviour of Silkworm Moths by a Mobile Robot with Moth Antennae as Pheromone Sensors. *Biosensors Bioelectronics*, 14 : 195-202.

L

LAMBIN X., **YOCCOZ N.G.**, 1998. The Impact of Population Kin-Structure on Nestling Survival in Townsend's Voles, *Microtus townsendii*. *Journal of Animal Ecology*, 67 : 1-16.

LANDE R., 1988. Genetics and Demography in Biological Conservation. *Science*, 241 : 1455-1460.

LANKIN V.S., 1997. Factors of Diversity of Domestic Behaviour in Sheep. *Genetique Selection Evolution*, 29 : 73-92.

LANKIN V.S., 1999. Domestic Behavior in Sheep: the Role of Behavioral Polymorphism in the Regulation of Stress Reactions. *Russian Journal of Genetic*, 35 : 952-959.

LARRÈRE C., **LARRÈRE R.**, 2001. L'animal machine à produire : la rupture du contrat domestique. *In* BURGAT F., DANTZER R. (dir.), *Les animaux d'élevage ont-ils droit au bien-être ?* Paris, Inra, coll. Un point sur…, 9-24.

LARRÈRE R., 2002. Éthique et expérimentation animale. *Natures Sciences Sociétés*, 10 : 24-32.

LATOUR B., 2008. *Le métier de chercheur. Regard d'un anthropologue*, 2° édition revue et corrigée. Paris, Inra, coll. Sciences en questions, 103 p.

LAWES M.J., **MEALIN P.E.**, **PIPER S.E.**, 2000. Patch Occupancy and Potential Metapopulation Dynamics of Three Forest Mammals in Fragmented Afromontane Forest in South Africa. *Conservation Biology*, 14 : 1088-1098.

LAWLESS H., 1991. Effects of Odors on Mood and Behavior: Aromatherapy and Related Effects. *In* LANG D.G., DOTY R.L., BREIPOHL W. (dir.). *The Human Sense of Smell*. Berlin, Springer-Verlag, 361-386.

LAWRENCE A.B., **TERLOUW E.M.C.**, **KYRIAZAKIS I.**, 1993. The Behavioural Effects of Undernutrition in Confined Farm Animals. *Proceedings of the Nutrition Society*, 52 : 219-229.

LAZARUS R.S., 1993. From Psychological Stress to the Emotions: A History of Changing Outlooks. *Annual Review of Psychology*, 44 : 1-21.

LE NEINDRE P., 1989a. Influence of Cattle Rearing Conditions and Breed on Social Relationships of Mother and Young. *Applied Animal Behaviour Sciences*, 23 : 117-127.

LE NEINDRE P., 1989b. Influence of Cattle Rearing Conditions and Breed on Social Behaviour and Activity of Cattle in Novel

Environments. *Applied Animal Behaviour Sciences*, 23 : 129-140.

LE NEINDRE P., TRILLAT G., SAPA J., MÉNISSIER P., BONNET J.N., CHUPIN J.M., 1995. Individual Differences in Docility in Limousin Cattle. *Journal of Animal Sciences*, 73 : 2249-2253.

LÉCRIVAIN E., LECLERC B., HAUWUY A., 1990. Consommation de ressources ligneuses dans un taillis de chênes par des brebis en estive. *Reproduction Nutrition Development*, suppl. 2 : 207-208s.

LÉCRIVAIN E., ABREU DA SILVA M., DEMARQUET F., LASSEUR J., 1996. Influence du mode d'élevage des agnelles de renouvellement sur leur comportement au pâturage et leurs performances zootechniques. *Rencontre Recherche Ruminants*, 3 : 249-252.

LEHNER P.H., 1996. *Handbook of Ethological Methods*, 2nd ed. Cambridge, Cambridge University Press, 692 p.

LÉNA J.-P., CLOBERT J., DE FRAIPONT M., LECOMTE J., GUYOT G., 1998. The Relative Influence of Density and Kinship on Dispersal in the Common Lizard. *Behavioral Ecology*, 9 : 500-507.

LEOPOLD A.S., 1944. The Nature of Heritable Wilderness in Turquey. *Condor*, 46 : 133-197.

LÉTOURNEAU L., 1996. Du contrôle volontaire à l'adoption d'une loi : les modèles législatifs et normatifs en matière d'expérimentation animale. *In* LEROUX Th., LÉTOURNEAU L. (dir.), *L'être humain, l'animal et l'environnement : dimensions éthiques et juridiques*. Montréal, éd. Thémis, 125-137.

LEVINS R., 1970. Extinction. *In* GERSTENHABER M. (dir.), *Some Mathematical Problems in Biology*. Providence (USA), American Mathematical Society, 77-107.

LEVINSON B.M., 1985. Pets and Human Development. Springfield, Thomas.

LÉVY F., 1997. Physiological and Sensorial Determinism of Maternal Behavior in Mammals. *Contraception Fertilité Sexualité*, 26 : 718-727.

LÉVY F., KENDRICK K., KEVERNE E.B., PORTER R.H., ROMEYER A., 1996. Physiological, Sensory and Experiential Factors of Parental Care in Sheep. *Advanced Studies in Behavior*, 25 : 385-473.

LEWIS W.J., TUMLINSON J.H., 1988. Host Detection by Chemically Mediated Associative Learning in a Parasitic Wasp. *Nature*, 331 : 257-259.

LEY S.J., WATERMAN A.E., LIVINGSTON A., 1996. Measurement of Mechanical Thresholds, Plasma Cortisol and Catecholamines in Control and Lame Cattle: a Preliminary Study. *Research in Veterinary Science*, 61 : 172-173.

LICKLITER R.E., HERON J.R., 1984. Recognition of Mother by Newborn Goats. *Applied Animal Behaviour Science*, 12 : 187-192.

LIGOUT S., PORTER R.H., 2004. Effect of Maternal Presence on the Development of Social Relationships among Lambs. *Applied Animal Behaviour Science*, 88 : 47-59.

LIGOUT S., PORTER R.H., 2006. La reconnaissance sociale chez les mammifères : mécanismes et bases sensorielles impliquées. *Inra Productions Animales*, 19 : 119-134.

LINDAUER M., 1976. Recent Advances in the Orientation and Learning of Honeybees. *Proceedings of the 15th International Congress of Entomology*, Washington (D.C.), August 19-27, 450-460.

LINZEY A., 2006. What Prevents us from Recognizing Animal Sentience? *In* TURNER J., D'SILVA J. (dir.), *Animals, Ethics and Trade: The Challenge of Animal Sentience*. Londres, Earthscan, 74-75.

LORENZ K., 1937. The Companion in the Bird's World. *The Auk*, 54 : 245-273.

LORIG T.S., 2000. The Application of Electroencephalographic Techniques to the Study of Human Olfaction: a Review and Tutorial. *International Journal of Psychophysiology*, 36 : 91-104.

LOTT D.F., HART B.L., 1979. Applied Ethology in a Nomadic Cattle Culture. *Applied Animal Ethology*, 5 : 309-319.

LOUBLIER Y., DOUAULT P., CAUSSE R., BATHES J., BUES R., POITOUT S.H., 1994. Utilisation des spectres polliniques recueillis sur *Agrotis* (*Scotia*) *ipsilon* Hufnagel (*Noctuidae*) comme indicateur des migrations. *Grana*, 33 : 276-281.

LOUCOUGARAY G., BONIS A., BOUZILLÉ J.B., 2004. Effects of Grazing by Horses and/or Cattle on the Diversity of Coastal Grasslands in Western France. *Biology Conservation*, 116 : 59-71.

LUDVINGSON H.W., ROTTMAN T.R., 1989. Effects of Ambient Odors of Lavender and Cloves on Cognition, Memory, Affect and Mood. *Chemical Senses*, 14 : 525-536.

M

MADSEN T., STILLE B., SHINE R., 1996. Inbreeding Depression in an Isolated Population of Adders, *Vipera berus*. *Biological Conservation*, 75 : 113-118.

MAFRA-NETO A., CARDÉ R.T., 1994. Fine-Scale Structure of Pheromone Plumes Modulates Upwind Orientation of Flying Moths. *Nature*, 369 : 142-144.

MAGNUSSON M.S., 1996. Hidden Real-Time Patterns in Intra- and Inter-Individual Behavior: Description and Detection. *European Journal of Psychological Assessment*, 2 : 112-123.

MAGNUSSON M.S., 2003. Analyzing Complex Real-Time Streams of Behavior: Repeated Patterns in Behavior and DNA. *In* BAUDOIN C. (dir.), *L'éthologie appliquée aujourd'hui. Éthologie humaine* (tome 3). Levallois-Perret, Éditions ED, 25-36.

MAJOU D. (dir.), 1999. *Évaluation sensorielle : guide de bonnes pratiques.* Paris, Association de coordination technique pour l'industrie agro-alimentaire (Actia), 128 p.

MANLEY C.H., 1993. Psychophysiological Effect of Odor. *Critical Review of Food Science and Nutrition*, 33 : 57-62.

MARLIER L., SCHAAL B., SOUSSIGNAN R., 1998. Neonatal Responsiveness to the Odor of Amniotic and Lacteal Fluids: a Test of Perinatal Chemosensory Continuity. *Child Development*, 69 : 611-623.

MARQUIÉ J.-C., DELVOLVÉ N., QUÉINNEC Y., 1986. Rhythmic Aspects of Behaviour in Man at Work. *In* QUÉINNEC Y., DELVOLVÉ N. (dir.), *Behavioural Rhythms*. Privat, IEC Toulouse, 21-31.

MARTIN P., BATESON P., 1993. *Measuring Behavior: An Introductory Guide*, 2nd ed. Cambridge, Cambridge University Press, 222 p.

MARTINEZ I., 1994. Family Numididae. *In* DEL HOYO J., ELLIOT A., SARGATAL J. (dir.), *The Handbook of the Birds of the World*. Barcelona (SP), Lynx Edición, 554-567.

MARTINOLI A., THERAULAZ G., DENEUBOURG J.-L., 2002. Quand les robots imitent la nature. *La Recherche*, 358 : 56-62.

MARX D., SCHUSTER H., 1986. Ethological Choice Experiments in Early Weaned Piglets Kept on Flat Decks. 4. Ranking of Type of Floor, Area Dimensions and Stimulation (Straw) and Conclusions for Evaluating Flat-Deck Housing [German]. *Deutsche Tierarztliche Wochenschrift*, 93 : 75-80.

MASON G.J., 1991. Stereotypies and Suffering. *Behavioural Processes*, 25 : 103-115.

MASON G.J., COOPER J., CLAREBROUGH C., 2001. Frustrations of Fur-Farmed Mink. *Nature*, 410 : 35-36.

MASON J.W., 1971. A Re-Evaluation of the Concept of "Non-Specificity" in Stress Theory. *Journal of Psychiatric Research*, 8 : 323-333.

McARTHUR R.H., PIANKA E.R., 1966. On Optimal Use of Two Patchy Environments. *American Naturalist*, 100 : 603-609.

McBRIDE G., PARER I.P., FOENANDER F., 1969. The Social Organisation and Behaviour of the Feral Domestic Fowl. *Animal Behavior Monographs*, 2 : 127-181.

McCOY N., PITINO L., 2002. Pheromonal Influences on Socio-Sexual Behavior in Young Women. *Physiology and Behavior*, 75 : 367-375.

McFARLAND D., 2001. *Le comportement animal : psychobiologie, éthologie, évolution*. De Boeck Université, 612 p.

McGOWAN P.J.K., 1994. Family Phasianidae. *In* DEL HOYO J., ELLIOT A., SARGATAL J. (dir.), *The Handbook of the Birds of the World*. Barcelona (SP), Lynx Edición, 434-552.

McKINNEY W.T., 1984. Animal Models of Depression: an Overview. *Psychiatry Development*, 2 : 77-96.

MECH S.G., HALLETT J.G., 2001. Evaluating the Effectiveness of Corridors: a Genetic Approach. *Conservation Biology*, 15 : 467-474.

MEFFE G.K., EHRLICH A.H., EHRENFELD D., 1993. Human Population Control: the Missing Agenda. *Conservation Biology*, 7 : 1-3.

MENZEL R., 1984. Short Term Memory in Bees. *In* ALKON D.L., FARLEY J. (dir.), *Primary Neural Substrates of Learning and Behavioral Changes*. London, Cambridge University Press, 259-274.

MENZEL R., 1990. Learning, Memory and « Cognition » in Honey Bees. *In* KESNER R.P., OLTON P.S. (dir.), *Neurobiology of Comparative Cognition*. Hillsdale (New Jersey), Laurence Erlbaum Associates, 237-292.

MENZEL R., 1999. Memory Dynamics in the Honeybee. *Journal of Comparative Physiology A*, 185 : 323-340.

MERLEAU-PONTY M., 1942. *La structure du comportement*. Paris, Presses universitaires de France, nouvelle édition 2006, 248 p.

MERTENS C., 1991. Human-Cat Interactions in the Human Setting. *Anthrozoös*, 4 : 214-231.

MERTENS C., TURNER D.C., 1988. Experimental Analysis of Human-Cat Interaction during First Encounters. *Anthrozoös*, 2 : 83-97.

MESQUIDA J., RENARD M., 1989. Étude de l'aptitude à germer *in vitro* du pollen de colza (*Brassica napus*) récolté par l'abeille domestique (*Apis mellifera* L.). *Apidologie*, 20 : 197-205.

MEUNIER-SALAUN M.-C., VANTRIMPONTE M.-N., RAAB A., DANTZER R., 1987. Effect of Floor Area Restriction upon Performance Behavior and Physiology of Growing-Finishing Pigs. *Journal of Animal Science*, 64 : 1371-1377.

MICAUX P., 1980. *L'homme et l'animal*. Rapport au ministre de l'Agriculture. Paris, La Documentation française, 241 p.

MICHELSEN A., BACH ANDERSEN B., STORM J., KIRCHNER W.H., LINDAUER M., 1992. How Honeybees Perceive Communication Dances, Studied by Means of a Mechanical Model. *Behavioral Ecology and Sociobiology*, 30 : 143-150.

MILLEMANN S., PANIS S., LOSLEVER P., POPIEUL J.-C., DILLIES-PELLETIER M.A., 2001. Car Driving Activity: Human and Vehicle Behaviour on a Long Monotonous Journey. *Driving Simulation Conference*, DSC Sophia Antipolis, septembre 2001.

MILLER R.M., 2001. Fallacious Studies of Foal Imprint Training. *Journal of Equine Veterinary Science*, 21 : 102.

MILLOT J.-L., BRAND G., 2001. Effects of Pleasant and Unpleasant Ambient Odors on Human Voice Pitch. *Neuroscience Letters*, 297 : 61-63.

MILLOT J.-L., FILIÂTRE J.-C., ECKERLIN A., 1989. Structure, fonction et genèse des interactions entre le jeune enfant et son chien familier. *Revue internationale de Psychologie sociale*, 2 : 211-226.

MILLOT J.-L., BRAND G., MORAND N., 2002. Effects of Ambient Odors on Reaction Time in Humans. *Neuroscience Letters*, 322 : 79-82.

MILLS A.D., FAURE J.-M., 1990. Panic and Hysteria in Domestic Fowl: a Review. *In* ZAYAN R., DANTZER R. (dir.), *Social Stress in Domestic Animals*. Dordrecht (NL), Kluwer Academic Publishers, 248-271.

MILLS D.S., McDONNELL S.M., 2006. *The Domestic Horse. The Origins, Development and Management of its Behaviour*. Cambridge, Cambridge University Press, 249 p.

MILTNER W., MATJAK M., BRAUN C., DIEKMAN H., BRODY S., 1994. Emotional Qualities of Odors and their Influence on the Startle Reflex in Humans. *Psychophysiology*, 31 : 107-110.

MIRABITO L., MICHEL V., 2003. L'aménagement des bâtiments de dindes : une solution pour enrichir le milieu et réduire les lésions. *Sciences et Techniques Avicoles*, Hors Série, 22-27.

MISSLIN R., CIGRANG M., 1986. Does Neophobia Necessarily Imply Fear or Anxiety? *Behavioural Processes*, 12 : 45-50.

MOILANEN A., HANSKI I., 1998. Metapopulation Dynamics: Effects of Habitat Quality and Landscape Structure. *Ecology*, 79 : 2503-2515.

MONTAGNER H., 1993. *L'enfant acteur de son développement*. Paris, Stock/Pernoud, 272 p.

MONTAGNER H., 2002. *L'enfant et l'animal. Les émotions qui libèrent l'intelligence*. Paris, Odile Jacob, 288 p.

MONTAGNER H., 2006. *L'arbre enfant. Une nouvelle approche du développement de l'enfant*. Paris, Odile Jacob, 353 p.

MONTAGNER H., GAUFFIER G., EPOULET B., RESTOIN A., GOULEVITCH R., TAULE M., WIAUX B., 1993. Alternative Child Care in France. Advances in the Study of Motor, Interactive and Social Behaviors of Young Children in Settings Allowing them to Move Freely in a Group of Peers. *Pediatrics*, 91 : 253-363.

MONTAGNER H., EPOULET B., GAUFFIER G., GOULEVITCH R., RAMEL N., WIAUX B., TAULE M., 1994. The Earliness and Complexity of the Interaction Skills and Social Behaviors of the Child with its Peers. *In* GARDNER R.A., GARDNER B.T., CHIARELLI B., PLOOIJ F.X. (eds.), *The Ethological Roots of Culture. NATO ASI Series, Series D: Behavioral and Social Sciences*. Dordrecht (Holland), Kluwer Academic Publ., 78 : 315-355.

MONTAGNER H., DELLAC P., BORDES J.-P., CAZENAVE M., BENSCH C., 2002. Heart Rate Variations in 5 Months Old Children during Interactions with their Mothers and with one Another in a Controlled Environment. *Acta Paediatrica*, 91 : 1-8.

MONTMOLLIN M. de, 1986. *L'ergonomie*. Paris, La Découverte, 126 p.

MOORE P.D., 1997. Insect Pollinators See the Light. *Nature*, 387 : 759-760.

MORMÈDE P., 1995. Le stress : interaction animal-homme-environnement. *Cahiers Agricultures*, 4 : 275-286.

MOSCAROLA J., 1990. *Enquêtes et analyse de données*. Paris, Vuibert, 110-111.

MOULLEC C., 2002. *Voler avec les oies sauvages*. Rennes, Éditions Ouest-France, 121 p.

MOUNIER L., VEISSIER I., ANDANSON S., DELVAL E., BOISSY A., 2006. Mixing at the Beginning of Fattening Moderates Social Buffering in Beef Bulls. *Applied Animal Behaviour Science*, 96 : 185-200.

MUIR W.M., 2003. Indirect Selection for Improvement of Animal Well-Being. *In* MUIR W. M., AGGREY S.E. (dir.), *Poultry Genetics, Breeding and Biotechnology*. Wallingford (UK), CABI Publishing, 247-255.

MÜLLER C.B., BRODEUR J., 2002. Intraguild Predation in Biological Control and Conservation Biology. *Biological Control*, 25 : 216-223.

MUQIT M.M., FEANY M.B., 2002. Modelling Neurodegenerative Diseases in Drosophila: a Fruitful Approach ? *Nature Reviews. Neuroscience*, 3 : 237-243.

MURLIS J., ELKINTON J.S., CARDÉ R.T., 1992. Odor Plumes and How Insects Use Them. *Annual Review of Entomology*, 37 : 505-532.

MURPHEY R.M., RUIZ-MIRANDA C.R., DE MOURA DUARTE F.A., 1990. Maternal Recognition in Gyr (*Bos indicus*) Calves. *Applied Animal Behaviour Science*, 27 : 183-191.

MURRAY I.R., ARNOTT L.J., 1993. Towards the Stimulation of Emotion in Synthetic Speech: a Review of the Literature on Human Vocal Emotion. *Journal of the Acoustical Society of America*, 93 : 1097-1108.

N

NAPOLITANO F., ANNICCHIARICO G., CAROPRESE M., DE ROSA G., TAIBI L., SEVI A., 2003. Lambs Prevented from Suckling their Mothers Display Behavioral, Immune and Endocrine Disturbances. *Physiology and Behavior*, 78 : 81-89.

NAUMENKO E.V., BELYAEV D.K., 1980. Neuroendocrine Mechanisms in Animal Domestication. *In* ALTUKHOV P. (dir.), *Proceedings of the 14th International Congress of Genetic*. Moscou, Mir Publ., 12-25.

NICOL C.J., 1995. The Social Transmission of Information and Behaviour. *Applied Animal Behaviour Science*, 44 : 79-98.

NILSSON S., 1983. *Autonomic Nerve Function in the Vertebrates*. Berlin, Springer Verlag, 253 p.

NORDENG H., 1971. Is the Local Orientation of Anadromous Fish Determined by Pheromones? *Nature*, 233 : 411-413.

NORDENG H., 1977. A Pheromone Hypothesis for Homeward Migration in Anadromous Salmonids. *Oikos*, 28 : 155-159.

NOWAK R., 1990. Mother and Sibling Discrimination at a Distance by Three to Seven-Day-Old Lambs. *Developmental Psychobiology*, 23 : 285-295.

NOWAK R., 1991. Senses Involved in Discrimination of Merino Ewes at Close Contact and from a Distance by their Newborn Lambs. *Animal Behaviour*, 42 : 357-366.

NOWAK R., POINDRON P., PUTU I.G., 1989. Development of Mother Discrimination by Single and Multiple Newborn Lambs. *Developmental Psychobiology*, 22 : 833-845.

NOWAK R., MURPHY T.M., LINDSAY D.R., ALSTER P., ANDERSSON R., UVNÄS-MOBERG K., 1997. Development of a Preferential Relationship with the Mother by the Newborn Lamb: Importance of the Sucking Activity. *Physiology and Behavior*, 62 : 681-688.

NOWAK R., PORTER R.H., LÉVY F., ORGEUR P., SCHAAL B., 2000. Role of Mother-Young Interactions in the Survival of Offspring in Domestic Mammals. *Reviews of Reproduction*, 5 : 153-163.

O

OHALA J.J., 1983. Cross-Language Use of Pitch: an Ethological View. *Phonetica*, 40 : 1-18.

OLIVIERI I., GOUYON P.H., 1997. Evolution of Migration Rate and Other Traits: the Meta-population Effect. *In* HANSKI I., GILPIN M.E. (dir.), *Metapopulation Biology*. San Diego (CA), Academic Press, 293-324.

ORGEUR P., MAVRIC N., YVORE P., BERNARD S., NOWAK R., SCHAAL B., LEVY F., 1998. Artificial Weaning in Sheep: Consequences on Behavioural, Hormonal and Immuno-

Pathological Indicators of Welfare. *Applied Animal Behaviour Science*, 58 : 87-103.

ORR R.J., PENNING P.D., PARSONS A.J., HARVEY A., NEWMAN J.A., 1995. The Role of Learning Experience in the Development of Dietary Choice by Sheep and Goats. *Annales de Zootechnie*, suppl. 44 : 111.

OSBORNE J., CLARK S.J., MORRIS R.J., WILLIAMS I. H., RILEY J.R., SMITH A.D., REYNOLDS D.R., EDWARDS A.S., 1999. A Landscape-Scale Study of Bumble Bee Foraging Range and Constancy, Using Harmonic Radar. *Journal of Applied Ecology*, 36 : 519-533.

OUSOVA O., GUYONNET-DUPERAT V., IANNUCCELLI N., BIDANEL J.-P., MILAN D., GENET C., LLAMAS B., YERLE M., GELLIN J., CHARDON P., EMPTOZ-BONNETON A., PUGEAT M., MORMÈDE P., MOISAN M.-P., 2004. Corticosteroid Binding Globulin: a New Target for Cortisol-Driven Obesity. *Molecular Endocrinology*, 18 : 1687-1696.

P

PARISH J.K., EDELSTEIN-KESHET L., 1999. Complexity, Pattern and Evolutionary Trade-Offs in Animal Aggregation. *Science*, 284 : 99-101.

PARSONS A.J., NEWMAN J.A., PENNING P.D., HARVEY A., ORR R.J., 1994. Diet Preference of Sheep: Effects of Recent Diet, Physiological State and Species Abundance. *Journal of Animal Ecology*, 63 : 465-478.

PATTERSON-KANE E.G., HUNT M., HARPER D., 2002. Rats Demand Social Contact. *Animal Welfare*, 11 : 327-332.

PAYNE J.M., 1989. *Metabolic and Nutritional Diseases of Cattle*. Oxford, Blackwell Scientific Publications, 149 p.

PEDERSEN L.J., STUDNITZ M., JENSEN K.H., GIERSING A.M., 1998. Suckling Behaviour of Piglets in Relation to Accessibility to the Sow and the Presence of Foreign Litters. *Applied Animal Behaviour Science*, 58 : 267-279.

PELLETIER-MILET C., 2004. *Un poney pour être grand*. Paris, Belin, 208 p.

PERCIVAL M.S., 1961. Types of Nectar in Angiosperms. *New Phytologist*, 60 : 235-281.

PERRET N., 2000. *Dynamique de populations fragmentées chez deux espèces d'amphibiens urodèles (Triturus alpestris et T. cristatus)*. Thèse de doctorat, Université Lyon 1, 102 p.

PERRIN N., GOUDET J., 2001. Inbreeding, Kinship and the Evolution of Natal Dispersal. *In* CLOBERT J., DANCHIN E., DHONDT A.A., NICHOLS J.D. (dir.), *Dispersal*. Oxford (UK), Oxford University Press, 123-142.

PETTERSSON J., 1970. An Aphid Sex Attractant. I. Biological Studies. *Entomology Scandinavian*, 1 : 63-73.

PHAM-DELÈGUE M.-H., ETIEVANT P., GUICHARD E., MARILLEAU R., DOUAULT P., CHAUFFAILLE J., MASSON C., 1990. Chemicals Involved in Honeybee-Sunflower Relationship. *Journal of Chemical Ecology*, 16 : 3053-3065.

PHAM-DELÈGUE M.-H., BLIGHT M.M., KERGUELEN V., LE METAYER M., MARION-POLL F., SANDOZ J.-C., WADHAMS L.J., 1997. Discrimination of Oilseed Rape Volatiles by the Honeybee: Combined Chemical and Biological Approaches. *Entomology Experimental Applied*, 83 : 87-92.

PICARD M., MELCION J.-P., BOUCHOT C., FAURE J.-M., 1997. Picorage et préhensibilité des particules alimentaires chez les volailles. *Inra Productions Animales*, 10 : 403-414.

PIERRE J., 2001. The Role of Honeybees (*Apis mellifera*) and Other Insect Pollinators in Gene Flow between Oilseed Rape (*Brassica napus*) and Wild Radish (*Raphanus raphanistrum*). *In* BENEDEK P., RICHARDS K.W. (dir.), Proceedings of the 8th Pollination Symposium, 10-14 July 2000, Mosonmagyarovar, Hungary. *Acta Horticulturae*, 561 : 47-51.

PIERRE J., CHAUZAT M.-P., 2005. L'importance du pollen pour l'abeille domestique. II : Incidence sur le comportement et la physiologie. *Bulletin Technique Apicole*, 32 : 19-28.

PIERRE J., RENARD M., 1999. Does Short Distance Isolation Reduce Pollen Dispersal by Honey Bees? *In Proceedings of the 10th International Rapeseed Congress, Canberra, Australie, 26-29/09/1999*, 5 p.

PIERRE J., PIERRE J.-S., MARILLEAU R., PHAM-DELÈGUE M.-H., TANGUY X., RENARD B., 1996. Influence of the Apetalous Character in Rape (*Brassica napus*) on the Foraging Behaviour of Honeybees (*Apis mellifera*). *Plant Breeding*, 115 : 484-487.

PIERRE J., MESQUIDA J., MARILLEAU R., PHAM-DELÈGUE M.-H., RENARD M., 1999a. Nectar Secretion in Winter Oilseed Rape, *Brassica napus*: Quantitative and Qualitative Variability among 71 Genotypes. *Plant Breeding*, 118 : 471-476.

PIERRE J., SUSO M.-J., CARTUJO F., MORENO M.-T., 1999b. Comparaison de l'entomofaune pollinisatrice (*Hymenoptera, Apidae*) de la féverole sur 2 sites en France et en Espagne. Biodiversité et efficacité. Actes de la IVᵉ Conférence internationale francophone d'Entomologie, 5-7 juillet 1998, Saint-Malo, France. *Annales de la Société Entomologique de France*, 35 : 312-318.

PIERREHUMBERT B., 2003. *Le premier lien. Théorie de l'attachement*. Paris, Odile Jacob, 416 p.

PIHET S., MELLIER D., BULLINGER A., SCHAAL B., 1997. Réponses comportementales aux odeurs chez le nouveau-né prématuré : étude préliminaire. *Enfance*, 1 : 33-47.

PITTAM J., SCHERER K.R., 1993. Vocal Expression and Communication of Emotion. *In* LEWIS M.E., HAVILAND J.M. (dir.), *Handbook of Emotions*. New York, Guilford Press, 185-197.

PLOWRIGHT R.C., GALEN C., 1985. Landmarks or Obstacles: the Effects of Spatial Heterogeneity on Bumble Bee Foraging Behaviour. *Oikos*, 44 : 459-464.

PLUSQUELLEC P., BOUISSOU M.-F., 2001. Behavioural Characteristics of Two Dairy Breeds of Cows Selected (Hérens) or not (Brune des Alpes) for Fighting and Dominance Ability. *Applied Animal Behaviour Science*, 72 : 1-21.

POINDRON P., LE NEINDRE P., 1980. Endocrine and Sensory Regulation of Maternal Behavior in the Ewe. *Advanced Studies on Behavior*, 11 : 75-119.

POOLE T.B., 1972. Some Behavioural Differences between the European Polecat, *Mustella putorius*, the Ferret, *M. furo*, and their Hybrids. *Journal Zoology of London*, 166 : 25-35.

PORCHER J., 2001. Le travail dans l'élevage industriel des porcs. Souffrance des animaux, souffrance des hommes. *In* BURGAT F., DANTZER R. (dir.), *Les animaux d'élevage ont-ils droit au bien-être ?* Paris, Inra Éditions, coll. Un point sur..., 23-64.

PORTER R.H., ROMEYER A., LÉVY F., KREHBIEL D., NOWAK R., 1994. Investigation of the Nature of Lamb's Individual Odour Signature. *Behavioural Processes*, 31 : 301-308.

POWELL R.A., FRIED J.J., 1992. Helping by Juvenile Voles (*Microtus pinetorum*), Growth and Survival of Younger Siblings, and the Evolution of Pine Vole Sociality. *Behavioural Ecology*, 3 : 325-333.

PRICE E.O., 1984. Behavioral Aspects of Animal Domestication. *Quarterly Review of Biology*, 59 : 1-32.

PRICE E.O., 1999. Behavioral Development in Animals Undergoing Domestication. *Applied Animal Behaviour Science*, 65 : 245-271.

PRICE E.O., HUCK U.W., 1976. Open-Field Behavior in Wild and Domestic Norway Rats. *Animal Learning and Behavior*, 4 : 125-130.

PRICE E.O., THOS J., 1980. Behavioral Responses to Short-Term Social Isolation in Sheep and Goats. *Applied Animal Ethology*, 6 : 331-339.

PRICE E.O., WALLACH S.J.R., 1990. Physical Isolation of Hand-Reared Hereford Bulls Increases their Aggressiveness toward Humans. *Applied Animal Behaviour Science*, 27 : 263-267.

PROKOPY R.J., LEWIS W.J., 1993. Application of Learning to Pest Management. *In* PAPAJ D.R., LEWIS A.C. (eds.), *Insect Learning – Ecological and Evolutionary Perspectives*. London, Chapman & Hall, 308-342.

PROVENZA F.D., 1995. Postingestive Feedback as an Elementary Determinant of Food Preference and Intake in Ruminants. *Journal Range Management*, 48 : 2-17.

PROVENZA F.D., BALPH D.F., 1990. Applicability of Five Diet-Selection Models to Various Foraging Challenges Ruminants Encounter. *Behavioural Mechanisms of Food Selection*. Berlin, Springer-Verlag, 423-460.

PRUT L., BELZUNG C., 2003. The Open Field as a Paradigm to Measure the Effects of Drugs on Anxiety-Like Behaviours: A Review. *European Journal of Pharmacology*, 463 : 3-33.

PULLIAM H.R., 1988. Sources, Sinks and Population Regulation. *The American Naturalist*, 132 : 652-661.

PULLIAM H.R., DUNNING J.B., LIU J., 1992. Population Dynamics in Complex Landscapes: a Case Study. *Ecological Applications*, 2 : 165-177.

R

RABASSE J.M., VAN STEENIS M., 1999. Biological Control of Aphids. *In* ALBAJES R., GULLINO M.L., VAN LENTEREN J.C., ELAD Y. (eds.), *Integrated Pest and Diseases Management in Greenhouse Crops*. Dordrecht (NL), Kluwer, 235-243.

RAGONNEAU N., 2003. *Les plus belles mouches de pêche*. Artémis éditions, 385 p.

RALPHS M.H., GRAHAM D., JAMES L.F., 1994. Social Facilitation Influences Cattle to Graze Locoweed. *Journal Range Management*, 47 : 123-126.

RAMOS A., TENNESSEN T., 1992. Effect of Previous Grazing Experience on the Grazing Behaviour of Lambs. *Applied Animal Behaviour Science*, 33 : 43-52.

RAMSEYER A., BOISSY A., DUMONT B., THIERRY B., 2009. Decision-Making in Group Departures of Sheep is a Continuous Process. *Animal Behaviour*, 78 : 71-78.

RAUSSI S., BOISSY A., ANDANSON S., KAIHILAHTI J., PRADEL P., VEISSIER I., 2006. Repeated Regrouping of Pair-Housed Heifers around Puberty Affects their Reactivity. *Animal Research*, 55 : 131-144.

RAY N., LEHMANN A., JOLY P., 2002. Modeling Spatial Distribution of Amphibian Populations: a GIS Approach Based on Habitat Matrix Permeability. *Biodiversity and Conservation*, 11 : 2143-2165.

REGAN T., 1983. *The Case of Animal Rights*. London, Routledge & Kegan Paul, 408 p.

REINHARDT V., 1983. Movement Orders and Leadership in a Semi-Wild Cattle Herd. *Behaviour*, 83 : 251-264.

RENWICK J.A.A., CHEW F.S., 1994. Oviposition Behavior in Lepidoptera. *Annual Review of Entomology*, 39 : 377-400.

RIBBLE O., 1992. Dispersal in a Monogamous Rodent, *Peromiscus californicus*. *Ecology*, 73 : 859-866.

RIESER J., YONAS A., WIKNER K., 1976. Radial Localization of Odors by Human Newborns. *Child Development*, 47 : 856-859.

ROBERTS A., WILLIAMS J.M., 1992. The Effects of Olfactory Stimulation on Fluency, Vividness of Imagery and Associated Mood: a Preliminary Study. *British Journal of Medical Psychology*, 65 : 197-199.

ROCHAT J., VANLERBERGHE-MASUTTI F., CHAVIGNY P., BOLL R., LAPCHIN L., 1999. Inter-Strain Competition and Dispersal in Aphids: Evidence from a Greenhouse Study. *Ecological Entomology*, 24 : 450-464.

ROITBERG B.D., PROKOPY R.J., 1987. Insects that Mark Host Plants. *Bioscience*, 37 : 400-406.

ROLAND J., McKINNON G., BACKHOUSE C., TAYLOR P.D., 1996. Even Smaller Radar Tags on Insects. *Nature*, 381 : 120.

ROLLIN B.E., 1993. Animal Welfare, Science and Value. *Ethics Journal of Agricultural and Environmental Ethics*, 6 : 44-50.

ROMEYER A., 1993. Développement et sélectivité du lien mère-jeune chez la chèvre et la brebis. *Review Ecology*, 48 : 143-153.

ROMEYER A., BOUISSOU M.-F., 1992. Assessment of Fear Reactions in Domestic Sheep, and Influence of Breed and Rearing Conditions. *Applied Animal Behaviour Science*, 34 : 93-119.

RONCE O., CLOBERT J., MASSOT M., 1998. Natal Dispersal and Senescence. *Proceedings of the National Academy of Sciences of the USA*, 95 : 600-605.

ROSE K.M., WODZICKA-TOMASZEWSKA M., CUMMING R.B., 1984. Agonistic Behaviour, Response to a Novel Object and Some Aspects of Maintenance Behaviour in Feral-Strain and Domestic Chickens. *Applied Animal Behaviour Science*, 13 : 283-294.

ROTTON J., 1983. Affective and Cognitive Consequences of Malodorous Pollution. *Basic and Applied Social Psychology*, 4 : 171-191.

ROTTON J., BARRY T., FREY J., SOLER E., 1978. Air Pollution and Interpersonal Attraction. *Journal of Applied Social Psychology*, 8 : 57-71.

ROUSSOT O., PITEL F., VIGNAL A., FAURE J.-M., MILLS A.D., GUÉMENÉ D., LETERRIER C., MIGNON-GRASTEAU S., LE ROY P., BEAUMONT C., 2001. QTL Mapping for Emotionality in Quail. *British Poultry Sciences*, suppl. 42 : 28-29.

ROUSSOT O., PITEL F., VIGNAL A., FAURE J.-M., MILLS A.D., GUÉMENÉ D., LETERRIER C., MIGNON-GRASTEAU S., LE ROY P., PEREZ-ENCISO M., BEAUMONT C., 2002. QTL Research on Duration of Tonic Immobility in Quail. *In Proceedings of the 7th Congress Applied Livestock Production*, Montpellier (France), August 19-23, 32 : 19-22.

ROVESTI P., COLOMBO E., 1973. Aromatherapy and Aerosols. *Soap, Perfumery and Cosmetics*, 46 : 475-477.

RUIZ-MIRANDA C., 1992. The Use of Pelage Pigmentation in the Recognition of Mothers by Domestic Goat Kids (*Capra hircus*). *Behaviour*, 123 : 121-143.

RUPNIAK N.M., KRAMER M.S., 1999. Discovery of the Antidepressant and Anti-Emetic Efficacy of

Substance P Receptor (NK1) Antagonists. *Trends in Pharmacological Sciences*, 20 : 485-490.

RUSHEN J., 1986a. Aversion of Sheep to Electro-Immobilization and Physical Restraint. *Applied Animal Behaviour Science*, 15 : 315-324.

RUSHEN J., 1986b. The Validity of Behavioural Measures of Aversion: A Review. *Applied Animal Behaviour Science*, 16 : 309-323.

RUSHEN J., BOISSY A., TERLOUW E.M.C., DE PASSILLÉ A.-M., 1999a. Opioid Peptides and Behavioral and Physiological Responses of Dairy Cows to Social Isolation in Unfamiliar Environment. *Journal of Animal Science*, 77 : 2918-2924.

RUSHEN J., TAYLOR A.A., DE PASSILLÉ A.-M., 1999b. Domestic Animals' Fear of Humans and its Effect on their Welfare. *Applied Animal Behaviour Science*, 65 : 285-303.

RUSHEN R., DE PASSILLÉ A.-M., MUNKSGAARD L., TANIDA H., 2001. People as Social Actors in the World of Farm Animals. *In* KEELING L. J., GONYOU H.W. (dir.), *Social Behaviour in Farm Animals*. Wallingford, Oxon, CAB International, 353-372.

RUSSELL M.J., 1976. Human Olfactory Communication. *Nature*, 269 : 520-522.

S

SAMBRAUS H.H., SAMBRAUS D., 1975. Prägung von Nutztieren auf Menschen. *Zeitschrift Fur Tierpsychology*, 38 : 1-17.

SANDOE P., CHRISTENSEN L.G., 1998. Staying Good While Playing God: the Ethics of Breeding Farm Animals. *In Proceedings of the 32nd Congress of the International Society for Applied Ethology*, 180 p.

SANOTRA G.S., BERG C., LUND J.D., 2003. A Comparison between Leg Problems in Danish and Swedish Broiler Production. *Animal Welfare*, 12, 677-683.

SATO S., 1982. Leadership during Actual Grazing in a Small Herd of Cattle. *Applied Animal Ethology*, 8 : 53-65.

SCHAAL B., 1996. Olfaction et processus sociaux chez l'homme : bref bilan. *Revue Internationale de Psychopathologie*, 22 : 387-421.

SCHAAL B., MARLIER L., SOUSSIGNAN R., 1995. Responsiveness to the Odour of Amniotic Fluid in the Human Neonate. *Biol. Neonate*, 67 : 397-406.

SCHAAL B., MARLIER L., SOUSSIGNAN R., 2000. Human Foetuses Learn Odours from their Pregnant Mother's Diet. *Chemical Senses*, 25 : 729-739.

SCHAAL B., COUREAUD G., LANGLOIS D., GINIES C., SEMON E., PERRIER G., 2003. Chemical and Behavioural Characterization of the Rabbit Mammary Pheromone. *Nature*, 42 : 68-72.

SCHELER M., 1936. *Le sens de la souffrance*, traduit de l'allemand par Pierre KLOSSOWSKI. Paris, éditions Fernand Aubier/Montaigne, 64 p.

SCHERER K.R., 2001. Appraisal Considered as a Process of Multi-Level Sequential Checking. *In* SCHERER K.R., SCHORR A., JOHNSTONE T. (dir.), *Appraisal Processes in Emotion: Theory, Methods, Research*. New York/Oxford, Oxford University Press, 92-120.

SCHIFFMAN S.S., SATTELY MILLER E.A., SUGGS M. S., GRAHAM B.G., 1995. The Effects of Environmental Odors Emanating from Commercial Swine Operations on the Mood of Nearby Residents. *Brain Research Bulletin*, 37 : 369-375.

SCHIPPERS P., VERBOOM J., KNAAPEN J.P., VAN APPELDOORN R.C., 1996. Dispersal and Habitat Connectivity in Complex Heterogenous Landscapes: an Analysis with a GIS-Based Random Walk Model. *Ecography*, 19 : 97-106.

SCHJELDERUP-EBBE T., 1922. Beiträge zur Socialpsychologie des Haushüns. *Z. Psychology*, 88 : 225-252.

SCHMIDT J.M., SMITH J.J.B., 1986. Correlations between Body Angles and Substrate Curvature in the Parasitoid Wasp *Trichogramma minutum*: a Possible Mechanism of Host Radius Measurement. *Journal of Experimental Biology*, 125 : 271-285.

SCHMUTZ S.M., STOOKEY J.M., WINKELMAN-SIM D.C., WALTZ C.S., PLANTE Y., BUCHANAN F.C., 2001. A QTL Study of Cattle Behavioral Traits in Embryo Transfer Families. *Journal of Heredity*, 92 : 290-292.

SCHOFIELD P., CHAPLAIN M., HUBBARD S., 2002. Mathematical Modeling of Host-Parasitoid Systems: Effects of Chemically Mediated Parasitoid Foraging Strategies on within and between Generation Spatio-Temporal Dynamics. *Journal of Theoretical Biology*, 214 : 31-47.

SCHOONHOVEN L.M., VAN LOON J.J.A., 2002. An Inventory of Taste in Caterpillars: each Species has its Own Key. *Acta Zoologica Academia Sciences Hungaria*, 48 : 215-263.

SCHOONHOVEN L.M., JERMY T., VAN LOON J.J.A., 1998. *Insect-Plant Biology. From Physiology to Evolution*. London, Chapman & Hall, 409 p.

SCHOUTEN W., RUSHEN J., DE PASSILLÉ A.-M., 1991. Stereotypic Behavior and Heart Rate in Pigs. *Physiology and Behavior*, 50 : 617-624.

SCHÜLER T.H., POTTING R.P.J., DENHOLM I., POPPY G.M., 1999. Parasitoid Behaviour and Bt Plants. *Nature*, 401 : 825-826.

SCHÜTZ K., KERJE S., CARLBORG Ö., JACOBSSON L., ANDERSSON L., JENSEN P., 2002. QTL Analysis of a Red Junglefowl X White Leghorn Intercross Reveals Trade-Off in Resource Allocation between Behavior and Production Traits. *Behavior Genetic*, 32 : 423-433.

SCOTT C.B., BANNER R.E., PROVENZA F.D., 1996. Observations of Sheep Foraging in Familiar and Unfamiliar Environments: Familiarity with the Environment Influences Diet Selection. *Applied Animal Behaviour Science*, 49 : 165-171.

SCOTT J.P., 1992. The Phenomenon of Attachment in Human-Nonhuman Relationships. *In* DAVIS H., BALFOUR D. (dir.), *The Inevitable Bond: Examining Scientist-Animal Interactions*. Cambridge, Cambridge University Press, 72-92.

SCOTT J.P., FULLER J.L., 1965. *Genetics and the Social Behavior of the Dog*. Chicago, Chicago University Press, 468 p.

SEARBY A., JOUVENTIN P., 2003. Mother-Lamb Acoustic Recognition in Sheep: a Frequency Coding. *Proceedings of the Royal Society of London B Biology Science*, 270 : 1765-1771.

SEELEY T.D., CAMAZINE S., SNEYD J., 1991. Collective Decision-Making in Honey Bees: How Colonies Choose among Nectar Sources? *Behavioral Ecology and Sociobiology*, 28 : 277-290.

SELF P.A., HOROWITZ F.D., PADEN L.Y., 1972. Olfaction in Newborns Infants. *Developmental Psychology*, 7 : 349-363.

SELSET R., DØVING K.B., 1980. Behaviour of Mature Anadromous Char (*Salmo alpinus*) towards Odorants Produced by Smolts of their Own Population. *Acta Physiologica Scandinavica*, 108 : 113-122.

SELYE H., 1973. The Evolution of the Stress Concept. *American Scientist*, 61 : 692-699.

SEMPO G., DEPICKÈRE S., AMÉ J.-M., DETRAIN C., HALLOY J., DENEUBOURG J.-L., 2006. Integration of an Autonomous Artificial Agent in an Insect Society: Experimental Validation. *Lecture Notes In Computer Science*, 4095 : 703-712.

SERRA J., NOWAK R., 2005. Développement d'une préférence pour l'environnement postnatal chez le lapereau. *Compte Rendu 11ᵉ Journée Recherche Cunicole*, 41-44.

SHILLITO-WALSER E., 1986. Recognition of Sow's Voice by Neonatal Piglets. *Behaviour*, 99 : 177-188.

SHILLITO-WALSER E., WALTERS D.E., 1987. Vocal Responses of Lambs to Sound Recordings of Ewe Bleats. *Behaviour*, 100 : 50-60.

SHILLITO-WALSER E., WILLIAMS T., 1986. Pair Association in Twin Lambs before and after Weaning. *Applied Animal Behaviour Science*, 15 : 241-245.

SHILLITO-WALSER E., WILLANDSEN S., HAGUE P., 1981. Pair Association between Lambs of Different Breeds Born to Jacob and Dalesbred Ewes after Embryo Transplantation. *Applied Animal Ethology*, 7 : 351-358.

SIEGEL H.S., LATIMER J.W., 1975. Social Interactions and Antibody Titres in Young Male Chickens (*Gallus domesticus*). *Animal Behavior*, 23 : 323-330.

SIEGEL P.B., 1978. Some Thoughts on Poultry Behavior. *In* SIEGEL P.B., BESSEI W., GRAUVOGL A. (dir.), *Verhaltensmerkmale bei der Züchtung von Geflügel*. Stuttgart, Hoehenheimer Arbeiten, Verlag Eugen Ulmer, 93 : 25-34.

SIMBERLOFF D., FARR J.A., COX J., MEHLMAN D.W., 1992. Movement Corridors: Conservation Bargains or Poor Investments? *Conservation Biology*, 6 : 493-504.

SIMPSON S.J., JAMES S., SIMMONDS M.S., BLANEY W.M., 1991. Variation in Chemosensitivity and the Control of Dietary Selection Behaviour in the Locust. *Appetite*, 17 : 141-154.

SINGER P., 1990. The Significance of Animal Suffering. *Psychological Science*, 13 : 9-12.

SINSCH U., 1988. Seasonal Changes in the Migratory Behaviour of the Toad *Bufo bufo*: Direction and Magnitude of Movements. *Oecologia*, 76 : 390-398.

SNEDDON L.U., 2002. Anatomical and Electrophysiological Analysis of the Trigeminal Nerve in a Teleost Fish, Oncorhynchus mykiss. *Neuroscience Letters*, 319 : 167-171.

Solberg L.C., Horton T.H., Turek F.W., 1999. Circadian Rhythms and Depression: Effects of Exercise in an Animal Model. *American Physiology Society*, 276 : R152-R161.

Soussignan R., Schaal B., 1996a. Forms and Social Value of Smiles Associated with Pleasant and Unpleasant Sensory Experience. *Ethology*, 102 : 1020-1041.

Soussignan R., Schaal B., 1996b. Children's Facial Responsiveness to Odors: Influences of Odor Valence, Gender, Age and Social Presence. *Developmental Psychology*, 32 : 367-379.

Soussignan R., Schaal B., Schmit G., Nadel J., 1995. Facial Responsiveness to Odours in Normal and Pervasively Developmentally Disordered Children. *Chemical Senses*, 20 : 47-59.

Spangenberg E.R., Crowley A.E., Henderson P., 1999. Improving the Store Environment: Do Olfactory Cues Affect Evaluations and Behaviors? *Journal of Marketing*, 60 : 67-80.

Städler E., Baur R., De Jong R., 2002. Sensory Basis of Host-Plant Selection: in Search of the "Fingerprints" Related to Oviposition of the Cabbage Root Fly. *Acta Zoologica Academiae Scientiarum Hungaricae*, 48 (suppl. 1) : 265-280.

Stamps J.A., 1987. Conspecifics as Cues to Territory Quality: A Preference of Juvenile Lizards (*Anolis aeneus*) for Previously Used Territories. *The American Naturalist*, 129 : 629-642.

Stamps J.A., 2001. Habitat Selection by Dispersers: Integrating Proximate and Ultimate Approaches. *In* **Clobert J., Danchin E., Dhondt A.A., Nichols J.D.** (dir.), *Dispersal*. Oxford, Oxford University Press, 230-242.

Steels L., 2002. Mieux comprendre les hommes. *La Recherche*, 350 : 72-76.

Steiner J.E., 1977. Facial Expressions of the Neonate Infant Indicating the Hedonics of Food-Related Stimuli. *In* **Weiffenbach J. M.** (dir.), *Taste and Development, the Genesis of Sweet Preference*. Washington (DC), U.S. Government Printing Office, 173-188.

Steiner J.E., 1979. Human Facial Expressions in Response to Taste and Smell Stimulations. *In* **Lipsitt L.P., Reese H.W.** (dir.), *Advances in Child Development*. New York, New York Academic Press, vol. 13 : 257-295.

Stern D., 1985. Affect Atonement: Mechanisms and Clinical Implications. *In* **Call J.D., Galenson E., Tyson R.L.** (eds.), *Frontiers of Infant Psychiatry*. New York, Basic Books, 2.

Stevens V.M., Pollus E., Wesselingh R.A., Schtickzelle N., Baguette M., 2004. Quantifying Functional Connectivity: Experimental Evidence for Patch-Specific Resistance in the Natterjack Toad (*Bufo calamita*). *Landscape Ecology*, 19 : 829 842.

Stevens V.M., Verkenne C., Vandevoestijne S., Wesselingh R.A., Baguette M., 2006. Gene Flow and Functional Connectivity in the Natterjack Toad. *Molecular Ecology*, 15 : 2333-2344.

Stöckel J., Lecharpentier P., Delbac L., 1997. La confusion sexuelle contre l'Eudémis *Lobesia botrana*. Bilan de huit années d'expérimentations en Bordelais. *Adalia*, numéro spécial, 8 p.

Stolba A., Wood-Gush D.G.M., 1984. The Identification of Behavioural Key Features and their Incorporation into a Housing Design for Pigs. *Annales de Recherches Vétérinaires*, 15 : 287-298.

Stolba A., Hinch G.N., Lynch J.J., Adams D.B., Munro R.K., Davies H.I., 1990. Social Organization of Merino Sheep of Different Ages, Sex and Family Structure. *Applied Animal Behaviour Science*, 27 : 337-349.

Strickland D., 1991. Juvenile Dispersal in Gray Jays: Dominant Brood Member Expels Siblings from Natal Territory. *Canadian Journal of Zoology*, 69 : 2935-2945.

Strong D.R., Pemberton R.W., 2001. Food Webs, Risks of Alien Enemies and Reform of Biological Control. *In* **Wajnberg E., Scott J.K., Quimby P.C.** (eds.), *Evaluating Indirect Ecological Effects of Biological Control*. New York, CABI Publishing, 57-80.

Studnitz M., Jensen K.H., 2000. Expression of Rooting Motivation in Gilts Following Different Lenghts of Deprivation on Concrete. *In* **Ramos A., Pinheiro L.C., Machado F., Hötzel M.J.**, *Proceedings of the 34th International Congress of the ISAE*. Florianopolis (Brazil), October 17-20, 200 p.

Sullivan R.M., Taborsky-Barba S., Mendoza R., Itano A., Leon M., Cotman C.W., Payne T.F., 1991. Olfactory Classical Conditioning in Neonates. *Pediatrics*, 87 : 511-518.

Sutherland O.W.R., 1996. *From Individual Behaviour to Population Ecology*. Oxford, Oxford University Press, 224 p.

Symondson W.O.C., Sunderland K.D., Greenstone M.H., 2002. Can Generalist Predators be Effective Biocontrol Agents? *Annual Review of Entomology*, 47 : 561-594.

T

TASCHKE A.C., FOLSCH D.W., 1997. Ethological, Physiological and Histological Aspects of Pain and Stress in Cattle when Being Dehorned. *Tierarztl Prax*, 25 : 19-27.

TERRAZAS A., SERAFIN N., HERNANDEZ H., NOWAK R., POINDRON P., 2003. Vocal Recognition of 2-Day-Old Goat Kids by their Mother: Evidence of Individual Acoustic Signatures in Neonates. *Developmental Psychobiology*, 43 : 311-320.

THÉRY J.-F., BARRÉ R., 2001. *La loi sur la recherche de 1982*. Paris, Inra, coll. Sciences en questions, 14 p.

THIÉRY D., LE QUÉRÉ J.-L., 1991. Identification of an Oviposition-Deterring Pheromone in the Eggs of the European Corn Borer. *Naturwissenshaften*, 78 : 132-133.

THOMAS K., 1985. *Dans le jardin de la nature*. Paris, Gallimard, 401 p.

THORHALLSDOTTIR A.G., PROVENZA F.D., BALPH D. F., 1990. Ability of Lambs to Learn about Novel Food while Observing or Participating with Social Models. *Applied Animal Behaviour Science*, 25 : 25-33.

THORPE W.H., 1956. Arthropods. *In* THORPE W. H. (ed.), *Learning and Instinct in Animals*. London, Methuen & Co LTD, 203-259.

TINBERGEN N., 1951. *The Study of Instinct*. Oxford, Oxford University Press, 228 p.

TOBIAS J., 1997. Asymmetric Territorial Contests in the European Robin: The Role of Settlement Costs. *Animal Behaviour*, 54 : 9-21.

TOLMAN C.W., 1967. The Feeding Behaviour of Domestic Chicks as a Function Rate of Pecking by a Surrogate Companion. *Behaviour*, 29 : 57-62.

TOLWANI R.J., JAKOWEC M.W., PETZINGER G. M., GREEN S., WAGGIE K., 1999. Experimental Models of Parkinson's Disease: Insights from Many Models. *Laboratory Animal Sciences*, 49 : 363-371.

TOPAL J., CSANYI V., 1999. Interactive Learning in the Paradise Fish (*Macropodus opercularis*): An Ethological Interpretation of the Second Order Conditioning Paradigm. *Animal Cognition*, 2 : 197-206.

TRAPEZOV O.V., TRAPEZOVA L.I., 2000. Fifteen Years of the River Otter (*Lutra lutra* Linnaeus, 1758) Domestication. *In Proceeding of the 34th International Congress ISAE*. Florianopolis (Br), October 17-20, 51.

TREIT D., 1985. Animal Models for the Study of Anti-Anxiety Agents: A Review. *Neurosciences Biobehavior Review*, 9 : 203-222.

TREVES A., 2000. Theory and Method in Studies of Vigilance and Aggregation. *Animal Behaviour*, 60 : 771-722.

TUMLINSON J.H., LEWIS J., VET L.E.M., 1993. Comment certaines guêpes détectent leurs hôtes. *Pour la Science*, 87 : 84-90.

TURLINGS T.J.C, WÄCKERS F., VET L.E.M., LEWIS W.J., TUMLINSON J.H., 1993. Learning of Host-Finding Cues by Hymenopterous Parasitoids. *In* PAPAJ R., LEWIS A.C. (eds.), *Insect Learning*. London, Chapman & Hall, 51-78.

TURNER D.C., 1991. The Ethology of the Human-Cat Relationship. *Schweizer Archiv Für Tierheilkunde*, 133 : 63-70.

TURNER D.C., BATESON P., 2000. *The Domestic Cat: The Biology of its Behavior*, 2nd ed. Cambridge, Cambridge University press, 244 p.

V

VAISSIÈRE B.E., VINSON B., 1994. Pollen Morphology and its Effects on Pollen Collection by Honey Bees, *Apis mellifera* L. (Hymenoptera: Apidae), with Special Reference to Upland Cotton, *Gossypium hirsutum* L. (Malvacae). *Grana*, 33 : 128-138.

VAL-LAILLET D., SIMON M., NOWAK R., 2004. A Full Belly and Colostrum: Two Major Determinants of Filial Love. *Developmental Psychobiology*, 45 : 163-173.

VAL-LAILLET D., GIRAUD S., TALLET C., BOIVIN X., NOWAK R., 2006. Non Nutritive Sucking: One of the Major Determinants of Filial Love. *Developmental Psychobiology*, 48 : 220-232.

VALONE T.J., 1989. Group Foraging, Public Information and Patch Estimation. *Oikos*, 56 : 357-363.

VAN APELDOORN R., KNAAPEN J., SCHIPPERS P., VERBOOM J., VAN ENGEN H.., MEEUWSEN H., 1998. Applying Ecological Knowledge in Landscape Planning: A Simulation Model as a Tool to Evaluate Scenarios for the Badger in the Netherlands. *Landscape and Urban Planning*, 41 : 149-156.

Van Baaren J., Boivin G., Nenon J.-P., 1997. Guêpes et apprentissage. *Pour la Science*, 238 : 48-52.

Van Horne B., Olson G.S., Schooley R.L., Corn J.G., Burnham K.P., 1997. Effects of Drought and Prolonged Winter on Townsend's Ground Squirrel Demography in Shrubsteppe Habitats. *Ecological Monographs*, 67 : 295-315.

Van Lenteren J.C., 2003. *Quality Control and Production of Biological Control Agents. Theory and Testing Procedures*. Wallingford (UK), CABI Publishing, 352 p.

Van Lenteren J.C., Van Roermund H.J.W., 1999. Why is the Parasitoid *Encarsia formosa* so Successful in Controlling Whiteflies? *In* Hawkins B.A., Cornell H.V. (eds.), *Theoretical Approaches to Biological Control*. Cambridge, Cambridge University Press, 116-130.

Van Poecke R.M.P., Posthumus M.A., Dicke M., 2001. Herbivore-Induced Volatile Production by *Arabidopsis thaliana* Leads to Attraction of the Parasitoid *Cotesia rubecula*: Chemical, Behavioral and Gene-Expression Analysis. *Journal of Chemical Ecology*, 27 : 1911-1928.

Varendi H., Porter R.H., Winberg J., 1996. Attractiveness of Amniotic Fluid Odor: Evidence of Prenatal Olfactory Learning. *Acta Paediatrica*, 85 : 1223-1227.

Vaughan R., Sumpter N., Frost A., Cameron S., 1998. Robot Sheepdog Project Achieve Automatic Animal Control. *In From Animals to Animats, Proceedings of the Fifth International Conference on the Simulation of Adaptive Behavior*, Paris, September 11-16.

Veissier I., 1996. Utilisation du comportement pour évaluer les relations de l'animal avec son environnement. *In Colloque « Le bien-être des animaux d'élevage : enjeux, approches, perspectives »*. Bordeaux (FRA), 2-3 mai.

Veissier I., Le Neindre P., 1989. Weaning in Calves: Its Effects on Social Organisation. *Applied Animal Behaviour Science*, 24 : 43-54.

Veissier I., Stephanova I., 1993. Learning to Suckle from an Artificial Teat within Groups of Lambs: Influence of a Knowledgeable Partner. *Behavioural Processes*, 30 : 75-82.

Veissier I., Le Neindre P., Trillat G., 1989. Adaptability of Calves during Weaning. *Biology of Behaviour*, 14 : 66-87.

Veissier I., Chazal P., Pradel P., Le Neindre P., 1997. Providing Social Contacts and Objects for Nibbling Moderates Reactivity and Oral Behaviors in Veal Calves. *Journal of Animal Science*, 75 : 356-365.

Veissier I., Ramirez A.R., Pradel P., 1998. Non-Nutritive Oral Activities and Stress Responses of Veal Calves in Relation to Feeding and Housing Conditions. *Applied Animal Behaviour Science*, 57 : 35-49.

Veissier I., Sarignac C., Capdeville J., 1999. Les méthodes d'appréciation du bien-être des animaux d'élevage. *Inra Productions animales*, 12 : 113-121.

Veissier I., Boissy A., Capdeville J., Sarignac C., 2000. Le bien-être des animaux d'élevage : comment peut-on le définir et l'évaluer ? *Le Point Vétérinaire*, 31 : 117-124.

Veissier I., Boissy A., de Passillé A.-M., Rushen J., Van Reenen C.G., Roussel S., Andanson S., Pradel P., 2001. Calves' Responses to Repeated Social Regrouping and Relocation. *Journal of Animal Science*, 79 : 2580-2593.

Veissier I., Capdeville J., Delval E., 2004. Cubicle Housing Systems for Cattle: Comfort of Dairy Cows Depends on Cubicle Adjustment. *Journal of Animal Science*, 82 : 3321-3337.

Vernay D., 2003. *Le chien partenaire de vie : applications et perspectives en santé humaine*. Ramonville, éd. Érès, 147 p.

Veysset P., Wallet P., Prugnard P., 2001. Le robot de traite : pour qui ? Pourquoi ? Caractérisation des exploitations équipées, simulations économiques et éléments de réflexion avant investissement. *Inra Productions Animales*, 14 : 51-61.

Villalba S., Gulinck H., Verbeylen G., Matthysen E., 1998. Relationship between Patch Connectivity and the Occurrence of the European Red Squirrel, *Sciurus vulgaris*, in Forest Fragments within Heterogeneous Landscapes. *In* Dower J.W. and Bunce R. G.H. (dir.), *Key Concepts in Landscape Ecology*. Preston (UK), IALE, 205-220.

Vince M.A., Ward T.M., 1984. The Responsiveness of Newly Born Clun Forrest Lambs to Odour Sources in the Ewe. *Behaviour*, 89 : 117-127.

Vincent C., Coderre D., 1992. *La lutte biologique*. Québec, Gaëtan Morin, 671 p.

Vinson S.B., Bin F., Vet L.E.M., 1998. Critical Issues in Host Selection by Insect Parasitoids. *Biological Control*, 11 : 77-78.

von Borell E., Langbein J., Després G., Hansen S., Leterrier C., Marchant-Forde J.,

MARCHANT-FORDE R., MINERO M., MOHR E., PRUNIER A., VALANCE D., VEISSIER I., 2007. Heart Rate Variability as a Measure of Autonomic Regulation of Cardiac Activity for Assessing Stress and Welfare in Farm Animals: A Review. *Physiology and Behavior*, 92 : 293-316.

VON FRISCH K., 1967. *The Dance Language and Orientation of Bees*. Cambridge, The Belknap Press of Harvard University Press, 566 p.

VON UEXKÜLL J., 1957. A Stroll through the Worlds of Animals and Men: a Picture Book of Invisible Worlds. *In* SCHILLER C.H. (dir.), *Instinctive Behaviour: The Development of a Modern Concept*. New York, International University Press (original work published in 1934), 5-80.

VOS C.C., 1999. *A Frog's Eye View of the Landscape: Quantifying Connectivity for Fragmented Amphibian Populations*. Wageningen (NL), Institute for Forestry and Nature Research, IBN DLO Scientific Contribution 17, 144 p.

W

WAAGE J.K., 1979. Foraging for Patchily-Distributed Hosts by the Parasitoid, *Nemeritis canescens*. *Journal of Animal Ecology*, 48 : 353-371.

WADDINGTON K.D., 1980. Flight Patterns of Foraging Honeybees Relative to Density of Artificial Flowers and Distribution of Nectar. *Oecologia*, 44 : 199-204.

WAIBLINGER S., BOIVIN X., PEDERSEN V., TOSI M. V., JANCZAK A.M., VISSER E.K., JONES R.B., 2006. Assessing the Human-Animal Relationship in Farmed Species: A Critical Review. *Applied Animal Behaviour Science*, 101 : 185-242.

WAJNBERG E., 1994. Le planning familial chez les insectes. *Pour la Science*, 94 : 62-68.

WALLIS DE VRIES M.F., DALEBOUDT C., 1994. Foraging Strategy of Cattle in Patchy Grasslands. *Oecologia*, 100 : 98-106.

WALLON H., 1968. *L'évolution psychologique de l'enfant*. Paris, Armand Colin.

WARGOCKI P., WYON D., BAIK Y., CLAUSEN G., OLE FANGER P., 1999. Perceived Air Quality, Sick Building Syndrome and Productivity in an Office with Two Different Pollution Loads. *Indoor Air*, 9 : 165-179.

WARGOCKI P., WYON D.P., SUNDELL J., CLAUSEN G., OLE FANGER P.O., 2000. The Effects of Outdoor Air Supply Rate in an Office on Perceived Air Quality, Sick Building Syndrome Symptoms and Productivity. *Indoor Air*, 10 : 222-236.

WARM J.S., DEMBER W.N., PARASURANAM R., 1991. Effects of Olfactory Stimulation on Performance and Stress in a Visual Sustained Attention Task. *Journal of the Society Cosmetic Chemists*, 12 : 1-12.

WEBB J.K., SHINE R., 1997. A Field Study of Spatial Ecology and Movements of a Threatened Snake Species *Hoplocephalus bungaroides*. *Biological Conservation*, (82) : 203.

WECKER S.C., 1963. The Role of Early Experience in Habitat Selection by the Prairie Deer Mouse, *Peromyscus maniculatus bairdi*. *Ecological Monographs*, 33 : 307-325.

WEISS J.M., 1972. Psychological Factors in Stress and Disease. *Scientific American*, 226 : 104-113.

WEISSER W.W., 2001. The Effects of Predation on Dispersal. *In* CLOBERT J., DANCHIN E., DHONDT A.A., NICHOLS J.D. (dir.), *Dispersal*. Oxford, Oxford University Press, 180-188.

WHAY H.R., WATERMAN A.E., WEBSTER A. J.F., O'BRIEN J.K., 1998. The Influence of Lesion Type on the Duration of Hyperalgesia Associated with Hindlimb Lameness in Dairy Cattle. *Veterinary Journal*, 156 : 23-29.

WIENS J.A., 2001. The Landscape Context of Dispersal. *In* CLOBERT J., DANCHIN E., DHONDT A.A., NICHOLS J.D. (dir.), *Dispersal*. Oxford, Oxford University Press, 96-109.

WIENS J.A., STENSETH N.C., BAN HORNE B., IMS R.A., 1993. Ecological Mechanisms and Landscape Ecology. *Oikos*, 66 : 369-380.

WILLIAMS C.S., 1997. Nectar Secretion Rates, Standing Crops and Flower Choice by Bees on *Phacelia tanacetifolia*. *Journal of Apicultural Research*, 20 : 23-27.

WILLMS W.D., DORMAAR J.F., SCHAALJE G.B., 1988. Stability of Grazed Patches on Rough Fescue Grasslands. *Journal of Range Management*, 41 : 503-508.

WILLNER P., MUSCAT R., PAPP M., 1992. Chronic Mild Stress-Induced Anhedonia: A Realistic Animal Model of Depression. *Neurosciences Biobehavior Review*, 16 : 525-534.

Wilson E.O., Willis E.O., 1975. Applied Biogeography. *In* Cody M.L., Diamond J.M. (dir.), *Ecology and Evolution of Communities*. Cambridge, Harvard University Press, 523-534.

Wilson L.L., Egan C.L., Henning W.R., Mills E.W., Drake T.R., 1995. Effects of Live Animal Performance and Hemoglobin Level on Special-Fed Veal Carcass Characteristics. *Meat Science*, 41 : 89-96.

Winfield C.G., Syme G.J., Pearson A.J., 1981. Effect of Familiarity with Each Other and Breed on the Spatial Behaviour of Sheep in an Open Field. *Applied Animal Behaviour Science*, 7 : 67-75.

Wise P.M., Olsson M.J., Cain W.S., 2000. Quantifications of Odor Quality. *Chemical Senses*, 25 : 429-443.

With K.A., Crist T.O., 1995. Critical Thresholds in Species' Responses to Landscape Structure. *Ecology*, 76 : 2446-2459.

With K.A., Cadaret S.J., Davis C., 1999. Movement Responses to Patch Structure in Experimental Fractal Landscape. *Ecology*, 80 : 1340-1353.

Witzgall P., Mazemenos B., Konstantopoulou M., 2002. Pheromones and Other Biological Techniques for Insect Control in Orchards and Vineyards. *IOBC/WPRS Bulletin*, 25(9), 335 p.

World Health Organization, 1982. *Indoor Air Pollutants: Exposure and Health Effects*. Copenhagen, WHO Regional Office for Europe, European Reports and Studies, 78.

Wright T.F., Wilkinson G.S., 2001. Population Genetic Structure and Vocal Dialects in an Amazon Parrot. *Proceedings of the Royal Society of London B: Biological Science*, 268 : 609-616.

Z

Zollner P., Lima S., 1997. Landscape-Level Perceptual Abilities in White-Footed Mice: Perceptual Range and the Detection of Forested Habitat. *Oikos*, 80 : 51-60.

Liste des auteurs

BAUDOIN Claude
Université Paris 13
UMR 7153 Université Paris 13 / CNRS
Éthologie expérimentale et comparée
99, avenue Jean-Baptiste Clément
93430 Villetaneuse
baudoin@leec.univ-paris13.fr

BELZUNG Catherine
Université François Rabelais
UFR Sciences et techniques
INSERM U930 Imagerie et cerveau
Parc Grandmont
37200 Tours
belzung@univ-tours.fr

BENHAÏM David
Cnam – Intechmer
BP 324 – 50103 Cherbourg
david.benhaim@cnam.fr

BOISSY Alain
Inra
UR 1213 Herbivores
(Adaptation et comportements sociaux)
Centre de Theix
63122 Saint-Genès-Champanelle
alain.boissy@clermont.inra.fr

BOIVIN Xavier
Inra
UR 1213 Herbivores
(Adaptation et comportements sociaux)
Centre de Theix
63122 Saint-Genès-Champanelle
xavier.boivin@clermont.inra.fr

BURGAT Florence
Inra
Équipe Risques Travail Marchés État
(Ritme)
65, bd de Brandebourg
94205 Ivry-sur-Seine Cedex
burgat.florence@wanadoo.fr

DENEUBOURG Jean-Louis
Université libre de Bruxelles
Unité d'Écologie sociale
CP 231
Av. F. Roosevelt 50
1050 Bruxelles, Belgique
jldeneub@ulb.ac.be

DESMOULIN Sonia
Université Paris 1 Panthéon-Sorbonne
UMR 8103 CNRS / Université Paris 1
Sciences et techniques
9, rue Malher
75004 Paris
Sonia.Desmoulin@univ-paris1.fr

DETRAIN Claire
Université libre de Bruxelles
Unité d'Écologie sociale
CP 231
Campus de la Plaine
Boulevard du Triomphe
1050 Bruxelles, Belgique
cdetrain@ulb.ac.be

DUMONT Bertrand
Inra
UR 1213 Herbivores
(Relation animal-plantes-aliments)
Centre de Theix
63122 Saint-Genès-Champanelle
bertrand.dumont@clermont.inra.fr

ESQUIEU-PANIS Sylvie
168, av. Charles de Gaulle
92573 Neuilly-sur-Seine Cedex
sylvie.esquieu@hotmail.fr

FAURE Jean-Michel
63, rue Preney
37540 Saint-Cyr-sur-Loire
jmc.faure@laposte.net

Joly Pierre
Université Lyon 1
UMR CNRS / Université Lyon 1
Éthologie des hydrosystèmes fluviaux
Bâtiment Darwin C
69622 Villeurbanne Cedex
pjoly@univ-lyon1.fr

Kaiser-Arnauld Laure
IRD / CNRS
Laboratoire Évolution,
génômes et spéciation
Bât. 13C
Avenue de la Terrasse
91198 Gif-sur-Yvette Cedex
kaiser@legs.cnrs-gif.fr

Koch-Schott Claudine
75, rue d'Ensisheim
68310 Wittelsheim
c.koch-schott@laposte.net

Larrère Raphaël
Inra
Équipe Risques Travail Marchés État
(Ritme)
65, bd de Brandebourg
94205 Ivry-sur-Seine Cedex
Raphael.Larrere@ivry.inra.fr

Le Neindre Pierre
Inra
147, rue de l'Université
75007 Paris Cedex
pierre.leneindre@tours.inra.fr

Lévy Frédéric
Inra
UMR 6175 Inra / Université de Tours /
CNRS / Haras nationaux
Physiologie de la reproduction
et des comportements
Centre de Nouzilly
37380 Nouzilly
frederic.levy@tours.inra.fr

Marion-Poll Frédéric
AgroParisTech
UMR 1272 Inra / Université Paris 6 /
AgroParisTech
Physiologie de l'insecte,
signalisation et communication
Route de Saint-Cyr
78026 Versailles Cedex
marion@versailles.inra.fr

Millot Jean-Louis
Université de Franche-Comté
UFR Sciences et techniques
Unité de Neurosciences
1, place Leclerc
25030 Besançon Cedex
jean-louis.millot@univ-fcomte.fr

Montagner Hubert
Inserm
Unité Psychophysiologie
et psychopathologie du développement
146, rue Léo Saignat
33076 Bordeaux
h.montagner@wanadoo.fr

Nowak Raymond
Inra
UMR 6175 Inra / Université de Tours /
CNRS / Haras nationaux
Physiologie de la reproduction
et des comportements
Centre de Nouzilly
37380 Nouzilly
raymond.nowak@tours.inra.fr

Pham-Delègue Minh-Hà
ParisTech
Relations internationales
12, rue Manet
75013 Paris
minh-ha.pham-delegue@paristech.fr

Pierre Jacqueline
Inra
UMR 1099 Inra / AgroCampus Rennes
Biologie des organismes
et des populations appliquée
à la protection des plantes
Domaine de la Motte
BP 35327
35653 Le Rheu Cedex
jacqueline.pierre@rennes.inra.fr

Veissier Isabelle
Inra
UR 1213 Herbivores
(Adaptation et comportements sociaux)
Centre de Theix
63122 Saint-Genès-Champanelle
isabelle.veissier@clermont.inra.fr

www.ingramcontent.com/pod-product-compliance
Lightning Source LLC
LaVergne TN
LVHW010816200726
843507LV00003B/613